鹤壁市林木种质资源

马淑芳　主编

黄河水利出版社
·郑 州·

内 容 提 要

　　本书涵盖了鹤壁市目前林木种质资源的全貌,包括全市野生林木种质资源、栽培利用林木种质资源、集中栽培的用材林林木种质资源、经济林林木种质资源、城镇绿化林木种质资源、非城镇"四旁"绿化林木种质资源、优良品种资源、重点保护及珍稀濒危树种资源、古树名木、古树群等。本书摸清了鹤壁市林木种质资源的家底,对今后全市开展区域化造林绿化和森林城市建设提供了科学依据和第一手资料,对鹤壁市进一步积极开发和合理利用林木种质资源、实施林业可持续发展有着极其重要的作用。

　　本书可供林业系统干部职工及林业科技工作者、市政建设绿化部门和绿化公司人员,以及喜爱植物研究、自然景物、古树名木的广大读者及户外驴友等阅读参考。

图书在版编目(CIP)数据

　　鹤壁市林木种质资源/马淑芳主编. —郑州:黄河水利出版社,2020. 9

　　ISBN 978-7-5509-2831-2

　　Ⅰ.①鹤… Ⅱ.①马… Ⅲ.①林木-种质资源-鹤壁 Ⅳ.①S722

中国版本图书馆 CIP 数据核字(2020)第 186586 号

组稿编辑:田丽萍　　电话:0371-66025553　　E-mail:912810592@ qq. com

出 版 社:黄河水利出版社　　　　　　　　　　　　网址:www. yrcp. com
　　　　地址:河南省郑州市顺河路黄委会综合楼 14 层　　邮政编码:450003
发行单位:黄河水利出版社
　　　　发行部电话:0371-66026940、66020550、66028024、66022620(传真)
　　　　E-mail:hhslcbs@ 126. com
承印单位:广东虎彩云印刷有限公司
开本:787 mm×1 092 mm　　1/32
印张:8. 5　　　　　　　　　　　　　　彩插:4
字数:300 千字
版次:2020 年 9 月第 1 版　　　　　　　印次:2020 年 9 月第 1 次印刷
定价:58. 00 元

《鹤壁市林木种质资源》
编委会

主 任 委 员：王永青

副主任委员：李红生　王庆彬

委　　　员：曹荣举　吴玉福　许光辉　王　轩

　　　　　　李德顺　周喜军

主　　　编：马淑芳（鹤壁市林业工作站）

副 主 编：王建娜（鹤壁市森林病虫害防治检疫站）

　　　　　　王玉华（鹤壁市林业工作站）

　　　　　　王金梅（鹤壁市林业工作站）

主　　　审：王齐瑞（河南省林业科学研究院高级工程师）

　　　　　　郭朝蓝（鹤壁市林业局原高级工程师）

编　　　者：秦宝珠　王寒阳　王　娇　胡　亮

　　　　　　夏　芳　李培华　申长顺　郭鹏珍

　　　　　　王清江　王茜愉　王建霞　景黎霞

　　　　　　杨红振　李　辉　王园龙　王　帅

　　　　　　李玉生　孙永新　李子艺　骆少卿

鹤壁市林木种质资源普查人员名单

参与鹤壁市林木种质资源普查的人员共计 41 人,名单如下:

鹤壁市林业局及事业单位(5 人)

许光辉　马淑芳　杨红震　王金梅　王玉华

浚县(11 人)

王寒阳　朱　磊　张朝阳　刘胜乐　宋世鹏　崔泓灿
焦建朝　崔晓明　郭黎阳　胡秀萍　侯蓓蓓

淇县(11 人)

刘学勇　李培华　夏　芳　王武军　徐耀华　陈树凯
李光明　王晓华　马其山　张　杰　杨志英

淇滨区(3 人)

胡　亮　郭玉学　董　丽

山城区(5 人)

郭江华　王家运　王　娇　刘志杰　申　洋

鹤山区(6 人)

杨长明　秦宝珠　王　洋　郭晓华　孙世政　李　辉

序

  林木种质资源是林木良种选育的物质基础,是林木遗传多样性的载体,生物遗传多样性是生产力资源。随着国民经济的发展和人民生活水平的不断提高,对各种木材产品、果品、花卉、药材和工业原材料的要求趋向优质、高效和多样化。林产品市场需求日趋多样,迫切需要对现有树木进行不同功能的定向培育和遗传改良。因此,需要保存、评价、利用和储备多样化的可供选择利用的林木种质资源。林木种质资源已经成为我国生态建设的关键性战略资源之一。

  提高林业的经济、生态和社会效益,必须依靠林木良种,林木良种选育的关键是要有更丰富的种质资源。开展林木资源普查、收集、保护、利用是林业可持续发展的必然要求。当前,林木种质资源保护显得更为迫切,对生态环境建设及国民经济可持续发展更为重要。开展保护工作同步抢救保护了我国珍贵、稀有、濒危和特有树种种质资源,为全面实施国家林木种质资源保护与利用奠定坚实的基础。

  鹤壁市林业局在河南省林业局的大力支持下,首次开展了全市林木种质资源普查工作,组织各县(区)林业系统人员41人,自2017年6月至2019年6月在全市范围开展了为期2年的林木种质资源普查工作,取得了丰硕的成果,摸清了全市林木种质资源的家底,填补了此项空白,并在此基础上编撰《鹤壁市林木种质资源》一书,这是鹤壁市林业系统的一项重要成果。

  该书涵盖了鹤壁市目前林木种质资源的全貌,为鹤壁市生态建设规划、造林树种与品种的选择、林木良种的推广、野生树种的开发,以及古树名木、珍稀濒危树种的保护提供了翔实的依据。在编撰过程中,编写人员付出了辛勤的劳动,该书凝结了鹤壁市全体林业战线同志们的心血。《鹤壁市林木种质资源》的出版,谱写了林业生态建设绚丽多彩的新篇章。

鹤壁市林业局

2020年8月18日

目　录

第一章　自然条件及社会概况

第一节　基本概况

一、自然条件

鹤壁市位于河南省北部,因相传"仙鹤栖于南山峭壁"而得名,1957 年建市,面积 2 182 km²,辖 2 个县、3 个区和 1 个国家级经济技术开发区、1 个省级城乡一体化示范区、4 个省级产业集聚区,是中原城市群核心发展区 14 个城市之一。

鹤壁市历史悠久,文化底蕴深厚。早在 7 000 年前,就有先民在淇河两岸繁衍生息,留下了花窝、大赉店、辛村等众多遗址遗迹。殷商末期和春秋时期的赵国、卫国均在此建都,时间长达 500 年。穿城而过的淇河古称淇水,是诗歌文化的重要源头,《诗经》中有 39 篇直接描绘了淇河两岸的自然风光和风土人情。淇河作为全省鱼类种类最多的河流,水质连年保持在全省 60 条城市河流的首位。所辖浚县古称黎阳,是国家历史文化名城和儒商鼻祖端木子贡的故乡,浚县正月古庙会已有 1 600 多年的历史,被誉为"华北第一古庙会",伾山石佛全国最早、北方最大。所辖淇县古称朝歌,是殷商文化发源地之一和《封神演义》神话故事的发生地,境内的云梦山被誉为"中华第一古军校",战国时期的思想家、纵横家、军事家鬼谷子王禅,在此培养出了苏秦、张仪、孙膑、庞涓、毛遂等名士。

鹤壁市交通便利,资源禀赋良好。境内京广高铁、京广铁路、107 国道和京港澳高速公路纵贯南北,晋豫鲁铁路和在建的郑济高铁、范辉高速公路横穿东西,乘高铁 30 min 到达郑州,2.5 h 到达北京、武汉、西安、徐州。南距郑州新郑国际机场 130 km,北距正在建设的安阳豫东北机场 30 km,东距天津、青岛、连云港等港口约 500 km,以鹤壁为中心、500 km 半径范围内覆盖了 4 亿消费人口。发现矿产资源 30 余种,其中探明煤炭储量 12.4 亿 t、金属镁用白云岩储量 3.14 亿 t、水泥用灰岩储量 5.18 亿 t,电力装机容量

398 万 kW,水资源总量 15.4 亿 m^3。人均畜牧业产值、肉蛋奶产量连续 29 年居全省前列。

鹤壁市产业兴旺、发展独具特色,是全国重要的镁精深加工产业基地、全省重要的煤炭、电力、水泥生产基地,也是全省重要的汽车及零部件产业、精细煤化工产业、绿色食品产业基地等。鹤壁的农业现代化水平全国领先,也是全省达到国家农业现代化目标的城市之一,被确定为全国整市建制国家现代农业示范区、全国首批农业农村信息化示范基地、全国农业综合标准化示范市等。

鹤壁市环境优美,宜居宜业宜游。这里自然生态良好、城乡发展协调、政务服务高效,是获得中国人居环境范例奖的城市、国家森林城市、国家卫生城市、国家园林城市,循环经济、节能减排、海绵城市、清洁取暖等工作成为全国试点示范,城镇化率 60.1%、居全省第三,城市可持续发展度、居民幸福感、公众安全感、法治环境满意度居全省前列,且被授予全国社会治安综合治理最高奖——"长安杯"。

二、社会经济概况

(一)行政区划

鹤壁市为河南省辖地级市。截至 2018 年底,鹤壁市行政区划为 2 县(淇县、浚县)、3 区(山城区、鹤山区、淇滨区)和 1 个国家经济技术开发区、1 个省级城乡一体化示范区、4 个省级产业集聚区,下辖 14 个镇、5 个乡、27 个街道、158 个居民委员会、816 个行政村,土地总面积为 2 182 km^2。

(二)社会经济发展

截至 2018 年年底,鹤壁市总人口 155.78 万人,常住人口 162.73 万人,其中城镇人口 97.75 万人,农村人口 64.98 万人,城镇化率 60.1%。在促进农民居住向中心村镇集中、推进城乡一体化、加快建设单元组合型城市、协调推进小城镇和新型农村社区建设进程中具备有利条件。城镇居民享受政府最低生活保障的有 19 343 人,全年发放城镇居民最低生活保障金 7 215.1 万元;农村居民享受最低保障的有 28 206 人,全年发放农村最低生活保障金 6 153.1 万元。全市享受政府最低生活保障的有 47 549 人,占常住人口的 2.9%。

2018 年,国内生产总值(GDP)达 861.90 亿元,比 2017 年增长 5.9%,人均 GDP 为 5.53 万元。其中第一产业产值为 60.05 亿元,第二产业产值为 542.36 亿元,第三产业产值为 259.49 亿元,对全市经济增长的贡献率分别为 4.6%、65.1%、30.3%。2018 年,居民消费价格总水平比上年上涨1.8%。其中,食品烟酒类价格下降 2.3%,商品零售价格总水平上涨 2.3%,农业生产资料价格总水平上涨 0.8%。2018 年,居民人均可支配收入22 262 元,比上年增长 9.7%(扣除价格因素)。其中,城镇居民人均可支配收入 30 687.5 元,城镇居民人均消费支出 16 332.9 元,城镇居民家庭恩格尔系数为 24.9%。农村居民人均可支配收入 16 659.4 元,农村居民人均生活消费支出 10 397 元。农村居民家庭恩格尔系数 29.1%。按联合国根据恩格尔系数的大小划分生活水平的标准,鹤壁市居民生活水平介于富裕与富足之间。2014 年,鹤壁市被全国绿化委员会、国家林业局授予国家森林城市称号。近年来,鹤壁市还获得中国优秀旅游城市、国家园林城市、国家节能减排财政政策综合示范市、国家可持续发展实验区、中国人居环境范例奖城市、全国首批中美低碳生态试点城市、全国首批质量强市示范市创建城市、全国整建制推进粮食高产创建试点市、全国农业综合标准化示范市、整市建制国家级现代农业示范区、全国首批整体推进农业农村信息化示范基地、国家农业信息化进村入户试点市、全国首家农业社会化服务综合标准化示范市、全国社会治安综合治理优秀市、全国统筹城乡就业试点市、全国首批智慧城市试点市、全国首批"海绵城市"建设试点城市、全国建筑节能示范市、全国社会治安综合治理优秀市、全国首批循环经济试点市、全国首批循环经济示范市创建城市、全国可再生能源建筑应用示范市、全国质量强市示范市、全国首批创建创业型城市、全国城乡救助体系建设示范市、国家生态旅游示范区、全国首家国土空间优化发展实验区、国家生态旅游示范区、国家卫生城市、全省城乡一体化试点市等荣誉称号,并获得全国社会治安综合治理最高奖——"长安杯"。

2019 年 1 月 22 日,鹤壁市委、市政府办公室印发《鹤壁市创建全国文明城市实施方案》等 6 个实施方案的通知,决定启动创建全国文明城市、创建国家环境保护模范城市、国家生态文明建设示范市、国家生态园林城市、全国健康城市、全国双拥模范城。

(三)交通通信

鹤壁市地处中原,交通极为便利,石武高铁、京广铁路、京港高速铁路、晋豫鲁铁路、京港澳高速公路、107 国道穿境而过,515(河北定州—河南浚县)、230(吉林通化—湖北武汉)、342(山东日照—陕西凤县)等国道将鹤壁与全国紧密联系,鹤壁至濮阳高速公路东西联通京港澳高速公路与大广高速公路。而且,国家西气东输工程、南水北调工程西傍城区而过。由于鹤壁的地理位置适中,内外通达、快捷顺畅,高铁往北 2.5 h 左右到达北京、向南30 min 到达郑州,约在 3 h 内便可以抵达国内大多数主要城市;从主城区 20 min 即可到达县城。截至 2017 年底,铁路、公路通车里程 4 421 km,全市公路密度 196.28 km/100 km²。全市拥有 3 级以上客运站 7 个,农村客运站25 个,客运招呼站 1 048 个。全市 98% 的行政村、两县 100% 的行政村开通了农村客运班线。

京汉广国际通信光缆均穿境而过,邮电通信方便捷达,国际国内电话传真、程控交换、无线寻呼、计算机互联网等现代化通信手段一应俱全。截至2017 年年底,局用电话交换机总容量 1.47 万台,本地固定电话用户 14.62万户,移动电话用户 145.68 万户,计算机互联网络用户 20.29 万户。

第二节　地形地貌

鹤壁市位于河南省北部,太行山东麓向华北平原过渡地带。地理坐标东经 113°59′~114°45′,北纬 35°26′~36°02′。南北长 67 km,东西宽 69 km,总面积 2 182 km²,其中市区面积 513 km²。北与安阳市郊区、安阳县为邻,西和林州市、辉县市搭界,东与内黄县、滑县毗连,南和卫辉县、延津县接壤。

燕山运动使太行山隆起,到中生代末期,已基本形成现代地貌轮廓。第三纪的喜马拉雅运动,使西部太行山继续隆起,东部华北平原沉降,在太行山和华北平原之间发生大的断裂构造,山脉和断裂控制着该区地貌,低山、丘陵、平原、泊洼构成本区地貌骨架。地貌自西向东倾斜,西部山区受自然切割剥蚀,构造带以断裂带为主。西部形成山区地貌,北中部形成丘陵夹平原地貌,东部和南部为平原地貌。另外,还形成小片火山地貌和岩溶地貌。

一、低山

低山分布于西部山区,北起安阳王家岭,向南经大河涧—黄洞—云梦山,与新乡市的卫辉接界。南北长 48 km,东西宽 5~14 km,山区面积 331 km²,约占全市总面积的 15.2%。地势西高东低,一般海拔高度 400~780 m,山地为太行山东麓青羊口—九矿断裂带,最高峰三县脑海拔 1 019 m。区内沟谷纵横,断层密布,悬崖峭壁高达 50~200 m,植被不甚发育,基岩露头。

二、丘陵

丘陵分布于北中部,为太行山东麓山地与东部平原过渡带,即京广铁路以西,太行山东翼深大断裂以东。南北长 44 km、28 km,东西宽分别为 2~14 km、5~10 km,丘陵面积 646 km²,约占全市总面积的 29.6%。一般海拔高度 100~200 m。多为新近系出露地区,沟谷不太发育,坡角 10°~20°。

三、平原

平原分布于东部和南部及丘陵之间地带,主要包括浚县、淇县东半部及淇滨区大赉店镇等。平原包括淇河平原、卫河平原和黄河故道平原,平原面积 1 153 km²,约占全市总面积的 52.8%。其中:淇河平原平均坡降 1/7 000左右,海拔 80~95 m;卫河平原平均坡降 1/5 000 左右,海拔 70~90 m;黄河故道平原坡降 1/6 000~1/4 000,最低海拔 53.1 m。平原区地势平坦,土层深厚,水源充沛。泊洼地为淇县良相泊滞洪区及河渠水域地带,面积约 52 km²,占全市总面积的 2.4%。

第三节　水文与水资源

鹤壁市地处太行山东麓向华北平原过渡地带,分属海河流域、黄河流域,全市 96% 的面积属于海河流域卫河水系,4% 的面积属于黄河流域。境内主要河流共有 13 条,主要有过境的淇河、卫河、共产主义渠、洹河,源于境内的较大河流有汤河、羑河、永通河、思德河等。其中流域面积超过 1 000 km² 的河流有 3 条(淇河、卫河、共产主义渠),3 条河流境内总长 203.7 km。鹤壁市年降水量均在 630~790 mm,总降水量 14.36 亿 m³,属河南省比较干旱的地区,且年内年际降水分配不匀,常是春旱秋涝。

一、地表水

鹤壁市河流属海河流域卫河水系,流向自西向东。主要有淇河、卫河、共产主义渠。

(一)水库概况

鹤壁市共有大、中、小型水库 36 座,总库容 6.466 2 亿 m³。其中大型水库 1 座,即盘石头水库,总库容 6.08 亿 m³;中型水库 1 座,即淇县夺丰水库,总库容 0.113 2 亿 m³;小型水库共 34 座(其中浚县 7 座、淇县 9 座、淇滨区 2 座、山城区 9 座、鹤山区 5 座、开发区 1 座、市管 1 座),总库容 0.273 亿 m³。小型水库中有小 I 型水库 9 座,总库容 0.184 5 亿 m³,小 II 型水库共 25 座,总库容 0.088 5 亿 m³。

(二)淇河

淇河发源于山西省陵川县方脑岭棋子山,流经山西省陵川县、壶关县、河南省辉县市、林州市,于鹤壁市淇滨区大河涧乡西南部流入鹤壁市、淇县、浚县,在浚县刘庄与共产主义渠交汇,同时穿越共产主义渠,向南至淇县淇门镇西(对面是浚县新镇镇淇门村)的小河口东流入卫河,全长 161 km,流域面积 2 248 km²,属海河流域。在鹤壁市境内长度 76.6 km,流域面积 288 km²,河面自然落差近 120 m。多年平均流量 12.25 m³/s,年最大流量 18.39 m³/s,年最小流量 2 m³/s。淇河水含沙量小,水流清冽,水味甘甜,水质常年保持在国家 II 类标准以上,是中国北方水质较好的河流之一。淇河鹤壁市淇滨区段正处于太行山区向华北平原过渡的重要河段,山清水秀,景色宜人;历史上两岸茂林修竹,有竹园、桑园等村名。

(三)卫河

卫河是海河支流,发源于山西省陵川县夺火镇,全长 347 km,流域面积 9 393 km²。自浚县新镇镇淇门附件流入境内,至浚县王庄乡苏村出镜。境内长 79.5 km,流域面积 961.4 km²,多年平均流量 33.04 m³/s,年最大流量 49.5 m³/s,年最小流量 10.65 m³/s。

(四)共产主义渠

引黄济卫人工渠,1958~1960 年开挖。因冀、鲁、豫三省人民弘扬共产主义精神共同修建而得名,原为引黄济津和引黄灌溉工程。该渠从焦作市武陟县秦厂起,在浚县南部北刘庄村附近流入境内,转向东北至老关嘴东入卫河。境内长 48 km,渠底宽 50 m,渠口宽 80~100 m,流域面积 112 km²。多年平均流量 7.66 m³/s,年最大流量 14.49 m³/s,年最小流量 0.6 m³/s。沿途建有多个提灌站,天旱时引黄河水灌溉农田。1962 年停止引黄后,共产主义渠变成防洪排涝河道。

(五)汤河

汤河发源于西部石尚山,在内黄县西元村附近入卫河。境内长 25 km,流域面积 184.4 km²。为季节性河流,枯水季节流量只有 0.2~0.5 m³/s,正在治理中。

（六）汤河水库

汤河水库位于山城区东部与汤阴交界处,汇流面积 162 km²,库容 6 200 万 m³。2000 年末蓄水 3 013 万 m³。

（七）夺丰水库

夺丰水库位于淇县思德河河床上,汇流面积 56.2 万 km²,库容 893 万 m³。2000 年末蓄水 678 万 m³。

（八）杨邑水库

杨邑水库位于南杨邑村南汤河河床上,汇流面积 10.4 km²,总库容 230 万 m³,最大水面 26.7 hm²。最大泄洪量 723 m³/s,2000 年末蓄水 10 万 m³。

（九）淇河盘石头水库（千鹤湖）

淇河盘石头水库位于海河流域卫河支流淇河中游,鹤壁市西部太行峡谷之中（盘石头水库跨安阳、鹤壁两市）。大坝位于鹤壁市区西北部 20 km 处的大河涧乡境内,是《海河流域规划》选定的一座以防洪、供水为主,兼顾灌溉、发电等综合利用的大（Ⅱ）型水利枢纽工程。水库控制流域面积 1 915 km²,总库容 6.08 亿 m³,淹没面积 13.3 km²,主要建筑物有大坝、溢洪道、输水洞、泄洪洞和电站。大坝坝高 102.2 m,坝顶长 621 m。2005 年年底水库主体工程基本完成,2007 年 6 月 29 日下闸蓄水。

（十）南水北调工程概况

南水北调中线工程鹤壁段全长 30 km,涉及淇县、淇滨区、开发区,沿线共有各类建筑物 49 座,于 2014 年汛后通水。南水北调中线工程鹤壁段配套工程总长 60 km,涉及浚县、淇县、淇滨区、开发区,共设置 3 座分水口门,向 6 座水厂供水,年分配鹤壁市水量为 1.64 亿 m³,于 2014 年与中线工程同步建成通水。自通水以来,截至 2019 年 6 月 1 日,南水北调中线工程已累计向鹤壁市供水 19 037 万 m³,其中通过淇河退水闸向淇河生态补水 4 835 万 m³,为鹤壁市经济社会可持续发展提供了强有力的水资源保障。

二、地下水

鹤壁地下水资源多年年平均值为 2.89 亿 m³。其中,山区为 0.8 亿 m³,丘陵区为 0.67 亿 m³,平原区为 1.42 亿 m³。地下水资源可采量,山区为 0.72 亿 m³,丘陵区为 0.61 亿 m³,平原区为 1.07 亿 m³。矿泉水储量丰富,在淇滨区张庄、凉水井、上峪等地多处发现低钠含偏硅酸锶型优质矿泉水,已少量开发,并列入市重点开发项目。地表径流靠天然降水补给,平均径流量为 2.86 亿 m³。

三、水资源

鹤壁市处于南北气候过渡带和西部山区到东部平原过渡带,降雨受东南季风影响,年际降雨变化大,全市多年平均降雨量为 598.9 mm 左右,而汛期的 6~9 月份平均降雨量达 429.4 mm 左右,易发生灾害性暴雨洪水。鹤壁市多年平均水资源总量为 3.2 亿 m³,人均水资源占有量不足 200 m³,低于全省人均占有量的 1/2、全国人均占有量的 1/10,属干旱缺水地区。根据监测结果,鹤壁市地表水淇河水质常年保持 Ⅱ 类以上,除卫河水质有时为劣 Ⅴ 类外,其他水质普遍为 Ⅲ~Ⅴ 类。

第四节　气　候

鹤壁地处中纬度地区,属暖温带半湿润季风气候,其特点为四季分明,光照充足,温差较大;夏冬季节长,春秋季节短,春季温暖多风,夏季炎热多雨,秋季湿润,冬季寒冷少雪。2019 年,鹤壁市的气候特点是:年平均气温 15.0 ℃ 较常年平均偏高 0.7 ℃,年极端最高气温 39.8 ℃(淇县站),年极端最低气温 -11.6 ℃(浚县站)。年降水量 419.7 mm,较常年偏少 30%,日最大降水量 194.9 mm(鹤壁站)。全年总日照时数 2 074.7 h,较常年偏多 5.2 h。2019 年鹤壁市年平均气温正常,年降水量偏少,年日照时数正常。

一、四季

(1)春季:始于 3 月第六候,止于 5 月第四候,长 56 d。季平均气温 15.3 ℃。

(2)夏季:始于 5 月第五候,止于 9 月第二候,长 113 d。季平均气温 26.4 ℃。

(3)秋季:始于 9 月第三候,止于 11 月第二候,长 61 d。季平均气温 15.2 ℃。

(4)冬季:始于 11 月第三候,止于来年 3 月第五候,长 135 d。季平均气温 1.7 ℃。

二、气候特点

一是年初大雾天气多发。2019 年 1 月 11~14 日、2 月 19~22 日,鹤壁市出现持续性大雾天气,低能见度天气持续时间较长。2 月 21 日大雾最浓,最低能见度鹤壁站为 37 m、淇县站为 36 m、浚县站为 27 m。二是年初出现阶段性低温。2018 年 12 月 27 日至 2019 年 1 月 3 日,本市出现阶段性低温天气,全市平均气温-1.0 ℃,较常年同期偏低 1.8 ℃,属于显著偏低。其中鹤壁站为-1.3 ℃,较常年偏低 2.6 ℃;淇县站为-0.8 ℃,较常年偏低 1.7 ℃;浚县站为-1.0 ℃,较常年偏低 1.4 ℃。三是春季寒潮大风。3 月 20~22 日,受强冷空气影响全市出现寒潮天气过程,3 月 20 日早上,鹤壁市最低气温 12.8~13.8 ℃,22 日最低气温降至 0~1.5 ℃,48 h 降温幅度达 10.7~13.7 ℃。4 月 8~10 日,受较强冷空气影响,鹤壁市出现寒潮天气过程,伴随着强降温,全市大部分地区出现较明显降水和大风天气,极大风速鹤壁站为 18.4 m/s、淇县站为 19.7 m/s、浚县站为 17.7 m/s。四是冬春连旱和夏旱。1 月 1 日至 4 月 7 日,本市平均降水量为 7.6 mm,较常年同期相比偏少 79.2%,气温较常年偏高 0.5 ℃,按气象干旱标准划分,全市大部分地区达到中度到重度干旱。6 月 7 日至 7 月 31 日,连续 55 d,鹤壁市总降水量仅为 17.2~25.8 mm,较常年同期偏少 90%,气温较常年异常偏高 2 ℃。根据气象干旱监测,全市达到重旱以上等级,出现夏旱,市气象局于 7 月 26 日启动干旱Ⅳ级应急响应。五是 8 月上旬多雷雨大风、暴雨天气。8 月 1 日 12 时至 2 日 6 时,鹤壁市出现雷雨大风和短时强降水天气,普降中到大雨,部分地区暴雨,局部大暴雨,雨量分布不均,强降水主要集中在中部地区,最大雨量站点鹤壁气象站降水量为 112.1 mm。8 月 3 日 22 时至 4 日 7 时,鹤壁市出现雷阵雨天气,局地伴有短时强降水,强降水主要集中在中部地区,最大雨量站点浚县裴庄降水量为 67.3 mm。8 月 7 日 12~16 时,鹤壁市出现雷阵雨天气,雨量达中到大雨,局部暴雨,强降水主要集中在西部地区,最大降水站点山城区后柳江村降水量为 61.7 mm。8 月 9 日 20 时至 10 日 12 时,鹤壁市大部分地区出现大到暴雨,局部大暴雨。强降水主要集中在中东部地区,最大雨量浚县小河为 127.5 mm。六是夏季多次出现阶段性高温。夏季,鹤壁市出现日最高气温≥35 ℃的高温日数共 39 d,其中 6 月出现 19 d,7 月出现 20 d,8 月出现 1 d。≥38 ℃的高温日数 5 d,季内极端最高气温出现在 6 月 2 日,气温达 39.8 ℃(淇县气象站)。七是秋季出现持续阴雨天气。9 月 10~19 日,鹤壁市连续出现阴雨天气,阴雨日数达 10 d,降水量为 44.6~59.6 mm,日照时数仅有 10~15.9 h。10 月 4~10 日,鹤壁市再次连续出现阴雨天气,阴雨天数达 7 d,降水量为 48.4~60.4 mm,与常年同期相比大部分地区降水量异常偏多,日照时数仅有 15.2~17.8 h。八是年末大雾天气频发,空气质量较差。12 月 7~10 日,鹤壁市连续 4 d 出现大雾及重污染天气,7 日夜里,最低能见度为 37 m,8 日夜至 9 日凌晨,最低能见度为 40 m,9 日夜里最低能见度为 30 m,能见度小于 100 m 时间持续达 12 h。2019 年市气象台先后发布大雾预警 11 期,其中大雾红色预警 4 期。

第五节 土 壤

鹤壁市境域土地面积 2 182 km²。土地类型既有山地、丘陵、岗地,也有平原、洼地;既有荒草地、沙地、裸岩地,也有连片的城镇居民及工矿区用地。按地貌划分:山地 331 km²,以裸岩为主,坡度较大,土层极薄,保水保肥性能差,水土流失严重;丘陵及岗地 646 km²,地势起伏不大,土层厚薄差异较大,土地干旱缺水,以坡状或梯状旱地为主;平原地 1 153 km²,以第四系黄土覆盖为主,地势平坦,坡度一般小于 3°,海拔高度在 130 m 以下,除东部部分沙地外,一般土层深厚,排灌条件好;洼地 52 km²,地势低洼,秋雨季因排水不畅易形成内涝或滞洪区。

全市土壤类型有 8 个土类,16 个亚类,23 个土属,86 个土种。其中褐土和潮土分布最广,面积较大;水稻土面积不足 0.17 km²,并有逐渐退化为褐土的趋势,主要分布在淇县城关稻庄;盐碱土面积不足 0.12 km²,主要分布在淇县、浚县平原及局部洼地。

从土地资源利用现状看,有耕地 1 048.5 km²,占全市土地资源总面积的 47.53%,其中一等耕地主要分布在平原地带,二等耕地则集中在丘陵、岗坡及山区。全市土地垦殖系数达 55.8%,尚未利用土地面积占全市土地资源总面积的 20.5%,但其中尚能利用的十分有限。

鹤壁市地域属华北地层区,西部山区属山西分区太行小区、东部平原属华北平原分区豫北小区。区内广泛出露寒武系、奥陶系及第四系地层,太古界、中元古界、古炭二叠系、第三系地层只零星出露。太古界分布于西南部北窑、卧羊湾一带,面积 20 km²,总厚度 1 476 m,是区内最古老地层,岩性为片麻岩、片岩。震旦系分布于西南部油城、云梦山一带,最厚处 145 m、岩性为石英状砂岩。寒武系主要分布于西部盘石头、黄洞、云梦山一带,东部屯子、白寺有零星出露,岩性为灰岩、白云岩夹页岩等,总厚度 562 m。奥陶系分布于西部山区的中、北部,是域内出露最广泛的地层,下部岩性为白云岩,中上部为灰岩、角砾状灰岩、泥质白云岩,局部夹钙质页岩,总厚度 710 m。石炭系分布于西部山区梨林头至大峪一带,岩性为零星出露的页岩、砂岩,夹灰岩透镜体、煤线及薄煤层,总厚度 160 m。二叠系未见出露,为主要煤系地层,岩性主要为砂岩、页岩、煤,总厚度 1 300 m。上第三系分布于北中部的丘陵地带,岩性为砂岩、泥灰岩、砂砾岩等,厚度 30~400 m;下第三系分布于中部、东部,厚度 400~700 m。第四系分布于西部山区以东,是域内分布最广的地层,淇河两侧分布有钙质胶结的砾石层,厚度 6 m 左右。山前及东部丘陵有黄红色砾石黄土,厚度 3~15 m;河流、山谷、山坡有冲积层、洪积层、坡积层,厚度 1~5 m。鹤壁地域大地构造处于华北坳陷西部和太行山隆起的东南边缘,以断裂为主,褶皱不发育。有东西向、南北向、北东向和北北东向四组断裂构造:东西向断裂在大河涧以南,以压性为主,断面倾角 70°以上;南北向断裂分布于西北部,多为压性,倾角 60°~85°;北东向断裂分布在淇河以南,以压性为主兼压扭性,倾角 70°~75°;北北东向断裂分布较广,总体走向 15°~25°,倾角 77°左右,为压性或压扭性。域内岩浆岩主要分布在西部山区,不太发育。元古代侵入岩有伟晶岩、角闪闪长岩、角闪钠长岩、细晶岩、辉绿岩;燕山期为中性侵入岩;喜山期为基性岩、超基性喷出岩和侵入岩。

第二章　植被及特点

第一节　植物区系

一、植物区系的概念、分类及其意义

植物区系指某一地区,或者是某一时期,某一分类群,某类植被等所有植物种类的总称。植物区系包括自然植物区系和栽培植物区系,但一般是指自然植物区系。

根据不同原则或分布区特点,世界植物可划分为几类区系成分。通常将某地区全部植物种类按科、属、种进行数量统计,然后按地理分布、起源地、迁移路线、历史成分和生态成分划分成若干类群,分别称为植物区系的地理成分、发生成分、迁移成分、历史成分、生态成分等,以便全面了解一个地区植物区系的种类组成、分布区类型以及发生、发展等重要特征。

目前,世界植物区系分类中,狄尔斯、古德、塔赫塔江及我国学者吴征镒均采用地理分布分界法将世界植物分为六大区系,包括:泛北极植物区、古热带植物区、新热带植物区、澳大利亚植物区、泛南极植物区、开普植物区;我国学者张宏达则提出劳亚植物界、华夏植物界、澳大利亚植物界、南美植物界、非洲植物界、南极植物界六分法。恩勒根据植物区系发生的原则分为五带:北方非热带植物带、古热带植物带、中美—南美植物带、南方植物带、海洋植物带。

对某地所属植物区系的明确划分,可以为该地植物的起源和演化奠定基础,为植物的引进、驯化以及生物多样性的保护提供科学依据。

二、鹤壁市所属植物区系

根据吴征镒等所著的《中国植物区系分区》(1983 年版),中国植物主要属于泛北极植物区和古热带植物带,鹤壁市属于 I(泛北极植物区)E(中国—日本森林植物亚区)11(华北地区)(b)(华北平原、山地亚地区)。

其特征如下：

（1）I（泛北极植物区）。是北半球亚热带常绿阔叶林到温带落叶阔叶植物直到寒带针叶林的植物区系。由于古地中海在喜马拉雅造山运动以后隆升成陆地，逐渐干燥化而使区系的带状分布变形，并产生了草原和荒漠。主要是温带和寒带区系，有小部分发展到亚热带甚至热带边缘，其植物具有一些典型的科而与热带区系有显著的不同，这些典型科是壳斗科 Fagaceae、桦木科 Betulaceae、胡桃科 Juglandaceae、杨柳科 Salicaeae 等多具柔荑花序的科，灌木和草本植物中特别如菊科、毛茛科、蓼科、藜科、十字花科、禾本科、莎草科等，在高山则报春花科、虎耳草科、龙胆科、杜鹃花科等均较普遍。本区又分为：A 欧亚森林植物亚区、B 亚洲荒漠植物亚区、C 欧亚草原植物亚区、D 青藏高原植物亚区、E 中国—日本森林植物亚区、F 中国—喜马拉雅植物亚区。

（2）IE（中国—日本森林植物亚区）。分布在北纬 20°～40°，是相当丰富和相当古老的温带至亚热带植物区系之一。包括日本在内几乎有 20 000 种以上植物，从白垩纪起改变不大，保留了很多第三纪甚至更古的孑遗植物。其水平分布很明显，自北而南反映出温带、暖温带、亚热带（北、中、南）的变化，共性是由各种落叶、半常绿和常绿栎 Quercus，及相近的常绿栲 Castanopsis、石栎 Lithocarpus 和半常绿的水青冈 Fagus 等组成落叶阔叶林、落叶和常绿阔叶混交林以及更占主要地位的常绿阔叶林。针叶树以各种具有不同"喜温属性"的松属植物为主，越向南则愈多喜暖湿的其他松柏类，如金钱松 Psudolarix、铁杉 Tsuga、黄杉 Psudotsuga、油杉 Keteleeria、杉 Cunninghamia、柳杉 Cryptomeria、柏 Cupressus、建柏 Fokienia、花柏 Chamaecyparis、翠柏 Calocedrus 等，木本植物区系特别丰富，有许多古老和孑遗的科、属、种。木兰科、茶科、金缕梅科、安息香科等尤其显著。本亚区分为：10 东北地区、11 华北地区、12 华东地区、13 华中地区、14 华南地区、15 滇黔桂地区。

（3）IE11（华北地区）。由松属数种、栎属多种组成暖温性针叶林或落叶阔叶林。林下乔灌藤草乃至阳性先锋树种都有许多第三纪孑遗种，如臭椿 Ailanthus、构树 Broussonetia、栾树 Koelreuteria、糙叶树 Aphananthe 等。破坏以后多形成酸枣 Zizyphus、荆条 Vitex 灌丛和其他灌丛或黄茅 Heteropogon、白羊草 Bothriochloa 草丛，均属第三纪残留植被。山区 1 600 m 以上云杉、冷杉、落叶松林依次出现，属于 A（欧亚森林植物亚区），林下灌、草接近欧洲的种类较多,但 F(中国—喜马拉雅植物亚区)成分也有一些。又细分为:(a)辽东、山东半岛亚地区,(b)华北平原、山地亚地区,(c)黄土高原亚地区。

(4) IE11(b)(华北平原、山地亚地区)。松属由油松 Pinustubulaeformis、白皮松 P. bungeana 代替了赤松 P. densiflora,栎属中辽东栎 Quercuswutaishansea、麻栎 Q. acutissima 不多,更多的是槲树 Q. dentata、槲栎 Q. aliena、栓皮栎 Q. variabilis 等中—日分布型落叶栎。有许多南方古热带起源的乔木类植物以此为北界,如臭椿 Ailanthus、香椿 Toona、楝 Melia(楝科)、栾树 Koelreuteria、文冠果 Xanthoceras(无患子科)、臭檀 Evodia(芸香科)、黄连木 Pistacia、黄栌 Cotinus(漆树科)、构树 Broussonetia(桑科)以及枣 Zizyphus、柿 Diospyros、泡桐 Paulownia、楸 Catalpa、荆条 Vitex、臭牡丹 Clerodendrum 等乔、灌、藤、草。

山地的云杉、冷杉林由华北、内蒙种 Piceameyeri,内蒙至华北、西北、华中分布种青杆 P. wilsonii 和臭松组成。红杆 Larixprincipis-rupprechtii 则是大兴安岭落叶松的华北替代种。其林下均有许多典型欧亚种如舞鹤草 Maianthemum、铃兰 Convallaria 等,也有东亚北美式标志种,如莛子藨 Triosteum。

第二节　主要植物

一、植物种类的变迁

鹤壁市区域山地丘陵占总面积 90% 以上,古代为茂密林区。公元前 3 世纪战国时期,山区分布有暖温带阔叶林和松柏、黄楝、槲栎组成的混交原始森林(华北平原、山地亚地区典型代表植物),浅山、平原和河流沿岸生长着大面积的天然竹林。到了汉代,竹林遭到两次毁灭性砍伐。公元 3~10 世纪(三国、晋、隋、唐)因战争不断发生,浅山区和平原地带天然植被屡遭破坏,自然生态失调。公元 10~13 世纪(宋、辽、金)因北宋设专场烧炭炼铁、元代毁林改牧等,西部森林存,东部丘陵浅山区森林荒芜。清代康熙年间则因鼓励垦荒、修筑梯田,西部浅山森林摧残殆尽,淇河沿岸留有少量竹林。民国时期,军阀混战、日寇入侵大肆烧山毁林,除黄庙沟一代有少量天然次生林外,其余地方疏不成林。

中华人民共和国成立以后,党和政府大力发动群众开展植树造林、绿化荒山活动,取得了显著成绩,但由于"左"的干扰和破坏,曾在"大跃进"、国民经济调整、"文化大革命"和农村体制改革四个时期发生严重乱砍滥伐现象,致使森林覆盖率一度跌至1.32%,大面积是退化后的灌木丛、草丛。

二、现有植物资源

根据2000年出版的《鹤壁市志》,当时全市有高等植物114科、300多属、800余种,其中栽培植物200多种。植物以禾本科、蔷薇科、玄参科、杨柳科、豆科、菊科、莎草科居多。植被类型属阔叶落叶林和针叶混交林等。

在栽培作物中,有农作物18科、120种。其中主要粮食作物有小麦、玉米、小米、薯类、豆类、高粱等20多种;主要蔬菜作物有白菜、豆角、萝卜、茄子、菠菜、黄瓜、冬瓜、南瓜等;主要瓜果类有苹果、桃、西瓜、甜瓜等。

木本植物有乔木400余种、灌木40余种。主要用材林树种有欧美杨、旱柳、泡桐、槐、榆、侧柏、油松、元宝枫、合欢、黄连木、栓皮栎等,活立木蓄积量约60.67万 m^3,成材林木主要是"四旁"植树和农林间作。经济林多分布在低山、丘陵及沙土地带,近年来在平原地区开始成园种植,并具备一定规模,主要树种有大枣、苹果、柿子、梨、杏、桃、山楂、核桃、花椒、葡萄、板栗等。栽培灌木主要有供编织用的白蜡、荆条、紫穗槐等,野生灌木有酸枣、黄荆等30余种。

药用植物分野生和人工种植两部分,共70余科、160余种。主要中药材有冬凌草、荆芥、连翘、远志、柴胡、柏子仁、茜草、葛根、沙参等和名贵药材山萸肉、党参等。

观赏植物主要指人工养植的花卉苗木,共75科、400余种。鹤壁市地域是南花北移、北花南迁的驯化地带,其品种特色兼有南北之长,主要品种有月季、菊花、桂花、玉兰、雪松、龙柏等。城镇居民种植较为普遍,郊区、两县农民也有专养。鹤山区鹤壁集镇蜀村、龙宫村种植花卉历史悠久。

草场牧草均为零星小块,主要分布在低山区和平原的"十边"地带、海拔500 m以上的中山区,属灌丛草场。主要牧草有黄背草、马唐、狗尾草、苜蓿、茅草、莎草等。

菌类植物分布范围极广,品种以蘑菇、平菇、木耳居多,在背阳潮湿处生长有苔藓。前者是人工养殖的优质食品,后者为野生,有益于水土保持。

第三节　林业概况

由于特殊的地形地貌,鹤壁市林业发展空间有限,林地资源不丰富,市域范围内没有国有林和国有林场。重要林特产有柿子、核桃、香椿、善堂大枣、淇县无核枣等。截至 2019 年年底,鹤壁市林业用地总面积为 80 046.9 hm²,其中,有林地面积为 60 469.9 hm²,疏林地面积为 331.45 hm²,国家特别规定灌木林面积为 1 056.5 hm²,其他灌木林面积为 739.5 hm²,未成林造林地面积为 11 099.1 hm²,苗圃地面积为 421.1 hm²,宜林地面积为 5 810.4 hm²,森林覆盖率为 33.3%。

鹤壁市拥有 1 个国家森林公园和 6 个省级森林公园,即:河南云梦山国家森林公园、黄庙沟省级森林公园、河南省淇县黄洞省级森林公园、鹤壁七里沟省级森林公园、鹤壁枫岭省级森林公园、鹤壁南山省级森林公园、鹤壁金山省级森林公园。森林公园面积达到 26.7 万亩。

鹤壁市湿地资源较为丰富,拥有湿地面积 5.1 万亩,其中天然湿地面积约 1.5 万亩,人工湿地约 3.6 万亩。河南鹤壁淇河国家湿地公园总面积 0.5 万亩,其中湿地面积 0.4 万亩。

鹤壁市的平原地区曾为黄河故道,沙化土地面积为 30.8 万亩,其中沙化耕地面积为 28.2 万亩。

第三章 林木种质资源普查内容与方法

一、林木种质资源普查的意义

河南省鹤壁市地处中原,属南北气候过渡地区,林木种质资源非常丰富,但长期以来,鹤壁市从未对全市分布的木本植物种类、数量、分布和利用情况做过全面系统的调查,造成林木种质资源家底不清,没有完整的可供公布、交流、利用、保护的普查资料,已经严重影响了鹤壁市林木种质资源的保护与管理,影响了林木种子的采收、经营和林木良种选育的进程。《中华人民共和国种子法》明确规定:国家依法保护种质资源;国家和省级农业林业主管部门应当根据普查结果建立种质资源库、种质资源保护区或者种质资源保护地。根据《国务院办公厅关于加强林木种苗工作的意见》(国办发〔2012〕58号)和国家林业局、国家发展和改革委、财政部《关于印发〈全国林木种苗发展规划(2011—2020年)〉的通知》等文件要求,开展林木种质资源普查工作很有必要。开展林木种质资源普查既是落实全国、省级林木种苗工作部署的必然要求,也是争取国家、省级林木种苗建设投资,推动鹤壁市林木良种化进程和林业可持续发展的客观需要。

开展林木种质资源普查是摸清资源本底、全面系统掌握鹤壁市林木种质资源状况的根本途径,是开展林木种质资源管理、保护、监测评价和利用的重要前提,是关系到林业生态和林业产业建设可持续发展的一项重要基础工程。摸清全市林木种质资源的种类、重点树种的遗传多样性及变异状况,获得树种遗传变异和多样性分布的重要基础数据,并在此基础上制定遗传改良和种质资源保存利用策略,可为林木遗传育种和珍稀林木资源保存利用创造良好条件,为维护国家生态安全和经济社会可持续发展奠定坚实基础,为建设生态林业和民生林业做出重要贡献。因此,做好林木种质资源普查工作具有重要的现实意义和长远的历史意义。

林木种质资源是林木遗传多样性的载体,是良种选育和遗传改良的物质基础,是维系生态安全和林业可持续发展的基础性、战略性资源。根据国务院和河南省政府、国家林业局有关文件精神与总体工作安排,鹤壁市从2017年5月开始在全市开展了林木种质资源普查工作。

二、总体思路及总任务

这次普查是鹤壁市建市以来首次开展的林木种质资源普查,总体工作思路是:坚持以新发展理念为引领,以推进林木良种化进程、促进林业生态建设和产业发展为目的,以摸清全市林木种质资源的种类、分布、生长与保护状况和选择主要树种优良林分、优良单株等良种资源为目标,在统一实施方案、统一技术规程、统一调查表格、统一验收标准的前提下,实行各级林业主管部门和有关大专院校共同参与,分工合作,各负其责的工作方法。经过2~3年的努力,全面完成外业调查和内业整理任务,基本摸清全市林木种质资源现状,为全市林木种质资源的收集保存和开发利用奠定基础。计划到2020年年底之前,全面完成全市林木种质资源外业调查、内业整理、成果总结,编辑完成林木种质资源普查报告等成果资料。

(1)全面查清全市野生林木种质资源、栽培利用林木种质资源(包括生态防护林、用材林、经济林、园林观赏树木及木本花卉树种)的种(变种)和品种的数量、分布(或栽培)区域、面积、生长状态、适应性和利用价值等情况。

(2)以主要栽培树种和有潜在开发价值的野生树种为重点,选择出一批优良林分和优良单株(类型),并评价其开发利用前景。

(3)全面查清鹤壁市重点保护和珍稀濒危树种与古树名木、新引进新选育树种(品种)和已收集保存种质资源的种类、数量、分布地点、保存单位、生长和保护现状等。

(4)编辑完成《鹤壁市林木种质资源普查报告》《鹤壁市林木种质资源》书籍等普查成果资料。

三、普查对象和内容

鹤壁市的普查工作以县(区)为基本调查单位,调查对象包含野生林木、栽培利用林木、重点保护和珍稀濒危树种与古树名木、优良林分和优良单株、新引进和新选育树种(品种)、已收集保存育种材料等。其中栽培利用林木、新引进和新选育树种(品种),凡是有品种的调查到"品种"一级;已收集保存育种材料调查到"品种或资源原始编号"一级;优良林分和优良单株分别调查到"种、优株"一级;其他种质资源调查到"种、变种(或类型)"一级。

(一)野生林木种质资源调查

野生林木种质资源包括鹤壁市自然分布、以原生群落(原始林、天然林和天然次生林)存在和生长的野生乔木与灌木树种种质资源。调查的内容包括:树种及其种质资源(种或变种)的名称、数量(面积、株数)、分布、生境、单株或群体信息、形态特征指标、生长特性等。

(二)栽培利用林木种质资源调查

栽培利用林木种质资源包括所有人工种植的用材林、生态防护林、经济林(含干鲜果树及其他经济林)和园林观赏树木及木本花卉等树种(品种)种质资源。调查的内容包括:种质资源的类型(种、变种或品种)名称、分布区域、种植面积(或株数)、生长量(或产量)、优良特性、品质表现等。

(三)重点保护和珍稀濒危树种与古树名木调查

重点保护和珍稀濒危树种包括列入国务院1999年批准发布的《国家重点保护野生植物名录》并在河南省分布的树种,以及列入《河南省重点保护植物名录》的树种。古树名木包括单株古树名木和古树群,单株古树名木是指具有百年以上树龄的古树、具有特殊文化历史纪念意义的名木;古树群是指由3株以上且集中生长的古树形成的群体。调查的内容包括:重点保护和珍稀濒危树种与古树名木资源的种类、数量(面积、株数)、保护等级、树龄、胸径、树高、地理位置及生长与保护状态等。

(四)优良林分和优良单株(类型)调查

优良林分和优良单株(类型)是指在相同立地条件下,生长量(或产量)、材质(或果品品质)以及适应性、抗逆性等某一方面或多方面明显超过同种同龄的其他林分和单株。此项调查选优对象以天然次生林和实生苗营造的人工林中的主要树种为主,无性化良种栽培的树种只选择优良变异单株(类型)。

(五)新引进和新选育树种(品种)种质资源调查

新引进和新选育树种(品种)主要包括鹤壁市域内各级科研院所、大专院校及各级林业单位、涉林企业从市外引进和自主选育,处于试验阶段或试验基本结束,或已通过技术鉴定,或进行新品种登记,但尚未通过审定推广的树种和品种(已在生产中推广应用的,列入栽培树种(品种)调查登记范围)。主要调查内容包括:新引种树种(品种)的名称、引种材料种类、引种时间、试验或保存地点与数量、适生条件与范围、特征性状、生长发育情况、繁殖方法等;新选育树种(品种)的名称、选育方式、亲本来源、选育时间、试验地点与面积,主要特性指标与优点、适生条件与范围、繁殖方法等。

(六)已收集保存林木种质资源调查

已收集保存林木种质资源主要包括各类自然保护区、林木良种基地(种子园、采穗圃、母树林、采种基地)、原地与异地种质资源保存库(圃)、试验林、植物园、树木园等保存的种质资源;鹤壁市域内各级科研院所、大专院校、各级林业单位、涉林企业结合科研生产,收集保存的林木种源、优良家系、品种(无性系、类型)、优良单株、优良亲本等种质资源。调查的内容包括:保存地类别、资源建设时间与地点、保存方式、资源种类或编号、来源、收集时间、保存数量、用途、繁殖方法、生长与保存状态等。

四、参与普查的单位

明确全市各级林业主管部门、各级林业技术推广站及种苗站、参加普查高校的工作职责。

(1)鹤壁市林业工作站负责全市区域林木种质资源普查工作的领导、组织、协调、培训和督导,负责本市各县(区)调查资料的审核、数据汇总、成果总结工作。

(2)各县(区)林业主管部门、林业技术推广站及种苗站,负责本县(区)林木种质资源普查工作的领导、组织、协调、培训和督导,负责本县(区)范围内栽培利用林木种质资源、新引进与选育树种(品种)种质资源、重点保护和珍稀濒危树种与古树名木、已收集保存林木种质资源的外业调查、内业整理及种质资源信息管理系统相关信息录入工作、调查资料的审核、数据汇总、成果总结及上报工作。

(3)各县(区)林业主管部门配合河南洛阳林业职业技术学院开展野生林木及优良林分、优良单株的调查与选择,协调安排交通、向导及食宿等相关事宜。

五、工作步骤与方法

(一)前期准备

1.召开启动会议

召开了全市林木种质资源普查工作启动会议,动员部署全市林木种质资源普查工作。市、县两级成立了林木种质资源普查领导小组,制定了《鹤壁市林木种质资源普查方案》和《鹤壁市林木种质资源普查技术资料汇编》,全面启动林木种质资源普查工作。

2. 开展技术培训和学习

举办全市普查技术骨干培训班,培训对象为各县(区)调查技术负责人员、技术骨干或调查队员。技术培训采取了室内与野外相结合的方式进行,通过组织专家讲解外业调查及内业整理工作的有关技术规定,使所有参与普查工作的人员全面理解技术规程、实施细则的规定,掌握野外调查和内业工作的内容、方法及相关知识。

3. 制订普查方案

印发了《鹤壁市林木种质资源普查技术资料汇编》,包括普查工作方案、普查实施细则、普查技术规程等。发放了技术参考书籍,包括《河南木本植物名录》《河南林木品种名录》《河南树木志》等。

4. 建立机构队伍

各级林业主管部门都成立了普查工作领导小组及办公室,明确职责任务。市、县(区)林业主管部门抽调熟悉林木种质资源情况、业务能力强的专业技术人员组成专业调查组,共组成了6个小组。

5. 准备调查工具

承担调查任务的各市、县(区)林业部门为参与普查的人员配备了必要的调查工具、设备、图纸、调查表格等。同时配备了调查装备:平板电脑、交通工具、高枝剪等。市林业工作站投入资金,集中采购了GPS、卷尺、围尺、高枝剪、手锯等工具,为调查人员配备必要的调查工具。

(二)资料收集与分析

市、县(区)林业主管部门安排专人收集本辖区的有关资料,主要包括:本辖区的森林资源清查资料、林业区划资料、经济林花卉、古树名木等单项类种质资源调查资料、自然保护区和国家森林公园有关树木或植物的考察报告、树木园和植物园建设情况、林木引种和选育情况、良种基地和种质资源库建设情况、营造林档案和地方志、树木志、植物志、《河南林木良种》等资料。

各市、县(区)和高校普查工作队要在对已收集资料进行系统研究和分析基础上,制定具体调查工作计划和实施细则,确定重点调查范围和踏查、路线调查、样地调查、优良林分和优树选择等具体工作方案,确保调查工作不缺项不遗漏、调查结果全面真实。

(三) 外业调查

外业调查主要是根据普查技术规程和实施细则,在全市范围内分区域分类别全面开展种质资源野外实地调查和优良林分、优良单株(类型)选择,详细填写有关调查表格,拍摄种质实物照片,采集制作并记录植物凭证标本(仅限不能识别的植物)。

外业调查采取了走访知情人、召开座谈会、查阅资料与实地调查相结合的方式进行。实地调查实行踏查、路线调查与样地调查相结合,面上调查与重点区域调查相结合的方法。野生林木种质资源外业调查,是以国有林场、国家森林公园等为重点,在全面调查各树种资源的同时,注重山地原生群体(种群)和新物种的发现,以及珍稀濒危树种和残留原生个体的新发现等,最大限度地挖掘特有、珍稀、濒危树种的原生资源。重点保护和珍稀濒危树种与古树名木外业调查,可以以已有调查成果为基础,在原有调查资料基础上进行补充完善。栽培利用林木种质资源外业调查要与森林资源清查中的人工林资料相衔接,并细化到品种,其中经济林包含果树;园林观赏树木及木本花卉种质资源外业调查,以森林公园、植物园、城市公园及城镇街道、社区绿地等为重点,与有关花木生产及园林绿化企业相衔接。

全市的外业调查于 2017 年 5 月上旬正式开始,根据不同季节的植物生长状况,各县(区)分批次地进行了集中的外业调查和分散的补充调查,对全市栽培利用的林木种质资源、重点保护植物、珍稀濒危植物和古树名木资源、新引进新选育的林木种质资源、已收集保存的林木种质资源等分别开展外业调查、登记。

(四) 内业整理

内业数据整理实行先由各县(区)按要求进行整理上报的方法。鹤壁市 2019 年 6 月之前全面完成了全市林木种质资源内业整理、成果总结和林木种质资源管理系统信息录入工作,编辑完成并上报了林木种质资源普查报告等成果资料。

鹤壁市 2 县 3 区为基本单位,对各类种质资源调查表格及相关资料进行分析整理和汇总,形成了种质资源普查汇总表和 3 个报告(分别是普查工作报告、普查自查报告和普查技术报告)。市林业工作站对县(区)普查工作质量和普查结果的系统性、全面性进行了全面检查,并进行质量抽查,对不合格的指标要求其进行补充调查。

根据《河南省林木种质资源普查验收办法》要求,鹤壁市林业局组成验收组,于2019年6月23日至7月1日对2县3区进行了市级验收,确定5个县(区)林业主管部门组织开展的林木种质资源普查通过验收,其中3个县(区)普查质量等级为优秀,2个县(区)普查质量等级为合格。

我们对全市普查资料进行审核、汇总和整理分析,弄清了全市各类型林木种质资源种类、数量、分布及生长等情况,分析出种质资源保护、利用、管理状况与存在问题,深入探讨和研究林木物种及其遗传资源的价值,评估其开发利用前景,有利于下一步制定林木种质资源保护及利用名录,建立完善的鹤壁市林木种质资源信息,搭建林木种质资源信息储存、查询、评价和共享平台。

(五)保障措施

1.调查的技术支持

(1)利用普查管理软件,做好技术培训。这次普查利用河南省种苗站开发的普查软件、林木种质资源数据库和信息管理系统。

同时,抓好技术培训,鹤壁市组织举办了多期普查工作骨干培训班,对市、县(区)普查人员进行全面系统的培训。

2.加强组织领导

全市林木种质资源普查是一项技术难度大、涉及面广、工作任务重、延续时间长的重要工作。各级林业主管部门高度重视,自上而下都成立了主要领导为组长的领导小组及其办公室,统筹组织和协调普查工作。同时抽调了业务工作能力强、熟悉种质资源情况的专业技术人员组建普查工作队伍,并保障工作时间,明确进度要求,落实工作责任,推进了普查工作扎实有序进展。

3.筹措普查经费

鹤壁市一方面积极争取省财政支持,全市争取上级资金20余万元;另一方面积极统筹本级财政资金用于普查工作资金补助,以保障普查工作的顺利开展。

第四章　鹤壁市林木种质资源概况

第一节　基本情况

　　鹤壁市本次林木种质资源普查自 2017 年 6 月开始至 2019 年 6 月结束,为期 2 年,已经按计划完成了全部外业、内业普查工作。根据实地调查、鉴定和统计,鹤壁市共有木本植物 548 种(包括 102 个品种),隶属于 68 科 232 属。其中裸子植物 4 科 10 属 24 种(包括 3 个品种),被子植物 64 科 222 属 524 种(包括 99 个品种)。通过调查统计分析可知,调查树种类别主要分为三类,分别是野生林木种质资源、栽培利用林木种质资源、古树名木资源。数据显示,野生林木种质资源共记录 251 种,隶属于 55 科 124 属,记录表格数 77 份,上传图片数 2 858 张;栽培利用林木种质资源共记录 448 种(包含 101 个品种),隶属于 71 科 145 属,记录表格数 2 238 份,上传图片数 34 882 张;古树名木 159 株,共有 22 种,隶属于 12 科 17 属,记录表格数 186 份,上传图片数 522 张。

一、资源概况

　　根据实地调查、鉴定和统计,鹤壁市共有木本植物 548 种(包括 102 个品种),隶属于 68 科 232 属(见表 4-1)。其中裸子植物 4 科 10 属 24 种(包括 3 个品种),被子植物 64 科 222 属 524 种(包括 99 个品种)。

表 4-1　鹤壁市木本植物数量分布

类别	科数	属数	种数
裸子植物	4	10	24
被子植物	64	222	524
合计	68	232	548

　　常见的乔木有:欧美杨 107 号、构树、桃、胡桃、柿、榆树、花椒、槐、臭椿、

棟、白蜡、雪松、刺槐、兰考泡桐、栾树、香椿、加杨等。城镇主要绿化树种以乡土树种为主，常见的乔木有女贞、雪松、二球悬铃木、栾树、白蜡、侧柏等。常见的灌木有紫叶李、木槿、冬青卫矛、小叶女贞、紫薇、石楠、红叶石楠、紫荆等。

(一)按照木本植物的生长类型分类

(1)常见乔木有：欧美杨 107 号、构树、桃、胡桃、柿、榆树、花椒、槐、臭椿、棟、白蜡、雪松、刺槐、兰考泡桐、栾树、香椿、加杨等。其中对欧美杨 107 号、桃、胡桃、刺槐、栾树以及女贞进行了大面积的栽培。

(2)常见灌木有：紫叶李、木槿、冬青卫矛、小叶女贞、紫薇、石楠、红叶石楠、紫荆等。其中，石楠和小叶女贞栽培变种数量较多，成为苗圃基地，给人们带来经济效益。

(3)木质藤本：种类较少，常见的有三叶地锦、五叶地锦、紫藤、葡萄等。三叶地锦与紫藤常常人工种植于墙壁或形成花架，供人休憩，营造氛围，常用于园林观赏，增加城市绿化率。

(二)按照木本植物的观赏特性分类

(1)常见观花树种：月季、木槿、紫薇、蜡梅、迎春花、玉兰、日本晚樱、荷花玉兰、榆叶梅、紫叶桃、木瓜、垂丝海棠、贴梗海棠、棣棠花、粉团蔷薇、紫叶李、连翘、金钟花、木樨等。观花树种以蔷薇科居多，其次为木樨科和木兰科。特别是月季广泛栽培，其品种丰富，颜色艳丽，花期长，极具观赏价值。鹤壁市的观花树种比较齐全，春有迎春花、日本晚樱、玉兰、榆叶梅、紫叶桃等，夏有月季、紫薇等，秋有月季、木樨和黄山栾树等，冬有蜡梅等。市区内规模最大的是华夏南路的樱花大道。

(2)常见观叶树种：银杏、五角枫、红枫、紫叶李、中华金叶榆、鹅掌楸、毛黄栌、南天竹、悬铃木、乌桕、元宝枫、鸡爪槭、黄山栾树、七叶树、棕榈等。观叶树种主要是一些秋季变色及叶形独特的树种。秋季变色树种主要是槭树科；叶形奇特观叶树种分布较松散，如扇形的银杏、形似马褂的鹅掌楸、菱形叶的乌桕等，均具有较高的观赏价值。其中银杏和鹅掌楸还是我国的国家级保护植物。

(3)常见观果树种：火棘、石楠、山楂、枇杷、木瓜、乌桕、黄山栾树、鸡爪槭、南天竹、石榴、柿等。观果树种集中于秋季，火棘、木瓜、黄山栾树、石榴、柿树等树种果实鲜红艳丽，经久不凋，常用于园林观赏。山楂、桃、梨、石榴等树种不仅可观果，还有一定的经济效益。

二、各县(区)具体种质资源分布情况

鹤壁市各县(区)种质资源分布见表4-2。

表4-2　鹤壁市各县(区)种质资源分布

市	县(区)代码	县(区)	科	属	种	品种	表格(份)	GPS点	图片(张)
鹤壁市	410621	浚县	48	89	219	45	657	6 001	8 279
	410622	淇县	64	145	327	30	847	4 789	12 465
	410611	淇滨区	52	112	234	15	373	2 970	6 406
	410603	山城区	49	101	253	37	317	3 133	8 853
	410602	鹤山区	51	101	224	25	350	1 820	2 434

鹤壁市各乡(镇)种质资源分布见表4-3。

表4-3　鹤壁市各乡(镇)种质资源分布

市	县(区)代码	县(区)	乡(镇)	科	属	种	品种	表格(份)	GPS点	图片(张)
鹤壁市	410602	鹤山区	鹤壁集乡	47	90	171	23	249	1 293	1 658
	410602	鹤山区	姬家山乡	37	69	107	13	100	526	776
	410603	山城区	石林乡	41	83	160	25	141	1 629	4 961
	410603	山城区	鹿楼乡	46	91	178	20	175	1 504	3 892
	410611	淇滨区	大河涧乡	34	69	97	1	36	324	708
	410611	淇滨区	上峪乡	35	65	95	0	61	569	1 204
	410611	淇滨区	庞村镇	39	72	115	9	51	398	868
	410611	淇滨区	大赉店镇	44	83	130	4	143	1 077	2 310
	410611	淇滨区	钜桥镇	35	66	102	5	80	581	1 260
	410621	浚县	新镇镇	36	58	76	9	59	608	634
	410621	浚县	小河镇	33	55	70	8	68	735	781
	410621	浚县	善堂镇	38	62	80	16	89	844	1 092
	410621	浚县	白寺镇	35	57	76	11	61	634	775

续表4-3

市	县(区)代码	县(区)	乡(镇)	科	属	种	品种	表格(份)	GPS点	图片(张)
鹤壁市	410621	浚县	卫贤镇	30	50	64	5	53	590	637
	410621	浚县	黎阳镇	37	59	79	13	139	1 080	2 231
	410621	浚县	王庄乡	34	52	63	7	57	485	806
	410621	浚县	屯子镇	35	60	82	9	84	817	915
	410621	浚县	城关镇	36	57	75	5	47	208	408
	410622	淇县	北阳乡	51	94	143	13	196	658	1 197
	410622	淇县	城关镇	41	69	94	7	52	507	1 476
	410622	淇县	高村镇	37	60	79	6	119	613	1 768
	410622	淇县	黄洞乡	51	111	211	8	126	1 282	3 536
	410622	淇县	庙口乡	37	60	70	6	94	626	1 839
	410622	淇县	桥盟乡	41	74	105	13	147	751	1 924
	410622	淇县	西岗乡	34	56	69	13	112	351	723

鹤壁市林木种质资源名录见表4-4。

表4-4　鹤壁市林木种质资源名录

序号	分类等级	中文名	学名	属	科
1	种	银杏	Ginkgo biloba	银杏属	银杏科
2	品种	'邳县2号'银杏	Ginkgo biloba	银杏属	银杏科
3	品种	豫银杏1号（龙潭皇）	Ginkgo biloba	银杏属	银杏科
4	种	云杉	Picea asperata	云杉属	松科
5	种	白杆	Picea meyeri	云杉属	松科
6	种	雪松	Cedrus deodara	雪松属	松科
7	种	华山松	Pinus armaudi	松属	松科
8	种	日本五针松	Pinus parviflora	松属	松科

续表 4-4

序号	分类等级	中文名	学名	属	科
9	种	白皮松	Pinus bungeana	松属	松科
10	种	油松	Pinus tabulaeformis	松属	松科
11	种	黑松	Pinus thunbergii	松属	松科
12	种	中山杉	Ascendens mucronatum	落羽杉属	杉科
13	种	水杉	Metasequoia glyptostroboides	水杉属	杉科
14	种	侧柏	Platycladus orientalis (L.) Franco	侧柏属	柏科
15	种	千头柏	Platycladus orientalis ′Sieboldii′	侧柏属	柏科
16	种	美国侧柏	Thuja occiidentalis	崖柏属	柏科
17	种	柏木	Cupressus funebris	柏木属	柏科
18	种	圆柏	Sabina chinensis	圆柏属	柏科
19	品种	北美圆柏	Sabina chinensis	圆柏属	柏科
20	种	龙柏	Sabina chinensis ′Kaizuca′	圆柏属	柏科
21	种	地柏	Sabina procumbens	圆柏属	柏科
22	种	垂枝圆柏	Sabina chinensis f. Pendula	圆柏属	柏科
23	种	铺地柏	Sabina procumbens	圆柏属	柏科
24	种	刺柏	Juniperus formosana	刺柏属	柏科
25	种	银白杨	Populus alba	杨属	杨柳科
26	种	新疆杨	Populus alba var. pyramidalis	杨属	杨柳科
27	种	河北杨	Populus hopeiensis	杨属	杨柳科
28	种	毛白杨	Populus tomentosa	杨属	杨柳科
29	品种	三毛杨7号	Populus tomentosa	杨属	杨柳科
30	品种	中红杨	Populus tomentosa	杨属	杨柳科
31	种	响叶杨	Populus adenopoda	杨属	杨柳科
32	种	大叶杨	Populus lasiocarpa	杨属	杨柳科
33	种	小叶杨	Populus simonii	杨属	杨柳科

续表 4-4

序号	分类等级	中文名	学名	属	科
34	种	塔形小叶杨	Populus simonii f. fastigiata	杨属	杨柳科
35	种	垂枝小叶杨	Populus simonii f. pendula	杨属	杨柳科
36	种	欧洲大叶杨	Populus candicans	杨属	杨柳科
37	种	黑杨	Populus nigra	杨属	杨柳科
38	种	钻天杨	Populus nigra var. italica	杨属	杨柳科
39	种	箭杆杨	Populus nigra var. thevestina	杨属	杨柳科
40	种	加杨	Populus × canadensis	杨属	杨柳科
41	品种	丹红杨	Populus × canadensis	杨属	杨柳科
42	品种	欧美杨 107 号	Populus × canadensis	杨属	杨柳科
43	品种	欧美杨 108 号	Populus × canadensis	杨属	杨柳科
44	品种	欧美杨 2012	Populus×canadensis	杨属	杨柳科
45	种	沙兰杨	Populus×canadensis Moench subsp. Sacrau 79	杨属	杨柳科
46	种	大叶钻天杨	Populus monilifera	杨属	杨柳科
47	种	旱柳	Salix matsudana	柳属	杨柳科
48	品种	'豫新'柳	Salix matsudana	柳属	杨柳科
49	种	馒头柳	Salix matsudana f. umbraculifera	柳属	杨柳科
50	种	垂柳	Salix babylonica	柳属	杨柳科
51	种	化香树	Platycarya strobilacea	化香树属	胡桃科
52	种	枫杨	Pterocarya stenoptera	枫杨属	胡桃科
53	种	胡桃	Juglans regia	胡桃属	胡桃科
54	品种	辽核 4 号	Juglans regia	胡桃属	胡桃科
55	品种	辽宁 1 号	Juglans regia	胡桃属	胡桃科
56	品种	'辽宁 7 号'核桃	Juglans regia	胡桃属	胡桃科
57	品种	'绿波'核桃	Juglans regia	胡桃属	胡桃科
58	品种	'清香'核桃	Juglans regia	胡桃属	胡桃科

续表 4-4

序号	分类等级	中文名	学名	属	科
59	品种	'香玲'核桃	Juglans regia	胡桃属	胡桃科
60	品种	中林 1 号	Juglans regia	胡桃属	胡桃科
61	种	野胡桃	Juglans cathayensis	胡桃属	胡桃科
62	种	胡桃楸	Juglans mandshurica	胡桃属	胡桃科
63	种	美国山核桃	Carya illenoensis	山核桃属	胡桃科
64	品种	'中豫长山核桃Ⅱ号'美国山核桃	Carya cathayensis	山核桃属	胡桃科
65	种	黑核桃	Juglans nigra L.	山核桃属	胡桃科
66	种	鹅耳枥	Carpinus turczaninowii	鹅耳枥属	桦木科
67	种	铁木	Ostrya japonica	铁木属	桦木科
68	种	茅栗	Castanea seguinii	栗属	壳斗科
69	种	栓皮栎	Quercus variabilis	栎属	壳斗科
70	种	麻栎	Quercus acutissima	栎属	壳斗科
71	种	槲栎	Quercus aliena	栎属	壳斗科
72	种	大果榆	Ulmus macrocarpa	榆属	榆科
73	种	脱皮榆	Ulmus lamellosa	榆属	榆科
74	种	太行榆	Ulmus taihangshanensis	榆属	榆科
75	种	榆树	Ulmus pumila	榆属	榆科
76	品种	'豫杂 5 号'白榆	Ulmus pumila	榆属	榆科
77	种	中华金叶榆	Ulmus pumila 'Jinye'	榆属	榆科
78	种	黑榆	Ulmus davidiana	榆属	榆科
79	种	春榆	Ulmus propinqua	榆属	榆科
80	种	旱榆	Ulmus glaucescens	榆属	榆科
81	种	榔榆	Ulmus parvifolia	榆属	榆科
82	种	刺榆	Hemiptelea davidii	刺榆属	榆科
83	种	榉树	Zelkova schneideriana	榉树属	榆科

续表4-4

序号	分类等级	中文名	学名	属	科
84	种	大果榉	Zelkova sinica	榉树属	榆科
85	种	大叶朴	Celtis koraiensis	朴属	榆科
86	种	毛叶朴	Celtis pubescens	朴属	榆科
87	种	小叶朴	Celtis bungeana	朴属	榆科
88	种	珊瑚朴	Celtis julianae	朴属	榆科
89	种	朴树	Celtis tetrandra subsp. sinensis	朴属	榆科
90	种	青檀	Pteroceltis tatarinowii	青檀属	榆科
91	种	华桑	Morus cathayana	桑属	桑科
92	种	桑	Morus alba	桑属	桑科
93	品种	蚕专4号	Morus alba	桑属	桑科
94	品种	桑树新品种7946	Morus alba	桑属	桑科
95	种	花叶桑	Morus alba 'aciniata'	桑属	桑科
96	种	蒙桑	Morus mongolica	桑属	桑科
97	种	山桑	Morus mongolica var. diabolica	桑属	桑科
98	种	鸡桑	Morus australis	桑属	桑科
99	种	构树	Broussonetia papyrifera	构属	桑科
100	品种	'红皮'构树	Broussonetia papyrifera	构属	桑科
101	种	花叶构树	Broussonetia papyrifera 'Variegata'	构属	桑科
102	种	小构树	Broussonetia kazinoki	构属	桑科
103	种	无花果	Ficus carica	榕属	桑科
104	种	异叶榕	Ficus heteromorpha	榕属	桑科
105	种	柘树	Cudrania tricuspidata	柘树属	桑科
106	种	毛桑寄生	Taxillus yadoriki	桑寄生属	桑寄生科
107	种	牡丹	Paeonia suffruticosa	芍药属	毛茛科
108	种	钝萼铁线莲	Clematis peterae	铁线莲属	毛茛科

续表 4-4

序号	分类等级	中文名	学名	属	科
109	种	粗齿铁线莲	Clematis grandidentata	铁线莲属	毛茛科
110	种	短尾铁线莲	Clematis brevicaudata	铁线莲属	毛茛科
111	种	太行铁线莲	Clematis kirilowii	铁线莲属	毛茛科
112	种	狭裂太行铁线莲	Clematis kirilowii var. chanetii	铁线莲属	毛茛科
113	种	大叶铁线莲	Clematis heracleifolia	铁线莲属	毛茛科
114	种	猫儿屎	Decaisnea fargesii	猫儿屎属	木通科
115	种	三叶木通	Akebia trifoliata	木通属	木通科
116	种	日本小檗	Berberis thunbergii	小檗属	小檗科
117	种	紫叶小檗	Berberis thunbergii 'Atropurpurea'	小檗属	小檗科
118	种	南天竹	Nandina domestica	南天竹属	小檗科
119	种	火焰南天竹	Nandina domestica 'Firepower'	南天竹属	小檗科
120	种	蝙蝠葛	Menispermum dauricum	蝙蝠葛属	防己科
121	种	荷花玉兰	Magnolia grandiflora	木兰属	木兰科
122	种	望春玉兰	Magnolia biondii	木兰属	木兰科
123	种	辛夷	Magnolia liliflora	木兰属	木兰科
124	种	玉兰	Magnolia denutata	木兰属	木兰科
125	品种	'紫霞'玉兰	Magnolia denutata	木兰属	木兰科
126	种	飞黄玉兰	Magnolia denutata 'Feihuang'	木兰属	木兰科
127	种	武当玉兰	Magnolia sprengeri	木兰属	木兰科
128	种	鹅掌楸	Liriodendron chinenes	鹅掌楸属	木兰科
129	种	蜡梅	Chimonanthus praecox	蜡梅属	蜡梅科
130	种	大叶樟	Machilus ichangensis	润楠属	樟科
131	种	樟树	Cinnamomum camphora	樟属	樟科
132	种	山橿	Lindera Umbellata var. latifolium	山胡椒属 (钓樟属)	樟科

续表 4-4

序号	分类等级	中文名	学名	属	科
133	种	白花重瓣溲疏	Deutzia crenata 'Candidissima'	溲疏属	虎耳草科
134	种	大花溲疏	Deutzia grandiflora	溲疏属	虎耳草科
135	种	小花溲疏	Deutzia parviflora	溲疏属	虎耳草科
136	种	溲疏	Deutzia scabra Thunb	溲疏属	虎耳草科
137	种	太平花	Philadelphus pekinensis	山梅花属	虎耳草科
138	种	山梅花	Philadelphus incanus	山梅花属	虎耳草科
139	种	毛萼山梅花	Philadelphus dasycalyx	山梅花属	虎耳草科
140	种	海桐	Pittosporum tobira	海桐属	海桐科
141	种	山白树	Sinowilsonia henryi	山白树属	金缕梅科
142	种	杜仲	Eucommia ulmoides	杜仲属	杜仲科
143	品种	'华仲 10 号' 杜仲	Eucommia ulmoides	杜仲属	杜仲科
144	种	三球悬铃木	Platanus orientalis	悬铃木属	悬铃木科
145	种	一球悬铃木	Platanus occidentalis	悬铃木属	悬铃木科
146	种	二球悬铃木	Platanus × acerifolia	悬铃木属	悬铃木科
147	种	土庄绣线菊	Spiraea pubescens	绣线菊属	蔷薇科
148	种	毛花绣线菊	Spiraea dasynantha	绣线菊属	蔷薇科
149	种	中华绣线菊	Spiraea chinensis	绣线菊属	蔷薇科
150	种	疏毛绣线菊	Spiraea hirsuta	绣线菊属	蔷薇科
151	种	麻叶绣线菊	Spiraea cantoniensis	绣线菊属	蔷薇科
152	种	三裂绣线菊	Spiraea trilobata	绣线菊属	蔷薇科
153	种	绣球绣线菊	Spiraea blumei	绣线菊属	蔷薇科
154	种	小叶绣球绣线菊	Spiraea blumei var. microphylla	绣线菊属	蔷薇科
155	种	红柄白鹃梅	Exochorda giraldii	白鹃梅属	蔷薇科
156	种	西北栒子	Cotoneaster zabelii	栒子属	蔷薇科
157	种	火棘	Pyracantha frotuneana	火棘属	蔷薇科

续表 4-4

序号	分类等级	中文名	学名	属	科
158	种	山楂	Crataegus pinnatifida	山楂属	蔷薇科
159	品种	大金星	Crataegus pinnatifida	山楂属	蔷薇科
160	种	山里红	Crataegus pinnatifida var. major	山楂属	蔷薇科
161	种	辽宁山楂	Crataegus sanguinea	山楂属	蔷薇科
162	种	贵州石楠	Photinia Bodinieri	石楠属	蔷薇科
163	种	石楠	Photinia serrulata	石楠属	蔷薇科
164	种	光叶石楠	Photinia glabra	石楠属	蔷薇科
165	种	红叶石楠	Photinia × fraseri	石楠属	蔷薇科
166	种	枇杷	Eriobotrya jopanica	枇杷属	蔷薇科
167	种	北京花楸	Sorbus discolor	花楸属	蔷薇科
168	种	花楸树	Sorbus pohuashanensis	花楸属	蔷薇科
169	种	皱皮木瓜	Chaenomeles speciosa	木瓜属	蔷薇科
170	种	毛叶木瓜	Chaenomeles cathayensis	木瓜属	蔷薇科
171	种	日本木瓜	Chaenomeles japonica	木瓜属	蔷薇科
172	种	木瓜	Chaenomeles sisnesis	木瓜属	蔷薇科
173	种	麻梨	Pyrus serrulata	梨属	蔷薇科
174	种	太行山梨	Pyrus taihangshanensis	梨属	蔷薇科
175	种	豆梨	Pyrus calleryana	梨属	蔷薇科
176	种	白梨	Pyrus bretschenideri	梨属	蔷薇科
177	品种	爱宕梨	Pyrus bretschenideri	梨属	蔷薇科
178	品种	晚秋黄梨	Pyrus bretschenideri	梨属	蔷薇科
179	品种	新西兰红梨	Pyrus bretschenideri	梨属	蔷薇科
180	品种	早酥梨	Pyrus bretschenideri	梨属	蔷薇科
181	种	沙梨	Pyrus pyrifolia	梨属	蔷薇科
182	种	杜梨	Pyrus betulaefolia	梨属	蔷薇科

续表 4-4

序号	分类等级	中文名	学名	属	科
183	种	褐梨	Pyrus phaeocarpa	梨属	蔷薇科
184	种	红茄梨	Pyrus communis L.	梨属	蔷薇科
185	种	山荆子	Malus baccata	苹果属	蔷薇科
186	种	湖北海棠	Malus hupehensis	苹果属	蔷薇科
187	种	垂丝海棠	Malus halliana	苹果属	蔷薇科
188	种	苹果	Malus pumila	苹果属	蔷薇科
189	品种	粉红女士	Malus pumila	苹果属	蔷薇科
190	品种	富士	Malus pumila	苹果属	蔷薇科
191	品种	皇家嘎啦	Malus pumila	苹果属	蔷薇科
192	品种	长红枣	Zizypus jujuba	枣属	鼠李科
193	品种	'中牟脆丰'枣	Zizypus jujuba	枣属	鼠李科
194	种	酸枣	Zizypus jujuba var. spinosa	枣属	鼠李科
195	种	葫芦枣	Zizypus jujuba f. lageniformis	枣属	鼠李科
196	种	龙爪枣	Zizypus jujuba Mill. cv. Tortuosa	枣属	鼠李科
197	种	变叶葡萄	Vitis piasezkii	葡萄属	葡萄科
198	种	秋葡萄	Vitis romantii	葡萄属	葡萄科
199	种	桑叶葡萄	Vitis heyneana subsp. ficifolia	葡萄属	葡萄科
200	种	小叶葡萄	Vitis sinocinerea	葡萄属	葡萄科
201	种	华北葡萄	Vitis bryoniaefolia	葡萄属	葡萄科
202	种	毛葡萄	Vitis heyneana	葡萄属	葡萄科
203	种	葡萄	Vitis vinifera	葡萄属	葡萄科
204	品种	碧香无核	Vitis vinifera	葡萄属	葡萄科
205	品种	超宝葡萄	Vitis vinifera	葡萄属	葡萄科
206	品种	赤霞珠	Vitis vinifera	葡萄属	葡萄科

续表 4-4

序号	分类等级	中文名	学名	属	科
207	品种	巨峰	Vitis vinifera	葡萄属	葡萄科
208	品种	'神州红'葡萄	Vitis vinifera	葡萄属	葡萄科
209	品种	'水晶红'葡萄	Vitis vinifera	葡萄属	葡萄科
210	品种	'夏黑'葡萄	Vitis vinifera	葡萄属	葡萄科
211	种	山葡萄	Vitis amurensis	葡萄属	葡萄科
212	种	华东葡萄	Vitis pseudoreticulata	葡萄属	葡萄科
213	种	蓝果蛇葡萄	Ampelopsis bodinieri	蛇葡萄属	葡萄科
214	种	葎叶蛇葡萄	Ampelopsis humulifolia	蛇葡萄属	葡萄科
215	种	三裂蛇葡萄	Ampelopsis delavayana	蛇葡萄属	葡萄科
216	种	掌裂蛇葡萄	Ampelopsis delavayana var. glabra	蛇葡萄属	葡萄科
217	种	乌头叶蛇葡萄	Ampelopsis aconitifolia	蛇葡萄属	葡萄科
218	种	地锦	Parthenocissus tricuspidata	地锦属（爬山虎属）	葡萄科
219	种	三叶地锦	Parthenocissus semicordata	地锦属（爬山虎属）	葡萄科
220	种	五叶地锦	Parthenocissus quinquefolia	地锦属（爬山虎属）	葡萄科
221	种	辽椴	Tilia mandshurica	椴树属	椴树科
222	种	南京椴	Tilia miqueliana	椴树属	椴树科
223	种	蒙椴	Tilia mongolica	椴树属	椴树科
224	种	华东椴	Tilia japonica	椴树属	椴树科
225	种	扁担杆	Grewia biloba	扁担杆属	椴树科
226	种	小花扁担杆	Grewia biloba var. parvifolia	扁担杆属	椴树科
227	种	木槿	Hibiscus syriacus	木槿属	锦葵科

续表 4-4

序号	分类等级	中文名	学名	属	科
228	种	梧桐	Firmiana simplex	梧桐属	梧桐科
229	种	河南猕猴桃	Actinidia henanensis	猕猴桃属	猕猴桃科
230	种	中华猕猴桃	Actinidia chinensis	猕猴桃属	猕猴桃科
231	种	山茶	Camellia japonica	山茶属	山茶科
232	种	柽柳	Tamarix chinensis	柽柳属	柽柳科
233	种	沙枣	Elaeagnus angustifolia	胡颓子属	胡颓子科
234	种	紫薇	Lagerstroemia indicate	紫薇属	千屈菜科
235	品种	'红云'紫薇	Lagerstroemia indicate	紫薇属	千屈菜科
236	种	银薇	Lagerstroemia indica alba	紫薇属	千屈菜科
237	种	石榴	Punica granatum	石榴属	石榴科
238	品种	大白甜	Punica granatum	石榴属	石榴科
239	品种	大红甜	Punica granatum	石榴属	石榴科
240	品种	范村软籽	Punica granatum	石榴属	石榴科
241	品种	河阴软籽	Punica granatum	石榴属	石榴科
242	品种	以色列软籽	Punica granatum	石榴属	石榴科
243	品种	月季石榴	Punica granatum	石榴属	石榴科
244	种	白石榴	Punica granatum 'Albescens'	石榴属	石榴科
245	种	月季石榴	Punica granatum 'Nana'	石榴属	石榴科
246	种	黄石榴	Punica granatum 'Flavescens'	石榴属	石榴科
247	种	重瓣红石榴	Punica granatum 'Planiflora'	石榴属	石榴科
248	种	喜树	Camptotheca acuminata	喜树属	蓝果树科

续表 4-4

序号	分类等级	中文名	学名	属	科
249	种	八角枫	Alangium chinense	八角枫属	八角枫科
250	种	瓜木	Alangium platanifolium	八角枫属	八角枫科
251	种	刺楸	Kalopanax septemlobus	刺楸属	五加科
252	种	红瑞木	Swida alba	楝木属	山茱萸科
253	种	毛楝	Swida walteri Wanger	楝木属	山茱萸科
254	种	山茱萸	Cornus officinalis	山茱萸属	山茱萸科
255	种	柿	Diospyros kaki	柿树属	柿树科
256	品种	八瓣红	Diospyros kaki	柿树属	柿树科
257	品种	'博爱八月黄'柿	Diospyros kaki	柿树属	柿树科
258	品种	富有	Diospyros kaki	柿树属	柿树科
259	品种	斤柿	Diospyros kaki	柿树属	柿树科
260	品种	磨盘柿	Diospyros kaki	柿树属	柿树科
261	品种	牛心柿	Diospyros kaki	柿树属	柿树科
262	品种	'七月燥'柿	Diospyros kaki	柿树属	柿树科
263	品种	前川次郎	Diospyros kaki	柿树属	柿树科
264	品种	十月红柿	Diospyros kaki	柿树属	柿树科
265	种	野柿	Diospyros kaki form. silvestris	柿树属	柿树科
266	种	君迁子	Diospyros lotus	柿树属	柿树科
267	种	秤锤树	Sinojackia xylocarpa	秤锤树属	野茉莉科
268	种	小叶白蜡树	Fraxinus chinensis	白蜡树属	木犀科
269	种	白蜡树	Fraxinus chinensis	白蜡树属	木犀科
270	种	大叶白蜡树	Fraxinus rhynchophylla	白蜡树属	木犀科
271	种	美国白蜡树	Fraxinus americana	白蜡树属	木犀科

续表 4-4

序号	分类等级	中文名	学名	属	科
272	种	青梣	Fraxinus pennsylvanica var. subintegerrima	白蜡树属	木犀科
273	种	水曲柳	Fraxinus mandschurica	白蜡树属	木犀科
274	种	光蜡树	Fraxinus griffithii	白蜡树属	木犀科
275	种	连翘	Forsythia Suspensa	连翘属	木犀科
276	品种	'金叶'连翘	Forsythia Suspensa	连翘属	木犀科
277	种	金钟花	Forsythia viridissima	连翘属	木犀科
278	种	北京丁香	Syringa pekinensis	丁香属	木犀科
279	种	暴马丁香	Syringa reticulata var. mardshurica	丁香属	木犀科
280	种	华北丁香	Syringa oblata	丁香属	木犀科
281	种	紫丁香	Syringa julianae	丁香属	木犀科
282	种	木樨	Osmanthus fragrans	木樨属	木犀科
283	品种	丹桂	Osmanthus fragrans	木樨属	木犀科
284	品种	金桂	Osmanthus fragrans	木樨属	木犀科
285	种	流苏树	Chionanthus retusus	流苏树属	木犀科
286	种	女贞	Ligustrum lucidum	女贞属	木犀科
287	品种	花带女贞	Ligustrum lucidum	女贞属	木犀科
288	品种	金森女贞	Ligustrum lucidum	女贞属	木犀科
289	品种	平抗 1 号金叶女贞	Ligustrum lucidum	女贞属	木犀科
290	种	日本女贞	Ligustrum japonicum	女贞属	木犀科
291	种	小蜡	Ligustrum sinense	女贞属	木犀科
292	种	小叶女贞	Ligustrum quihoui	女贞属	木犀科
293	种	卵叶女贞	Ligustrum ovalifolium	女贞属	木犀科
294	种	迎春花	Jasminum nudiflorum	茉莉属（素馨属）	木犀科

续表 4-4

序号	分类等级	中文名	学名	属	科
295	种	夹竹桃	Nerium indicum	夹竹桃属	夹竹桃科
296	种	络石	Trachelospermum jasminoides	络石属	夹竹桃科
297	种	杠柳	Periploca sepium	杠柳属	萝藦科
298	种	粗糠树	Ehretia macrophylla	厚壳树属	紫草科
299	种	白棠子树	Callicarpa dichotoma	紫珠属	马鞭草科
300	种	日本紫珠	Callicarpa japonica	紫珠属	马鞭草科
301	种	黄荆	Vitex negundo	牡荆属	马鞭草科
302	种	牡荆	Vitex negundo var. cannabifolia	牡荆属	马鞭草科
303	种	荆条	Vitex negundo var. heterophylla	牡荆属	马鞭草科
304	种	臭牡丹	Clerodendrum bungei	大青属（桢桐属）	马鞭草科
305	种	海州常山	Clerodendrum trichotomum	大青属（桢桐属）	马鞭草科
306	种	三花莸	Caryopteris terniflora	莸属	马鞭草科
307	种	柴荆芥	Elsholtzia stauntoni	香薷属	唇形科
308	种	枸杞	Lycium chinense	枸杞属	茄科
309	种	毛泡桐	Paulownia tomentosa	泡桐属	玄参科
310	品种	'南四'泡桐	Paulownia tomentosa	泡桐属	玄参科
311	种	光泡桐	Paulownia tomentosa var. tsinlingensis	泡桐属	玄参科
312	种	兰考泡桐	Paulownia elongata	泡桐属	玄参科
313	种	楸叶泡桐	Paulownia catalpifolia	泡桐属	玄参科
314	种	白花泡桐	Paulownia fortunei	泡桐属	玄参科
315	种	梓树	Catalpa voata	梓树属	紫葳科
316	种	楸树	Catalpa bungei	梓树属	紫葳科

续表4-4

序号	分类等级	中文名	学名	属	科
317	种	灰楸	Catalpa fargesii	梓树属	紫葳科
318	种	凌霄	Campsis grandiflora	凌霄属	紫葳科
319	种	薄皮木	Leptodermis oblonga	野丁香属	茜草科
320	种	六月雪	Serissa foetida	六月雪属	茜草科
321	种	鸡矢藤	Paederia scandens	鸡矢藤属	茜草科
322	种	接骨木	Sambucus wiliamsii	接骨木属	忍冬科
323	种	琼花	Viburnum macrocephalum f. keteleeri	荚蒾属	忍冬科
324	种	陕西荚蒾	Viburnum schensianum	荚蒾属	忍冬科
325	种	蒙古荚蒾	Viburnum mongolicum	荚蒾属	忍冬科
326	种	粉团	Viburnum plicatum	荚蒾属	忍冬科
327	种	荚蒾	Viburnum dilatatum	荚蒾属	忍冬科
328	种	鸡树条荚蒾	Viburnum opulus var. calvescens	荚蒾属	忍冬科
329	种	六道木	Abelia biflora	六道木属	忍冬科
330	种	锦带花	Weigela florida	锦带花属	忍冬科
331	种	刚毛忍冬	Lonicera hispida	忍冬属	忍冬科
332	种	苦糖果	Lonicera fragrantissima subsp. standishii	忍冬属	忍冬科
333	种	忍冬	Lonicera japonica	忍冬属	忍冬科
334	种	金银花	Lonicera japonica	忍冬属	忍冬科
335	品种	'金丰1号'金银花	Lonicera japonica	忍冬属	忍冬科
336	种	蚂蚱腿子	Myripnois dioica	蚂蚱腿子属	菊科
337	种	刚竹	Phyllostachys bambusoides	刚竹属	禾本科
338	种	早园竹	Phyllostachys propinqua	刚竹属	禾本科
339	种	淡竹	Phyllostachys glauca	刚竹属	禾本科

续表 4-4

序号	分类等级	中文名	学名	属	科
340	种	阔叶箬竹	Indocalamus latifolius	箬竹属	禾本科
341	种	箬叶竹	Indocalamus longiauritus	箬竹属	禾本科
342	种	凤凰竹	Bambusa multiplex	刺竹属	禾本科
343	种	棕榈	Trachycarpus fortunei	棕榈属	棕榈科
344	种	蒲葵	Livistona chinensis	蒲葵属	棕榈科
345	种	凤尾丝兰	Yucca gloriosa	丝兰属	百合科
346	种	短梗菝葜	Smilax scobinicaulis	菝葜属	百合科
347	种	菝葜	Smilax china	菝葜属	百合科
348	种	鞘柄菝葜	Smilax stans	菝葜属	百合科
349	种	短梗菝葜	Smilax scobinicaulis	菝葜属	百合科
350	品种	金冠	Malus pumila	苹果属	蔷薇科
351	品种	新红星	Malus pumila	苹果属	蔷薇科
352	品种	早红苹果	Malus pumila	苹果属	蔷薇科
353	种	海棠花	Malus spectabilis	苹果属	蔷薇科
354	种	西府海棠	Malus micromalus	苹果属	蔷薇科
355	种	河南海棠	Malus honanensis	苹果属	蔷薇科
356	种	三叶海棠	Malus sieboldii	苹果属	蔷薇科
357	种	棣棠花	Kerria japonica	棣棠花属	蔷薇科
358	种	重瓣棣棠花	Kerria japonica f. pleniflora	棣棠花属	蔷薇科
359	种	山莓	Rubus corchorifolius	悬钩子属	蔷薇科
360	种	粉枝莓	Rubus biflorus	悬钩子属	蔷薇科
361	种	茅莓	Rubus parvifolius	悬钩子属	蔷薇科
362	种	弓茎悬钩子	Rubus flosculosus	悬钩子属	蔷薇科
363	种	香水月季	Rosa odorata	蔷薇属	蔷薇科
364	种	月季	Rosa chinensis	蔷薇属	蔷薇科

续表 4-4

序号	分类等级	中文名	学名	属	科
365	品种	'粉扇'月季	Rosa chinensis	蔷薇属	蔷薇科
366	品种	'锦上添花'月季	Rosa chinensis	蔷薇属	蔷薇科
367	种	小月季	Rosa chinensis var. minima	蔷薇属	蔷薇科
368	种	紫月季花	Rosa chinensis var. semperflorens	蔷薇属	蔷薇科
369	种	野蔷薇	Rosa multiflora	蔷薇属	蔷薇科
370	种	粉团蔷薇	Rosa multiflora var. cathayensis	蔷薇属	蔷薇科
371	种	七姊妹	Rosa multiflora 'Grevillei'	蔷薇属	蔷薇科
372	种	白玉堂	Rosa multiflora var. albo-plena	蔷薇属	蔷薇科
373	种	软条七蔷薇	Rosa henryi	蔷薇属	蔷薇科
374	种	缫丝花	Rosa roxburghii	蔷薇属	蔷薇科
375	种	黄蔷薇	Rosa hugonis	蔷薇属	蔷薇科
376	种	黄刺玫	Rosa xanthina	蔷薇属	蔷薇科
377	种	紫花重瓣玫瑰	Rosa rugosa f. plena	蔷薇属	蔷薇科
378	种	刺梗蔷薇	Rosa corymbulosa	蔷薇属	蔷薇科
379	种	刺毛蔷薇	Rosa setipoda	蔷薇属	蔷薇科
380	种	美蔷薇	Rosa bella	蔷薇属	蔷薇科
381	种	榆叶梅	Amygdalus triloba	桃属	蔷薇科
382	种	重瓣榆叶梅	Amygdalus triloba 'Multiplex'	桃属	蔷薇科
383	种	山桃	Amygdalus davidiana	桃属	蔷薇科
384	种	桃	Amygdalus persica	桃属	蔷薇科
385	品种	'报春'桃	Amygdalus persica	桃属	蔷薇科
386	品种	赤月桃	Amygdalus persica	桃属	蔷薇科
387	品种	'洒红龙柱'桃	Amygdalus persica	桃属	蔷薇科
388	品种	曙光	Amygdalus persica	桃属	蔷薇科
389	品种	'兴农红'桃	Amygdalus persica	桃属	蔷薇科

续表 4-4

序号	分类等级	中文名	学名	属	科
390	品种	'中桃 21 号' 桃	Amygdalus persica	桃属	蔷薇科
391	品种	'中桃 4 号' 桃	Amygdalus persica	桃属	蔷薇科
392	品种	黄金蜜桃 1 号	Rosaceae	桃属	蔷薇科
393	种	油桃	Amygdalus persica var. nectarine	桃属	蔷薇科
394	品种	中油桃 4 号	Amygdalus persica var. nectarine	桃属	蔷薇科
395	种	蟠桃	Amygdalus persica var. compressa	桃属	蔷薇科
396	种	紫叶桃	Amygdalus persica 'Atropurpurea'	桃属	蔷薇科
397	种	碧桃	Amygdalus persica 'Duplex'	桃属	蔷薇科
398	种	千瓣白桃	Amygdalus persica 'albo-plena'	桃属	蔷薇科
399	种	杏	Armeniaca vulgaris	杏属	蔷薇科
400	品种	'大红' 杏	Armeniaca vulgaris	杏属	蔷薇科
401	品种	二红杏	Armeniaca vulgaris	杏属	蔷薇科
402	品种	金太阳	Armeniaca vulgaris	杏属	蔷薇科
403	品种	麦黄杏	Armeniaca vulgaris	杏属	蔷薇科
404	品种	'濮杏 1 号'	Armeniaca vulgaris	杏属	蔷薇科
405	品种	仰韶黄杏	Armeniaca vulgaris	杏属	蔷薇科
406	品种	'中仁 1 号' 杏	Armeniaca vulgaris	杏属	蔷薇科
407	种	野杏	Armeniaca vulgaris var. ansu	杏属	蔷薇科
408	种	山杏	Armeniaca sibirica	杏属	蔷薇科
409	种	梅	Armeniaca mume	杏属	蔷薇科
410	种	红梅	Armeniaca mume f. alphandii	杏属	蔷薇科
411	种	杏李	Prunus simonii	李属	蔷薇科
412	种	紫叶李	Prunus cerasifera 'Pissardii'	李属	蔷薇科
413	种	李	Prunus salicina	李属	蔷薇科

续表 4-4

序号	分类等级	中文名	学名	属	科
414	品种	太阳李	Prunus salicina	李属	蔷薇科
415	种	樱桃	Cerasus pseudocerasus	樱属	蔷薇科
416	品种	红灯	Cerasus pseudocerasus	樱属	蔷薇科
417	品种	'红叶'樱花	Cerasus pseudocerasus	樱属	蔷薇科
418	种	东京樱花	Cerasus yedoensis	樱属	蔷薇科
419	种	山樱花	Cerasus serrulata	樱属	蔷薇科
420	种	日本晚樱	Cerasus serrulata var. lannesiana	樱属	蔷薇科
421	种	华中樱桃	Cerasus conradinae	樱属	蔷薇科
422	种	毛樱桃	Cerasus tomentosa	樱属	蔷薇科
423	种	麦李	Cerasus glandulosa	樱属	蔷薇科
424	种	欧李	Cerasus hummilis	樱属	蔷薇科
425	种	山槐	Albizzia kalkora	合欢属	豆科
426	种	合欢	Albizzia julibrissin	合欢属	豆科
427	品种	'朱羽'合欢	Albizzia julibrissin	合欢属	豆科
428	种	皂荚	Gleditsia sinensis	皂荚属	豆科
429	品种	'密刺'皂荚	Gleditsia sinensis	皂荚属	豆科
430	品种	'嵩刺1号'皂荚	Gleditsia sinensis	皂荚属	豆科
431	种	野皂荚	Gleditsia microphylla	皂荚属	豆科
432	种	湖北紫荆	Cercis glabra	紫荆属	豆科
433	种	紫荆	Cercis chinensis	紫荆属	豆科
434	种	加拿大紫荆	Cercis Canadensis	紫荆属	豆科
435	种	白刺花	Sophora davidii	槐属	豆科
436	种	槐	Sophora japonica	槐属	豆科
437	种	龙爪槐	Sophora japonica var. pndula	槐属	豆科
438	种	五叶槐	Sophora japonica 'Oligophylla'	槐属	豆科

续表 4-4

序号	分类等级	中文名	学名	属	科
439	种	毛叶槐	Sophora japonica var. pubescens	槐属	豆科
440	种	金枝槐	Sophora japonica cv. Golden Stem	槐属	豆科
441	种	小花香槐	Cladrastis delavayi	香槐属	豆科
442	种	马鞍树	Maackia hupehenisis	马鞍树属	豆科
443	种	多花木蓝	Indigofera amblyantha	木蓝属	豆科
444	种	木蓝	Indigofera tinctoria	木蓝属	豆科
445	种	河北木蓝	Indigofera bungeana	木蓝属	豆科
446	种	紫穗槐	Amorpha fruticosa	紫穗槐属	豆科
447	种	多花紫藤	Wisteria floribunda	紫藤属	豆科
448	种	紫藤	Wisteria sirensis	紫藤属	豆科
449	种	藤萝	Wisteria villosa	紫藤属	豆科
450	种	刺槐	Robinia pseudoacacia	刺槐属	豆科
451	品种	'黄金'刺槐	Robinia pseudoacacia	刺槐属	豆科
452	种	毛刺槐	Robinia hispida	刺槐属	豆科
453	种	红花刺槐	Robinia × ambigua 'Idahoensis'	刺槐属	豆科
454	种	香花槐	Robinia pseudoacacia cv. idaho	刺槐属	豆科
455	种	红花锦鸡儿	Caragana rosea	锦鸡儿属	豆科
456	种	锦鸡儿	Caragana sinica	锦鸡儿属	豆科
457	种	胡枝子	Lespedzea bicolor	胡枝子属	豆科
458	种	兴安胡枝子	Lespedzea davcerica	胡枝子属	豆科
459	种	多花胡枝子	Lespedzea floribunda	胡枝子属	豆科
460	种	长叶铁扫帚	Lespedzea caraganae	胡枝子属	豆科
461	种	赵公鞭	Lespedzea hedysaroides	胡枝子属	豆科
462	种	截叶铁扫帚	Lespedzea cuneata	胡枝子属	豆科

续表 4-4

序号	分类等级	中文名	学名	属	科
463	种	阴山胡枝子	Lespedzea inschanica	胡枝子属	豆科
464	种	白花杭子梢	Campylotropis macrocarpa f. alba	杭子梢属	豆科
465	种	杭子梢	Campylotropis macrocarpa	杭子梢属	豆科
466	种	葛	Pueraria montana	葛属	豆科
467	种	吴茱萸	Tetradium ruticarpum	吴茱萸属	芸香科
468	种	臭檀吴萸	Tetradium daniellii	吴茱萸属	芸香科
469	种	竹叶花椒	Zanthoxylum armatum	花椒属	芸香科
470	种	花椒	Zanthoxylum bunngeanum	花椒属	芸香科
471	品种	大红椒（油椒、二红袍、二性子）	Zanthoxylum bunngeanum	花椒属	芸香科
472	品种	大红袍花椒	Zanthoxylum bunngeanum	花椒属	芸香科
473	种	小花花椒	Zanthoxylum mieranthum	花椒属	芸香科
474	种	青花椒	Zanthoxylum schinifolium	花椒属	芸香科
475	种	枳	Poncirus trifoliata	枳属	芸香科
476	种	苦木	Picrasma quassioides	苦木属	苦木科
477	种	刺臭椿	Ailanthus vilmoriniana	臭椿属（樗属）	苦木科
478	种	毛臭椿	Ailanthus giraldii	臭椿属（樗属）	苦木科
479	种	臭椿	Ailanthus altissima	臭椿属（樗属）	苦木科
480	品种	'白皮千头'椿	Ailanthus altissima	臭椿属（樗属）	苦木科
481	种	香椿	Toona sinensis	香椿属	楝科
482	品种	'豫林1号'香椿	Toona sinensis	香椿属	楝科
483	种	红椿	Toona ciliata	香椿属	楝科
484	种	楝	Melia azedarach	楝属	楝科

续表 4-4

序号	分类等级	中文名	学名	属	科
485	种	一叶萩	Flueggea suffruticosa	白饭树属	大戟科
486	种	雀儿舌头	Leptopus chinensis	雀儿舌头属	大戟科
487	种	重阳木	Bischofia polycarpa	重阳木属	大戟科
488	种	乌桕	Sapium sebifera	乌桕属	大戟科
489	种	锦熟黄杨	Buxus sempervirens	黄杨属	黄杨科
490	种	黄杨	Buxus sinica	黄杨属	黄杨科
491	品种	彩叶北海道黄杨	Buxus sinica	黄杨属	黄杨科
492	种	小叶黄杨	Buxus sinica var. parvifolia	黄杨属	黄杨科
493	种	雀舌黄杨	Buxus bodinieri	黄杨属	黄杨科
494	种	南酸枣	Choerospondias axillaris	南酸枣属	漆树科
495	种	黄连木	Pistacia chinensis	黄连木属	漆树科
496	种	盐肤木	Rhus chinensis	盐肤木属	漆树科
497	种	火炬树	Rhus Typhina	盐肤木属	漆树科
498	种	红麸杨	Rhus punjabensis var. sinica	盐肤木属	漆树科
499	种	漆树	Toxicodendron vernicifluum (Stokes) F. A. Barkl.	漆属	漆树科
500	种	粉背黄栌	Cotinus coggygria var. glaucophylla	黄栌属	漆树科
501	种	毛黄栌	Cotinus coggygria var. pubescens	黄栌属	漆树科
502	种	红叶	Cotinus coggygria var. cinerea	黄栌属	漆树科
503	种	美国黄栌	Cotinus obovatus	黄栌属	漆树科
504	种	冬青	Ilex chinensis	冬青属	冬青科
505	种	枸骨	Ilex cornuta	冬青属	冬青科
506	种	无刺枸骨	Ilex cornuta 'Fortunei'	冬青属	冬青科

续表 4-4

序号	分类等级	中文名	学名	属	科
507	种	卫矛	Euonymus alatus	卫矛属	卫矛科
508	种	白杜	Euonymus maackii	卫矛属	卫矛科
509	种	冬青卫矛	Euonymus japonicus	卫矛属	卫矛科
510	种	扶芳藤	Euonymus fortunei	卫矛属	卫矛科
511	种	大叶黄杨	Buxus megistophylla Levl.	卫矛属	卫矛科
512	种	南蛇藤	Celastrus orbiculatus	南蛇藤属	卫矛科
513	种	短梗南蛇藤	Celastrus rosthornianus	南蛇藤属	卫矛科
514	种	苦皮藤	Celastrus angulatus	南蛇藤属	卫矛科
515	种	哥兰叶	Celastrus gemmatus	南蛇藤属	卫矛科
516	种	元宝槭	Acer truncatum	槭属	槭树科
517	种	五角枫	Acer pictum subsp. mono	槭属	槭树科
518	种	鸡爪槭	Acer Palmatum	槭属	槭树科
519	种	红枫	Acer palmatum 'Atropurpureum'	槭属	槭树科
520	种	杈叶枫	Acer ceriferum	槭属	槭树科
521	种	茶条槭	Acer tataricum subsp. ginnala	槭属	槭树科
522	种	三角槭	Acer buergerianum	槭属	槭树科
523	种	秦岭槭	Acer tsinglingense	槭属	槭树科
524	种	血皮槭	Acer griseum	槭属	槭树科
525	种	梣叶槭	Acer negundo	槭属	槭树科
526	品种	'金叶'复叶槭	Acer negundo	槭属	槭树科
527	种	糖槭	Acer saccharinum	槭属	槭树科
528	种	七叶树	Aesculus chinensis	七叶树属	七叶树科
529	种	欧洲七叶树	Aesculus hippocastanum	七叶树属	七叶树科
530	种	栾树	Koelreuteria paniculata	栾树属	无患子科
531	种	复羽叶栾树	Koelreuteria bipinnata	栾树属	无患子科

续表 4-4

序号	分类等级	中文名	学名	属	科
532	种	黄山栾树	Koelreuteria bipinnata 'Integrifoliola'	栾树属	无患子科
533	种	文冠果	Xanthoceras sorbifolia	文冠果属	无患子科
534	种	对刺雀梅藤	Sageretia pycnophylla	雀梅藤属	鼠李科
535	种	少脉雀梅	Sageretia paucicostata	雀梅藤属	鼠李科
536	种	卵叶鼠李	Rhamnus bungeana	鼠李属	鼠李科
537	种	小叶鼠李	Rhamnus parvifolis	鼠李属	鼠李科
538	种	锐齿鼠李	Rhamnus arguta	鼠李属	鼠李科
539	种	薄叶鼠李	Rhamnus leptophylla	鼠李属	鼠李科
540	种	鼠李	Rhamnus davurica	鼠李属	鼠李科
541	种	冻绿	Rhamnus utilis	鼠李属	鼠李科
542	种	北枳椇	Hovenia dulcis	枳椇属	鼠李科
543	种	猫乳	Rhamnella franguloides	猫乳属（长叶绿柴属）	鼠李科
544	种	多花勾儿茶	Berchemia floribunda	勾儿茶属（牛儿藤属）	鼠李科
545	种	勾儿茶	Berchemia sinica	勾儿茶属（牛儿藤属）	鼠李科
546	种	枣	Zizypus jujuba	枣属	鼠李科
547	品种	桐柏大枣	Zizypus jujuba	枣属	鼠李科
548	品种	豫枣 2 号（淇县无核枣）	Zizypus jujuba	枣属	鼠李科

第二节　按照资源调查类别分类

一、野生林木种质资源

(一)概况

根据鹤壁市野生林木种质资源分布情况,普查小组制订了对淇县、淇滨区进行重点调查,对鹤山区、山城区等地进行一般调查的实施方案。最终淇县共调查有效线路 10 条,淇滨区调查有效线路 6 条,山城区、鹤山区共调查有效线路 6 条。野生林木种质资源普查的外业工作于 2018 年 11 月之前大体完成。2019 年 4~5 月,根据对普查数据的分析,针对一些地区种质资源或调查信息不足的现象,有选择地进行了补充调查。

根据数据显示,野生林木种质资源共记录 251 种,隶属于 55 科 124 属,记录表格 76 份,上传图片 2 858 张(见表 4-5)。

表 4-5　野生林木种质资源树种调查表

市	县区	资源类别	科	属	种	表格(份)	GPS点	图片(张)
鹤壁市	浚县	野生林木	3	3	3	28	36	71
	淇县	野生林木	49	106	198	25	658	1 583
	淇滨区	野生林木	31	62	95	14	237	593
	山城区	野生林木	24	34	41	3	52	148
	鹤山区	野生林木	42	79	114	6	189	463

常见乔木树种有:构树、榆树、臭椿、酸枣、胡桃、桑、刺槐等。其中可作为森林群落优势种或建群种出现的有臭椿、构树、桑。

常见灌木树种有:鹤壁市植物群落常见的较大灌木有野皂荚、紫穗槐、野蔷薇、荆条、酸枣和杭子梢等;有些乔木树种的幼树在乔木层下生长,可作为灌木层中的上层大灌木,如臭椿、兰考泡桐、刺槐、构树、胡桃等。鹤壁市常见的中小灌木有兴安胡枝子、锦鸡儿、雀儿舌头、小叶鼠李、茅莓、中华绣线菊等。其中,可作为灌丛和灌草丛优势种及建群种出现的有:杭子梢、锦鸡儿、兴安胡枝子、中华绣线菊等,是鹤壁市主要的灌丛种类。

常见木质藤本:种类较少,常见的有葛、太行铁线莲、葎叶蛇葡萄、五叶地锦、乌头叶蛇葡萄、杠柳等。其中五叶地锦常缠绕乔木生长至群落的中上层,葛、葎叶蛇葡萄等常在灌木层,乌头叶蛇葡萄、太行铁线莲多贴地生长。鹤壁市藤本植物种类虽不够丰富,但却丰富了群落的植被层次,是重要的层间植物。

(二)野生林木种质资源分析

1.野生林木种质资源数量相对较少

河南太行山区地形复杂,西高东低,北高南低,多样性的自然环境使得该区域内植被类型较为丰富,种类繁多。海拔1 000 m左右及以上地区森林植被呈乔、灌、草三层结构,林相整齐,一般是以栎类为主的天然次生林和以松类为主的飞播林。海拔在1 000 m以下,林相开始明显破碎,灌木逐渐占居主导。调查过程中发现,随着海拔高度的下降,植物种类多样性呈明显下降趋势。鹤壁市只有极少数地区海拔能达1 000 m,其他均在500 m左右甚至在200 m左右,海拔较低、水源匮乏、人为干扰较多,同时林地面积也少,导致植物资源数量及分布相对较少,野生林木资源只有251种。

2.森林覆盖度高,群落结构较单一

本次野生林木种质资源调查除线路调查外还进行了样方调查。调查设有乔木样方和灌木样方。乔木样方为20 m×20 m的大样方,灌木样方为5 m×5 m的小样方。海拔500 m以下浅山丘陵地带,样方内有乔木树种的占总数的81.8%。小样方中灌木植物占绝对优势,植物种类有:野皂荚、荆条、酸枣、柘树、杨、榆树、椿树等。藤本植物占有一定比例,主要是毛茛科、蔷薇科、葡萄科植物。海拔500~1 000 m的低山样方内有乔木树种的占总数的93.5%。每个样方中,乔木树种所占比例比丘陵区明显提高。

鹤壁市以海拔较高的纣王殿(三县垴)附近群落较为典型。浅山丘陵地区植被类型以灌木为主,低山地区以乔灌木为主或乔木为主。随着海拔高度的提升,地面覆盖度逐渐提升、植物种类逐渐丰富、乔灌木变得繁茂、郁闭度变大,乔木树种多样性也逐渐提高。植被类型由灌木植被类型逐步向针阔混交林、针叶林植被类型过渡。总体来看,经过多年的植树造林,所调查的地域内基本上达到了林木全覆盖,是山皆绿,野生植被处于快速恢复期,部分人工林生长良好,但鹤壁市因山区普遍海拔较低,森林群落构成较单一,植物垂直地带性分布不太明显。

不同海拔地区,典型植物群落和主要乔木见表4-6、表4-7。

表 4-6　鹤壁市山区不同海拔地区植物群落结构

海拔(m)	坡度	坡向	盖度	植物群落结构
<500	35°	西北	0.8	野皂荚+雀儿舌头+荆条+红叶+粉枝莓+蒙古荚蒾+少脉雀梅藤+太行铁线莲
	42°	东南	0.9	野皂荚+黄荆+粉背黄栌+雀儿舌头+河北木蓝+青檀+大果榉+太行铁线莲
	30°	西南	0.8	荆条+雀儿舌头+酸枣+构树+君迁子+杏+刺槐+油松+小叶朴+三裂绣线菊+蛇葡萄
	30°	东北	0.9	雀儿舌头+荆条+连翘+杭子梢+毛黄栌+河北木蓝+毛白杨+黄连木+桑+桃+柿+槐+胡桃+君迁子+毛花绣线菊
500~1 000	45°	北	0.9	大果榉+青檀+蒙桑+绢毛绣线菊+大花溲疏+陕西荚蒾+毛黄栌+臭檀吴萸+小花扁担杆+荆条
	49°	南	0.9	栓皮栎+山槐+蒙桑+陕西荚蒾+毛黄栌+荆条+鼠李+杭子梢+多花胡枝子+柴荆芥+小花扁担杆+太行铁线莲

表 4-7　鹤壁市山区不同海拔主要乔木树种

海拔分布	主要乔木树种	不同海拔共有乔木树种
浅山丘陵（500 m 以下）	臭椿、栾树、大果榉、青檀、构树、君迁子、小叶朴、油松、刺槐、侧柏、黄连木、山槐、胡桃、毛白杨、榆树、山桃	油松、栾树、山桃、毛白杨、君迁子、大果榉
低山（500~1 000 m）	臭椿、栾树、毛白杨、大果榉、青檀、构树、君迁子、小叶朴、油松、刺槐、侧柏、黄连木、山槐、山桃、野胡桃、槲栎、鹅耳枥、栓皮栎、元宝槭、小叶白蜡、山杏、蒙桑	

3. 植物生长受胁迫，一些植物已经消失

　　太行山支离破碎的山势对植物已经形成胁迫，部分边缘树种本身生长在非适宜区域，鹤壁市海拔较低，同时又受土壤、气候条件影响和人为干扰，因此整体生态环境脆弱，许多植物生长环境恶劣。本次普查发现虽然多年的封山育林有一定效果,到处青山翠绿,但植物的多样性仍然不够丰富,一些树种已经消失,部分边缘树种种群数量较少,森林质量较低。

经过和以前的资料进行比对,八角枫、白棠子树、薄叶鼠李、北京花楸、北枳椇、变叶葡萄、柴荆芥、大叶朴、多花胡枝子、海州常山、红柄白鹃梅、椭栎、黄刺玫、鸡矢藤、漆树、日本紫珠、山莓、兴安胡枝子、野蔷薇、阴山胡枝子、柞树等树种种群数量极少或没有被发现,占本次普查总树种的9.4%左右。除去以前资料个别不详或有误之处,同时考虑本次普查的能力限制因素,总体情况还是植物生长仍受胁迫,林木内植物尤其是树种的多样性不够,这一点在样方的调查中也有反映。同时发现大果榉、流苏树、青檀等保护树种在本区数量较少,且大树、古树极少;如接骨木、金银木、卫矛、西北枸子等林内灌木数量也很少。在普查时选择优良林分和优良单株的难度很大。鹤壁市野生林木种质资源名录见表4-8。

表4-8 鹤壁市野生林木种质资源名录

序号	分类等级	中文名	学名	属	科
1	种	银杏	Ginkgo biloba	银杏属	银杏科
2	种	白杆	Picea meyeri	云杉属	松科
3	种	雪松	Cedrus deodara	雪松属	松科
4	种	白皮松	Pinus bungeana	松属	松科
5	种	油松	Pinus tabulaeformis	松属	松科
6	种	火炬松	Pinus taeda	松属	松科
7	种	侧柏	Platycladus orientalis(L.)Franco	侧柏属	柏科
8	种	圆柏	Sabina chinensis	圆柏属	柏科
9	种	龙柏	Sabina chinensis 'Kaizuca'	圆柏属	柏科
10	种	毛白杨	Populus tomentosa	杨属	杨柳科
11	种	小叶杨	Populus simonii	杨属	杨柳科
12	种	欧洲大叶杨	Populus candicans	杨属	杨柳科
13	种	黑杨	Populus nigra	杨属	杨柳科
14	种	旱柳	Salix matsudana	柳属	杨柳科

续表 4-8

序号	分类等级	中文名	学名	属	科
15	种	馒头柳	Salix matsudana f. umbraculifera	柳属	杨柳科
16	种	垂柳	Salix babylonica	柳属	杨柳科
17	种	枫杨	Pterocarya stenoptera	枫杨属	胡桃科
18	种	胡桃	Juglans regia	胡桃属	胡桃科
19	种	野胡桃	Juglans cathayensis	胡桃属	胡桃科
20	种	胡桃楸	Juglans mandshurica	胡桃属	胡桃科
21	种	鹅耳枥	Carpinus turczaninowii	鹅耳枥属	桦木科
22	种	茅栗	Castanea seguinii	栗属	壳斗科
23	种	栓皮栎	Quercus variabilis	栎属	壳斗科
24	种	槲栎	Quercus aliena	栎属	壳斗科
25	种	大果榆	Ulmus macrocarpa	榆属	榆科
26	种	榆树	Ulmus pumila	榆属	榆科
27	种	黑榆	Ulmus davidiana	榆属	榆科
28	种	旱榆	Ulmus glaucescens	榆属	榆科
29	种	榔榆	Ulmus parvifolia	榆属	榆科
30	种	榉树	Zelkova schneideriana	榉树属	榆科
31	种	大果榉	Zelkova sinica	榉树属	榆科
32	种	大叶朴	Celtis koraiensis	朴属	榆科
33	种	毛叶朴	Celtis pubescens	朴属	榆科
34	种	小叶朴	Celtis bungeana	朴属	榆科
35	种	朴树	Celtis tetrandra subsp. sinensis	朴属	榆科
36	种	青檀	Pteroceltis tatarinowii	青檀属	榆科
37	种	华桑	Morus cathayana	桑属	桑科
38	种	桑	Morus alba	桑属	桑科
39	种	花叶桑	Morus alba 'Laciniata'	桑属	桑科

续表4-8

序号	分类等级	中文名	学名	属	科
40	种	蒙桑	Morus mongolica	桑属	桑科
41	种	山桑	Morus mongolica var. diabolica	桑属	桑科
42	种	鸡桑	Morus australis	桑属	桑科
43	种	构树	Broussonetia papyrifera	构属	桑科
44	种	柘树	Cudrania tricuspidata	柘树属	桑科
45	种	钝萼铁线莲	Clematis peterae	铁线莲属	毛茛科
46	种	粗齿铁线莲	Clematis grandidentata	铁线莲属	毛茛科
47	种	短尾铁线莲	Clematis brevicaudata	铁线莲属	毛茛科
48	种	太行铁线莲	Clematis kirilowii	铁线莲属	毛茛科
49	种	狭裂太行铁线莲	Clematis kirilowii var. chanetii	铁线莲属	毛茛科
50	种	大叶铁线莲	Clematis heracleifolia	铁线莲属	毛茛科
51	种	三叶木通	Akebia trifoliata	木通属	木通科
52	种	紫叶小檗	Berberis thunbergii 'Atropurpurea'	小檗属	小檗科
53	种	南天竹	Nandina domestica	南天竹属	小檗科
54	种	蝙蝠葛	Menispermum dauricum	蝙蝠葛属	防己科
55	种	望春玉兰	Magnolia biondii	木兰属	木兰科
56	种	玉兰	Magnolia denutata	木兰属	木兰科
57	种	蜡梅	Chimonanthus praecox	蜡梅属	蜡梅科
58	种	大花溲疏	Deutzia grandiflora	溲疏属	虎耳草科
59	种	小花溲疏	Deutzia parviflora	溲疏属	虎耳草科
60	种	溲疏	Deutzia scabra Thunb	溲疏属	虎耳草科
61	种	太平花	Philadelphus pekinensis	山梅花属	虎耳草科
62	种	山梅花	Philadelphus incanus	山梅花属	虎耳草科
63	种	毛萼山梅花	Philadelphus dasycalyx	山梅花属	虎耳草科

续表4-8

序号	分类等级	中文名	学名	属	科
64	种	杜仲	Eucommia ulmoides	杜仲属	杜仲科
65	种	二球悬铃木	Platanus × acerifolia	悬铃木属	悬铃木科
66	种	土庄绣线菊	Spiraea pubescens	绣线菊属	蔷薇科
67	种	毛花绣线菊	Spiraea dasynantha	绣线菊属	蔷薇科
68	种	中华绣线菊	Spiraea chinensis	绣线菊属	蔷薇科
69	种	疏毛绣线菊	Spiraea hirsuta	绣线菊属	蔷薇科
70	种	三裂绣线菊	Spiraea trilobata	绣线菊属	蔷薇科
71	种	绣球绣线菊	Spiraea blumei	绣线菊属	蔷薇科
72	种	小叶绣球绣线菊	Spiraea blumei var. microphylla	绣线菊属	蔷薇科
73	种	红柄白鹃梅	Exochorda giraldii	白鹃梅属	蔷薇科
74	种	西北栒子	Cotoneaster zabelii	栒子属	蔷薇科
75	种	山楂	Crataegus pinnatifida	山楂属	蔷薇科
76	种	石楠	Photinia serrulata	石楠属	蔷薇科
77	种	红叶石楠	Photinia × fraseri	石楠属	蔷薇科
78	种	北京花楸	Sorbus discolor	花楸属	蔷薇科
79	种	花楸树	Sorbus pohuashanensis	花楸属	蔷薇科
80	种	皱皮木瓜	Chaenomeles speciosa	木瓜属	蔷薇科
81	种	木瓜	Chaenomeles sisnesis	木瓜属	蔷薇科
82	种	豆梨	Pyrus calleryana	梨属	蔷薇科
83	种	白梨	Pyrus bretschenideri	梨属	蔷薇科
84	种	沙梨	Pyrus pyrifolia	梨属	蔷薇科
85	种	杜梨	Pyrus betulaefolia	梨属	蔷薇科
86	种	海棠花	Malus spectabilis	苹果属	蔷薇科
87	种	山莓	Rubus corchorifolius	悬钩子属	蔷薇科
88	种	粉枝莓	Rubus biflorus	悬钩子属	蔷薇科

续表 4-8

序号	分类等级	中文名	学名	属	科
89	种	茅莓	Rubus parvifolius	悬钩子属	蔷薇科
90	种	弓茎悬钩子	Rubus flosculosus	悬钩子属	蔷薇科
91	种	月季	Rosa chinensis	蔷薇属	蔷薇科
92	种	野蔷薇	Rosa multiflora	蔷薇属	蔷薇科
93	种	黄刺玫	Rosa xanthina	蔷薇属	蔷薇科
94	种	榆叶梅	Amygdalus triloba	桃属	蔷薇科
95	种	山桃	Amygdalus davidiana	桃属	蔷薇科
96	种	桃	Amygdalus persica	桃属	蔷薇科
97	种	碧桃	Amygdalus persica 'Duplex'	桃属	蔷薇科
98	种	杏	Armeniaca vulgaris	杏属	蔷薇科
99	种	山杏	Armeniaca sibirica	杏属	蔷薇科
100	种	杏李	Prunus simonii	李属	蔷薇科
101	种	紫叶李	Prunus cerasifera 'Pissardii'	李属	蔷薇科
102	种	东京樱花	Cerasus yedoensis	樱属	蔷薇科
103	种	欧李	Cerasus hummilis	樱属	蔷薇科
104	种	山槐	Albizzia kalkora	合欢属	豆科
105	种	皂荚	Gleditsia sinensis	皂荚属	豆科
106	种	野皂荚	Gleditsia microphylla	皂荚属	豆科
107	种	紫荆	Cercis chinensis	紫荆属	豆科
108	种	白刺花	Sophora davidii	槐属	豆科
109	种	槐	Sophora japonica	槐属	豆科
110	种	龙爪槐	Sophora japonica var. pndula	槐属	豆科
111	种	多花木蓝	Indigofera amblyantha	木蓝属	豆科
112	种	木蓝	Indigofera tinctoria	木蓝属	豆科
113	种	河北木蓝	Indigofera bungeana	木蓝属	豆科

续表4-8

序号	分类等级	中文名	学名	属	科
114	种	紫穗槐	Amorpha fruticosa	紫穗槐属	豆科
115	种	紫藤	Wisteria sirensis	紫藤属	豆科
116	种	刺槐	Robinia pseudoacacia	刺槐属	豆科
117	种	红花锦鸡儿	Caragana rosea	锦鸡儿属	豆科
118	种	锦鸡儿	Caragana sinica	锦鸡儿属	豆科
119	种	胡枝子	Lespedzea bicolor	胡枝子属	豆科
120	种	兴安胡枝子	Lespedzea davcerica	胡枝子属	豆科
121	种	多花胡枝子	Lespedzea floribunda	胡枝子属	豆科
122	种	长叶铁扫帚	Lespedzea caraganae	胡枝子属	豆科
123	种	赵公鞭	Lespedzea hedysaroides	胡枝子属	豆科
124	种	截叶铁扫帚	Lespedzea cuneata	胡枝子属	豆科
125	种	阴山胡枝子	Lespedzea inschanica	胡枝子属	豆科
126	种	白花杭子梢	Campylotropis macrocarpa f. alba	杭子梢属	豆科
127	种	杭子梢	Campylotropis macrocarpa	杭子梢属	豆科
128	种	葛	Pueraria montana	葛属	豆科
129	种	吴茱萸	Tetradium ruticarpum	吴茱萸属	芸香科
130	种	臭檀吴萸	Tetradium daniellii	吴茱萸属	芸香科
131	种	竹叶花椒	Zanthoxylum armatum	花椒属	芸香科
132	种	花椒	Zanthoxylum bunngeanum	花椒属	芸香科
133	种	苦木	Picrasma quassioides	苦木属	苦木科
134	种	臭椿	Ailanthus altissima	臭椿属(樗属)	苦木科
135	种	香椿	Toona sinensis	香椿属	楝科
136	种	楝	Melia azedarach	楝属	楝科
137	种	一叶萩	Flueggea suffruticosa	白饭树属	大戟科
138	种	雀儿舌头	Leptopus chinensis	雀儿舌头属	大戟科

续表 4-8

序号	分类等级	中文名	学名	属	科
139	种	乌桕	Sapium sebifera	乌桕属	大戟科
140	种	黄杨	Buxus sinica	黄杨属	黄杨科
141	种	小叶黄杨	Buxus sinica var. parvifolia	黄杨属	黄杨科
142	种	黄连木	Pistacia chinensis	黄连木属	漆树科
143	种	盐肤木	Rhus chinensis	盐肤木属	漆树科
144	种	火炬树	Rhus Typhina	盐肤木属	漆树科
145	种	漆树	Toxicodendron vernicifluum (Stokes) F. A. Barkl.	漆属	漆树科
146	种	粉背黄栌	Cotinus coggygria var. glaucophylla	黄栌属	漆树科
147	种	毛黄栌	Cotinus coggygria var. pubescens	黄栌属	漆树科
148	种	红叶	Cotinus coggygria var. cinerea	黄栌属	漆树科
149	种	白杜	Euonymus maackii	卫矛属	卫矛科
150	种	冬青卫矛	Euonymus japonicus	卫矛属	卫矛科
151	种	南蛇藤	Celastrus orbiculatus	南蛇藤属	卫矛科
152	种	短梗南蛇藤	Celastrus rosthornianus	南蛇藤属	卫矛科
153	种	苦皮滕	Celastrus angulatus	南蛇藤属	卫矛科
154	种	哥兰叶	Celastrus gemmatus	南蛇藤属	卫矛科
155	种	元宝槭	Acer truncatum	槭属	槭树科
156	种	五角枫	Acer pictum subsp. mono	槭属	槭树科
157	种	鸡爪槭	Acer Palmatum	槭属	槭树科
158	种	茶条槭	Acer tataricum subsp. ginnala	槭属	槭树科
159	种	秦岭槭	Acer tsinglingense	槭属	槭树科
160	种	欧洲七叶树	Aesculus hippocastanum	七叶树属	七叶树科
161	种	栾树	Koelreuteria paniculata	栾树属	无患子科

续表 4-8

序号	分类等级	中文名	学名	属	科
162	种	黄山栾树	Koelreuteria bipinnata 'Integrifoliola'	栾树属	无患子科
163	种	对刺雀梅藤	Sageretia pycnophylla	雀梅藤属	鼠李科
164	种	少脉雀梅藤	Sageretia paucicostata	雀梅藤属	鼠李科
165	种	卵叶鼠李	Rhamnus bungeana	鼠李属	鼠李科
166	种	小叶鼠李	Rhamnus parvifolis	鼠李属	鼠李科
167	种	锐齿鼠李	Rhamnus arguta	鼠李属	鼠李科
168	种	薄叶鼠李	Rhamnus leptophylla	鼠李属	鼠李科
169	种	鼠李	Rhamnus davurica	鼠李属	鼠李科
170	种	北枳椇	Hovenia dulcis	枳椇属	鼠李科
171	种	猫乳	Rhamnella franguloides	猫乳属(长叶绿柴属)	鼠李科
172	种	多花勾儿茶	Berchemia floribunda	勾儿茶属(牛儿藤属)	鼠李科
173	种	勾儿茶	Berchemia sinica	勾儿茶属(牛儿藤属)	鼠李科
174	种	酸枣	Zizypus jujuba var. spinosa	枣属	鼠李科
175	种	变叶葡萄	Vitis piasezkii	葡萄属	葡萄科
176	种	桑叶葡萄	Vitis heyneana subsp. ficifolia	葡萄属	葡萄科
177	种	华北葡萄	Vitis bryoniaefolia	葡萄属	葡萄科
178	种	毛葡萄	Vitis heyneana	葡萄属	葡萄科
179	种	葡萄	Vitis vinifera	葡萄属	葡萄科
180	种	山葡萄	Vitis amurensis	葡萄属	葡萄科
181	种	华东葡萄	Vitis pseudoreticulata	葡萄属	葡萄科
182	种	蓝果蛇葡萄	Ampelopsis bodinieri	蛇葡萄属	葡萄科
183	种	葎叶蛇葡萄	Ampelopsis humulifolia	蛇葡萄属	葡萄科
184	种	掌裂蛇葡萄	Ampelopsis delavayana var. glabra	蛇葡萄属	葡萄科

续表 4-8

序号	分类等级	中文名	学名	属	科
185	种	乌头叶蛇葡萄	Ampelopsis aconitifolia	蛇葡萄属	葡萄科
186	种	地锦	Parthenocissus tricuspidata	地锦属（爬山虎属）	葡萄科
187	种	五叶地锦	Parthenocissus quinquefolia	地锦属（爬山虎属）	葡萄科
188	种	华东椴	Tilia japonica	椴树属	椴树科
189	种	扁担杆	Grewia biloba	扁担杆属	椴树科
190	种	小花扁担杆	Grewia biloba var. parvifolia	扁担杆属	椴树科
191	种	木槿	Hibiscus syriacus	木槿属	锦葵科
192	种	梧桐	Firmiana simplex	梧桐属	梧桐科
193	种	中华猕猴桃	Actinidia chinensis	猕猴桃属	猕猴桃科
194	种	柽柳	Tamarix chinensis	柽柳属	柽柳科
195	种	紫薇	Lagerstroemia indicate	紫薇属	千屈菜科
196	种	石榴	Punica granatum	石榴属	石榴科
197	种	八角枫	Alangium chinense	八角枫属	八角枫科
198	种	瓜木	Alangium platanifolium	八角枫属	八角枫科
199	种	毛梾	Swida walteri Wanger	梾木属	山茱萸科
200	种	山茱萸	Cornus officinalis	山茱萸属	山茱萸科
201	种	柿	Diospyros kaki	柿树属	柿树科
202	种	君迁子	Diospyros lotus	柿树属	柿树科
203	种	小叶白蜡树	Fraxinus chinensis	白蜡树属	木犀科
204	种	白蜡树	Fraxinus chinensis	白蜡树属	木犀科
205	种	连翘	Forsythia Suspensa	连翘属	木犀科
206	种	金钟花	Forsythia viridissima	连翘属	木犀科
207	种	北京丁香	Syringa pekinensis	丁香属	木犀科
208	种	暴马丁香	Syringa reticulata var. mardshurica	丁香属	木犀科

续表 4-8

序号	分类等级	中文名	学名	属	科
209	种	华北丁香	Syringa oblata	丁香属	木犀科
210	种	流苏树	Chionanthus retusus	流苏树属	木犀科
211	种	女贞	Ligustrum lucidum	女贞属	木犀科
212	种	日本女贞	Ligustrum japonicum	女贞属	木犀科
213	种	小蜡	Ligustrum sinense	女贞属	木犀科
214	种	小叶女贞	Ligustrum quihoui	女贞属	木犀科
215	种	络石	Trachelospermum jasminoides	络石属	夹竹桃科
216	种	杠柳	Periploca sepium	杠柳属	萝藦科
217	种	白棠子树	Callicarpa dichotoma	紫珠属	马鞭草科
218	种	日本紫珠	Callicarpa japonica	紫珠属	马鞭草科
219	种	黄荆	Vitex negundo	牡荆属	马鞭草科
220	种	牡荆	Vitex negundo var. cannabifolia	牡荆属	马鞭草科
221	种	荆条	Vitex negundo var. heterophylla	牡荆属	马鞭草科
222	种	臭牡丹	Clerodendrum bungei	大青属（桢桐属）	马鞭草科
223	种	海州常山	Clerodendrum trichotomum	大青属（桢桐属）	马鞭草科
224	种	三花莸	Caryopteris terniflora	莸属	马鞭草科
225	种	柴荆芥	Elsholtzia stauntoni	香薷属	唇形科
226	种	枸杞	Lycium chinense	枸杞属	茄科
227	种	毛泡桐	Paulownia tomentosa	泡桐属	玄参科
228	种	兰考泡桐	Paulownia elongata	泡桐属	玄参科
229	种	楸叶泡桐	Paulownia catalpifolia	泡桐属	玄参科
230	种	梓树	Catalpa voata	梓树属	紫葳科
231	种	楸树	Catalpa bungei	梓树属	紫葳科
232	种	灰楸	Catalpa fargesii	梓树属	紫葳科

续表 4-8

序号	分类等级	中文名	学名	属	科
233	种	凌霄	Campsis grandiflora	凌霄属	紫葳科
234	种	薄皮木	Leptodermis oblonga	野丁香属	茜草科
235	种	鸡矢藤	Paederia scandens	鸡矢藤属	茜草科
236	种	接骨木	Sambucus wiliamsii	接骨木属	忍冬科
237	种	陕西荚蒾	Viburnum schensianum	荚蒾属	忍冬科
238	种	蒙古荚蒾	Viburnum mongolicum	荚蒾属	忍冬科
239	种	荚蒾	Viburnum dilatatum	荚蒾属	忍冬科
240	种	六道木	Abelia biflora	六道木属	忍冬科
241	种	锦带花	Weigela florida	锦带花属	忍冬科
242	种	刚毛忍冬	Lonicera hispida	忍冬属	忍冬科
243	种	苦糖果	Lonicera fragrantissima subsp. standishii	忍冬属	忍冬科
244	种	忍冬	Lonicera japonica	忍冬属	忍冬科
245	种	金银花	Lonicera japonica	忍冬属	忍冬科
246	种	蚂蚱腿子	Myripnois dioica	蚂蚱腿子属	菊科
247	种	淡竹	Phyllostachys glauca	刚竹属	禾本科
248	种	短梗菝葜	Smilax scobinicaulis	菝葜属	百合科
249	种	菝葜	Smilax china	菝葜属	百合科
250	种	鞘柄菝葜	Smilax stans	菝葜属	百合科
251	种	短梗菝葜	Smilax scobinicaulis	菝葜属	百合科

二、栽培利用林木种质资源

栽培利用林木种质资源共记录 448 种(包含 101 品种),隶属于 71 科 145 属,记录表格 2 239 份,上传图片 35 113 张,见表 4-9。

表 4-9　栽培利用林木种质资源调查表

市	县区	资源类别	科	属	种	品种	表格（份）	GPS点	图片（张）
鹤壁市	浚县	栽培利用	48	89	157	44	598	5 928	8 108
	淇县	栽培利用	58	116	189	30	742	4 048	10 682
	淇滨区	栽培利用	47	92	171	13	325	2 773	5 891
	山城区	栽培利用	49	101	211	37	291	3 056	8 616
	鹤山区	栽培利用	48	89	158	25	283	1 568	1 816

鹤壁市的栽培木本植物根据引入的目的不同可以分三类：

一是造林树种：鹤壁市主要树种有加杨、桃、胡桃、柿、兰考泡桐、雪松、黄山栾树、白皮松、楸树等。其中，加杨数量最多，是最主要的人工造林栽培树种；其次是桃、胡桃、柿、兰考泡桐等。

二是经济树种：经济林建设一直是当地经济发展中的重要产业之一。目前种植面积大的树种主要有胡桃、花椒等。其中，种植面积最大的是核桃，全市各县区均有分布。

三是观赏树种：最主要的形式为造景，鹤壁市引进了大量的观赏树种，如日本晚樱、月季、槐、紫荆、牡丹、黄杨、丁香、西府海棠、圆柏、龙柏、雪松、一球悬铃木、二球悬铃木、合欢、紫藤、木槿等观赏乔木或花灌木。在鹤壁市的栽培树种中，水杉、杜仲、银杏都是国家级保护植物，在鹤壁市长势良好，对鹤壁市保护区建设非常有益。

鹤壁市栽培利用林木种质资源名录见表 4-10。

表 4-10　鹤壁市栽培利用林木种质资源名录

序号	分类等级	中文名	学名	属	科
1	品种	曙光	Amygdalus persica	桃属	蔷薇科
2	品种	'兴农红'桃	Amygdalus persica	桃属	蔷薇科
3	品种	'中桃21号'桃	Amygdalus persica	桃属	蔷薇科
4	品种	'中桃4号'桃	Amygdalus persica	桃属	蔷薇科
5	品种	黄金蜜桃1号	Rosaceae	桃属	蔷薇科

续表 4-10

序号	分类等级	中文名	学名	属	科
6	种	油桃	Amygdalus persica var. nectarine	桃属	蔷薇科
7	品种	中油桃 4 号	Amygdalus persica var. nectarine	桃属	蔷薇科
8	种	蟠桃	Amygdalus persica var. compressa	桃属	蔷薇科
9	种	紫叶桃	Amygdalus persica 'Atropurpurea'	桃属	蔷薇科
10	种	碧桃	Amygdalus persica 'Duplex'	桃属	蔷薇科
11	种	千瓣白桃	Amygdalus persica 'albo-plena'	桃属	蔷薇科
12	种	杏	Armeniaca vulgaris	杏属	蔷薇科
13	品种	'大红'杏	Armeniaca vulgaris	杏属	蔷薇科
14	品种	二红杏	Armeniaca vulgaris	杏属	蔷薇科
15	品种	金太阳	Armeniaca vulgaris	杏属	蔷薇科
16	品种	麦黄杏	Armeniaca vulgaris	杏属	蔷薇科
17	品种	'濮杏 1 号'	Armeniaca vulgaris	杏属	蔷薇科
18	品种	仰韶黄杏	Armeniaca vulgaris	杏属	蔷薇科
19	品种	'中仁 1 号'杏	Armeniaca vulgaris	杏属	蔷薇科
20	种	野杏	Armeniaca vulgaris var. ansu	杏属	蔷薇科
21	种	山杏	Armeniaca sibirica	杏属	蔷薇科
22	种	梅	Armeniaca mume	杏属	蔷薇科
23	种	红梅	Armeniaca mume f. alphandii	杏属	蔷薇科
24	种	杏李	Prunus simonii	李属	蔷薇科
25	种	紫叶李	Prunus cerasifera 'Pissardii'	李属	蔷薇科
26	种	李	Prunus salicina	李属	蔷薇科
27	品种	太阳李	Prunus salicina	李属	蔷薇科

续表 4-10

序号	分类等级	中文名	学名	属	科
28	种	樱桃	Cerasus pseudocerasus	樱属	蔷薇科
29	品种	红灯	Cerasus pseudocerasus	樱属	蔷薇科
30	品种	'红叶'樱花	Cerasus pseudocerasus	樱属	蔷薇科
31	种	东京樱花	Cerasus yedoensis	樱属	蔷薇科
32	种	山樱花	Cerasus serrulata	樱属	蔷薇科
33	种	日本晚樱	Cerasus serrulata var. lannesiana	樱属	蔷薇科
34	种	华中樱桃	Cerasus conradinae	樱属	蔷薇科
35	种	毛樱桃	Cerasus tomentosa	樱属	蔷薇科
36	种	麦李	Cerasus glandulosa	樱属	蔷薇科
37	种	山槐	Albizzia kalkora	合欢属	豆科
38	种	合欢	Albizzia julibrissin	合欢属	豆科
39	品种	'朱羽'合欢	Albizzia julibrissin	合欢属	豆科
40	种	皂荚	Gleditsia sinensis	皂荚属	豆科
41	品种	'密刺'皂荚	Gleditsia sinensis	皂荚属	豆科
42	品种	'嵩刺1号'皂荚	Gleditsia sinensis	皂荚属	豆科
43	种	野皂荚	Gleditsia microphylla	皂荚属	豆科
44	种	湖北紫荆	Cercis glabra	紫荆属	豆科
45	种	紫荆	Cercis chinensis	紫荆属	豆科
46	种	加拿大紫荆	Cercis Canadensis	紫荆属	豆科
47	种	白刺花	Sophora davidii	槐属	豆科
48	种	槐	Sophora japonica	槐属	豆科
49	种	龙爪槐	Sophora japonica var. pndula	槐属	豆科
50	种	五叶槐	Sophora japonica 'Oligophylla'	槐属	豆科
51	种	毛叶槐	Sophora japonica var. pubescens	槐属	豆科

续表 4-10

序号	分类等级	中文名	学名	属	科
52	种	小花香槐	Cladrastis delavayi	香槐属	豆科
53	种	马鞍树	Maackia hupehenisis	马鞍树属	豆科
54	种	河北木蓝	Indigofera bungeana	木蓝属	豆科
55	种	紫穗槐	Amorpha fruticosa	紫穗槐属	豆科
56	种	多花紫藤	Wisteria floribunda	紫藤属	豆科
57	种	紫藤	Wisteria sirensis	紫藤属	豆科
58	种	藤萝	Wisteria villosa	紫藤属	豆科
59	种	刺槐	Robinia pseudoacacia	刺槐属	豆科
60	品种	'黄金'刺槐	Robinia pseudoacacia	刺槐属	豆科
61	种	毛刺槐	Robinia hispida	刺槐属	豆科
62	种	红花刺槐	Robinia × ambigua 'Idahoensis'	刺槐属	豆科
63	种	香花槐	Robinia pseudoacacia cv. idaho	刺槐属	豆科
64	种	胡枝子	Lespedzea bicolor	胡枝子属	豆科
65	种	兴安胡枝子	Lespedzea davcerica	胡枝子属	豆科
66	种	长叶铁扫帚	Lespedzea caraganae	胡枝子属	豆科
67	种	葛	Pueraria montana	葛属	豆科
68	种	竹叶花椒	Zanthoxylum armatum	花椒属	芸香科
69	种	花椒	Zanthoxylum bunngeanum	花椒属	芸香科
70	品种	大红椒(油椒、二红袍、二性子)	Zanthoxylum bunngeanum	花椒属	芸香科
71	品种	大红袍花椒	Zanthoxylum bunngeanum	花椒属	芸香科
72	种	小花花椒	Zanthoxylum mieranthum	花椒属	芸香科
73	种	青花椒	Zanthoxylum schinifolium	花椒属	芸香科

续表 4-10

序号	分类等级	中文名	学名	属	科
74	种	枳	Poncirus trifoliata	枳属	芸香科
75	种	毛臭椿	Ailanthus giraldii	臭椿属（樗属）	苦木科
76	种	臭椿	Ailanthus altissima	臭椿属（樗属）	苦木科
77	品种	'白皮千头'椿	Ailanthus altissima	臭椿属（樗属）	苦木科
78	种	香椿	Toona sinensis	香椿属	楝科
79	品种	'豫林1号'香椿	Toona sinensis	香椿属	楝科
80	种	楝	Melia azedarach	楝属	楝科
81	种	一叶荻	Flueggea suffruticosa	白饭树属	大戟科
82	种	重阳木	Bischofia polycarpa	重阳木属	大戟科
83	种	乌桕	Sapium sebifera	乌桕属	大戟科
84	种	锦熟黄杨	Buxus sempervirens	黄杨属	黄杨科
85	种	黄杨	Buxus sinica	黄杨属	黄杨科
86	品种	彩叶北海道黄杨	Buxus sinica	黄杨属	黄杨科
87	种	小叶黄杨	Buxus sinica var. parvifolia	黄杨属	黄杨科
88	种	雀舌黄杨	Buxus bodinieri	黄杨属	黄杨科
89	种	南酸枣	Choerospondias axillaris	南酸枣属	漆树科
90	种	黄连木	Pistacia chinensis	黄连木属	漆树科
91	种	盐肤木	Rhus chinensis	盐肤木属	漆树科
92	种	火炬树	Rhus Typhina	盐肤木属	漆树科
93	种	红麸杨	Rhus punjabensis var. sinica	盐肤木属	漆树科
94	种	粉背黄栌	Cotinus coggygria var. glaucophylla	黄栌属	漆树科

续表 4-10

序号	分类等级	中文名	学名	属	科
95	种	毛黄栌	Cotinus coggygria var. pubescens	黄栌属	漆树科
96	种	红叶	Cotinus coggygria var. cinerea	黄栌属	漆树科
97	种	美国黄栌	Cotinus obovatus	黄栌属	漆树科
98	种	冬青	Ilex chinensis	冬青属	冬青科
99	种	枸骨	Ilex cornuta	冬青属	冬青科
100	种	无刺枸骨	Ilex cornuta 'Fortunei'	冬青属	冬青科
101	种	卫矛	Euonymus alatus	卫矛属	卫矛科
102	种	白杜	Euonymus maackii	卫矛属	卫矛科
103	种	冬青卫矛	Euonymus japonicus	卫矛属	卫矛科
104	种	扶芳藤	Euonymus fortunei	卫矛属	卫矛科
105	种	大叶黄杨	Buxus megistophylla Levl.	卫矛属	卫矛科
106	种	元宝槭	Acer truncatum	槭属	槭树科
107	种	五角枫	Acer pictum subsp. mono	槭属	槭树科
108	种	鸡爪槭	Acer Palmatum	槭属	槭树科
109	种	红枫	Acer palmatum 'Atropurpureum'	槭属	槭树科
110	种	杈叶枫	Acer ceriferum	槭属	槭树科
111	种	茶条槭	Acer tataricum subsp. ginnala	槭属	槭树科
112	种	三角槭	Acer buergerianum	槭属	槭树科
113	种	血皮槭	Acer griseum	槭属	槭树科
114	种	梣叶槭	Acer negundo	槭属	槭树科
115	品种	'金叶'复叶槭	Acer negundo	槭属	槭树科
116	种	糖槭	Acer saccharinum	槭属	槭树科
117	种	七叶树	Aesculus chinensis	七叶树属	七叶树科

续表 4-10

序号	分类等级	中文名	学名	属	科
118	种	栾树	Koelreuteria paniculata	栾树属	无患子科
119	种	复羽叶栾树	Koelreuteria bipinnata	栾树属	无患子科
120	种	黄山栾树	Koelreuteria bipinnata 'Integrifoliola'	栾树属	无患子科
121	种	文冠果	Xanthoceras sorbifolia	文冠果属	无患子科
122	种	卵叶鼠李	Rhamnus bungeana	鼠李属	鼠李科
123	种	锐齿鼠李	Rhamnus arguta	鼠李属	鼠李科
124	种	冻绿	Rhamnus utilis	鼠李属	鼠李科
125	种	多花勾儿茶	Berchemia floribunda	勾儿茶属（牛儿藤属）	鼠李科
126	种	枣	Zizypus jujuba	枣属	鼠李科
127	品种	桐柏大枣	Zizypus jujuba	枣属	鼠李科
128	品种	豫枣2号（淇县无核枣）	Zizypus jujuba	枣属	鼠李科
129	品种	长红枣	Zizypus jujuba	枣属	鼠李科
130	品种	'中牟脆丰'枣	Zizypus jujuba	枣属	鼠李科
131	种	酸枣	Zizypus jujuba var. spinosa	枣属	鼠李科
132	种	葫芦枣	Zizypus jujuba f. lageniformis	枣属	鼠李科
133	种	龙爪枣	Zizypus jujuba Mill. cv. ortuosa	枣属	鼠李科
134	种	变叶葡萄	Vitis piasezkii	葡萄属	葡萄科
135	种	秋葡萄	Vitis romantii	葡萄属	葡萄科
136	种	小叶葡萄	Vitis sinocinerea	葡萄属	葡萄科
137	种	毛葡萄	Vitis heyneana	葡萄属	葡萄科
138	种	葡萄	Vitis vinifera	葡萄属	葡萄科
139	品种	碧香无核	Vitis vinifera	葡萄属	葡萄科
140	品种	超宝葡萄	Vitis vinifera	葡萄属	葡萄科

续表 4-10

序号	分类等级	中文名	学名	属	科
141	品种	赤霞珠	Vitis vinifera	葡萄属	葡萄科
142	品种	巨峰	Vitis vinifera	葡萄属	葡萄科
143	品种	'神州红'葡萄	Vitis vinifera	葡萄属	葡萄科
144	品种	'水晶红'葡萄	Vitis vinifera	葡萄属	葡萄科
145	品种	·夏黑·葡萄	Vitis vinifera	葡萄属	葡萄科
146	种	华东葡萄	Vitis pseudoreticulata	葡萄属	葡萄科
147	种	三裂蛇葡萄	Ampelopsis delavayana	蛇葡萄属	葡萄科
148	种	乌头叶蛇葡萄	Ampelopsis aconitifolia	蛇葡萄属	葡萄科
149	种	地锦	Parthenocissus tricuspidata	地锦属（爬山虎属）	葡萄科
150	种	三叶地锦	Parthenocissus semicordata	地锦属（爬山虎属）	葡萄科
151	种	五叶地锦	Parthenocissus quinquefolia	地锦属（爬山虎属）	葡萄科
152	种	南京椴	Tilia miqueliana	椴树属	椴树科
153	种	蒙椴	Tilia mongolica	椴树属	椴树科
154	种	扁担杆	Grewia biloba	扁担杆属	椴树科
155	种	木槿	Hibiscus syriacus	木槿属	锦葵科
156	种	梧桐	Firmiana simplex	梧桐属	梧桐科
157	种	河南猕猴桃	Actinidia henanensis	猕猴桃属	猕猴桃科
158	种	中华猕猴桃	Actinidia chinensis	猕猴桃属	猕猴桃科
159	种	山茶	Camellia japonica	山茶属	山茶科
160	种	柽柳	Tamarix chinensis	柽柳属	柽柳科
161	种	沙枣	Elaeagnus angustifolia	胡颓子属	胡颓子科
162	种	紫薇	Lagerstroemia indicate	紫薇属	千屈菜科
163	品种	'红云'紫薇	Lagerstroemia indicate	紫薇属	千屈菜科

续表 4-10

序号	分类等级	中文名	学名	属	科
164	种	银薇	Lagerstroemia indica alba	紫薇属	千屈菜科
165	种	石榴	Punica granatum	石榴属	石榴科
166	品种	大白甜	Punica granatum	石榴属	石榴科
167	品种	大红甜	Punica granatum	石榴属	石榴科
168	品种	范村软籽	Punica granatum	石榴属	石榴科
169	品种	河阴软籽	Punica granatum	石榴属	石榴科
170	品种	以色列软籽	Punica granatum	石榴属	石榴科
171	品种	月季	Punica granatum	石榴属	石榴科
172	种	白石榴	Punica granatum 'Albescens'	石榴属	石榴科
173	种	月季石榴	Punica granatum 'Nana'	石榴属	石榴科
174	种	黄石榴	Punica granatum 'Flavescens'	石榴属	石榴科
175	种	重瓣红石榴	Punica granatum 'Planiflora'	石榴属	石榴科
176	种	喜树	Camptotheca acuminata	喜树属	蓝果树科
177	种	瓜木	Alangium platanifolium	八角枫属	八角枫科
178	种	刺楸	Kalopanax septemlobus	刺楸属	五加科
179	种	红瑞木	Swida alba	梾木属	山茱萸科
180	种	毛梾	Swida walteri Wanger	梾木属	山茱萸科
181	种	紫金牛	Ardisia japonica	紫金牛属	紫金牛科
182	种	柿	Diospyros kaki	柿树属	柿树科
183	品种	八瓣红	Diospyros kaki	柿树属	柿树科
184	品种	'博爱八月黄'柿	Diospyros kaki	柿树属	柿树科
185	品种	富有	Diospyros kaki	柿树属	柿树科
186	品种	斤柿	Diospyros kaki	柿树属	柿树科
187	品种	磨盘柿	Diospyros kaki	柿树属	柿树科

续表 4-10

序号	分类等级	中文名	学名	属	科
188	品种	牛心柿	Diospyros kaki	柿树属	柿树科
189	品种	'七月燥'柿	Diospyros kaki	柿树属	柿树科
190	品种	前川次郎	Diospyros kaki	柿树属	柿树科
191	品种	十月红柿	Diospyros kaki	柿树属	柿树科
192	种	野柿	Diospyros kaki form. silvestris	柿树属	柿树科
193	种	君迁子	Diospyros lotus	柿树属	柿树科
194	种	秤锤树	Sinojackia xylocarpa	秤锤树属	野茉莉科
195	种	白蜡树	Fraxinus chinensis	白蜡树属	木犀科
196	种	大叶白蜡树	Fraxinus rhynchophylla	白蜡树属	木犀科
197	种	银杏	Ginkgo biloba	银杏属	银杏科
198	品种	邳县 2 号·银杏	Ginkgo biloba	银杏属	银杏科
199	品种	豫银杏 1 号（龙潭皇）	Ginkgo biloba	银杏属	银杏科
200	种	云杉	Picea asperata	云杉属	松科
201	种	雪松	Cedrus deodara	雪松属	松科
202	种	华山松	Pinus armaudi	松属	松科
203	种	日本五针松	Pinus parviflora	松属	松科
204	种	白皮松	Pinus bungeana	松属	松科
205	种	油松	Pinus tabulaeformis	松属	松科
206	种	黑松	Pinus thunbergii	松属	松科
207	种	落羽杉	Taxodium distichum	落羽杉属	杉科
208	种	水杉	Metasequoia glyptostroboides	水杉属	杉科
209	种	侧柏	Platycladus orientalis（L.）Franco	侧柏属	柏科
210	种	千头柏	Platycladus orientalis 'Sieboldii'	侧柏属	柏科
211	种	美国侧柏	Thuja occiidentalis	崖柏属	柏科

续表 4-10

序号	分类等级	中文名	学名	属	科
212	种	柏木	Cupressus funebris	柏木属	柏科
213	种	圆柏	Sabina chinensis	圆柏属	柏科
214	品种	北美圆柏	Sabina chinensis	圆柏属	柏科
215	种	龙柏	Sabina chinensis 'Kaizuca'	圆柏属	柏科
216	种	地柏	Sabina procumbens	圆柏属	柏科
217	种	垂枝圆柏	Sabina chinensis f. Pendula	圆柏属	柏科
218	种	铺地柏	Sabina procumbens	圆柏属	柏科
219	种	刺柏	Juniperus formosana	刺柏属	柏科
220	种	银白杨	Populus alba	杨属	杨柳科
221	种	新疆杨	Populus alba var. pyramidalis	杨属	杨柳科
222	种	河北杨	Populus hopeiensis	杨属	杨柳科
223	种	毛白杨	Populus tomentosa	杨属	杨柳科
224	品种	三毛杨 7 号	Populus tomentosa	杨属	杨柳科
225	品种	中红杨	Populus tomentosa	杨属	杨柳科
226	种	响叶杨	Populus adenopoda	杨属	杨柳科
227	种	大叶杨	Populus lasiocarpa	杨属	杨柳科
228	种	小叶杨	Populus simonii	杨属	杨柳科
229	种	塔形小叶杨	Populus simonii f. fastigiata	杨属	杨柳科
230	种	垂枝小叶杨	Populus simonii f. pendula	杨属	杨柳科
231	种	钻天杨	Populus nigra var. italica	杨属	杨柳科
232	种	箭杆杨	Populus nigra var. thevestina	杨属	杨柳科
233	种	加杨	Populus × canadensis	杨属	杨柳科
234	品种	丹红杨	Populus × canadensis	杨属	杨柳科
235	品种	欧美杨 107 号	Populus × canadensis	杨属	杨柳科
236	品种	欧美杨 108 号	Populus × canadensis	杨属	杨柳科

续表 4-10

序号	分类等级	中文名	学名	属	科
237	品种	欧美杨 2012	Populus × canadensis	杨属	杨柳科
238	种	沙兰杨	Populus × canadensis Moench subsp. Sacrau 79	杨属	杨柳科
239	种	大叶钻天杨	Populus monilifera	杨属	杨柳科
240	种	旱柳	Salix matsudana	柳属	杨柳科
241	品种	'豫新'柳	Salix matsudana	柳属	杨柳科
242	种	馒头柳	Salix matsudana f. umbraculifera	柳属	杨柳科
243	种	垂柳	Salix babylonica	柳属	杨柳科
244	种	化香树	Platycarya strobilacea	化香树属	胡桃科
245	种	枫杨	Pterocarya stenoptera	枫杨属	胡桃科
246	种	胡桃	Juglans regia	胡桃属	胡桃科
247	品种	辽核 4 号	Juglans regia	胡桃属	胡桃科
248	品种	辽宁 1 号	Juglans regia	胡桃属	胡桃科
249	品种	'辽宁 7 号'核桃	Juglans regia	胡桃属	胡桃科
250	品种	'绿波'核桃	Juglans regia	胡桃属	胡桃科
251	品种	'清香'核桃	Juglans regia	胡桃属	胡桃科
252	品种	'香玲'核桃	Juglans regia	胡桃属	胡桃科
253	品种	中林 1 号	Juglans regia	胡桃属	胡桃科
254	种	野胡桃	Juglans cathayensis	胡桃属	胡桃科
255	种	胡桃楸	Juglans mandshurica	胡桃属	胡桃科
256	种	美国山核桃	Carya illenoensis	山核桃属	胡桃科
257	品种	'中豫长山核桃Ⅱ号'美国山核桃	Carya cathayensis	山核桃属	胡桃科
258	种	黑核桃	Juglans nigra L.	山核桃属	胡桃科
259	种	铁木	Ostrya japonica	铁木属	桦木科

续表 4-10

序号	分类等级	中文名	学名	属	科
260	种	茅栗	Castanea seguinii	栗属	壳斗科
261	种	栓皮栎	Quercus variabilis	栎属	壳斗科
262	种	麻栎	Quercus acutissima	栎属	壳斗科
263	种	大果榆	Ulmus macrocarpa	榆属	榆科
264	种	脱皮榆	Ulmus lamellosa	榆属	榆科
265	种	太行榆	Ulmus taihangshanensis	榆属	榆科
266	种	榆树	Ulmus pumila	榆属	榆科
267	品种	'豫杂5号'白榆	Ulmus pumila	榆属	榆科
268	种	龙爪榆	Ulmus pumila 'Pendula'	榆属	榆科
269	种	中华金叶榆	Ulmus pumila 'Jinye'	榆属	榆科
270	种	黑榆	Ulmus davidiana	榆属	榆科
271	种	春榆	Ulmus propinqua	榆属	榆科
272	种	榔榆	Ulmus parvifolia	榆属	榆科
273	种	刺榆	Hemiptelea davidii	刺榆属	榆科
274	种	榉树	Zelkova schneideriana	榉树属	榆科
275	种	小叶朴	Celtis bungeana	朴属	榆科
276	种	珊瑚朴	Celtis julianae	朴属	榆科
277	种	朴树	Celtis tetrandra subsp. sinensis	朴属	榆科
278	种	青檀	Pteroceltis tatarinowii	青檀属	榆科
279	种	华桑	Morus cathayana	桑属	桑科
280	种	桑	Morus alba	桑属	桑科
281	品种	蚕专4号	Morus alba	桑属	桑科
282	品种	桑树新品种7946	Morus alba	桑属	桑科
283	种	花叶桑	Morus alba 'Laciniata'	桑属	桑科
284	种	山桑	Morus mongolica var. diabolica	桑属	桑科

续表 4-10

序号	分类等级	中文名	学名	属	科
285	种	构树	Broussonetia papyrifera	构属	桑科
286	品种	'红皮'构树	Broussonetia papyrifera	构属	桑科
287	种	花叶构树	Broussonetia papyrifera 'Variegata'	构属	桑科
288	种	小构树	Broussonetia kazinoki	构属	桑科
289	种	无花果	Ficus carica	榕属	桑科
290	种	异叶榕	Ficus heteromorpha	榕属	桑科
291	种	薜荔	Ficus pumila	榕属	桑科
292	种	柘树	Cudrania tricuspidata	柘树属	桑科
293	种	毛桑寄生	Taxillus yadoriki	桑寄生属	桑寄生科
294	种	牡丹	Paeonia suffruticosa	芍药属	毛茛科
295	种	太行铁线莲	Clematis kirilowii	铁线莲属	毛茛科
296	种	三叶木通	Akebia trifoliata	木通属	木通科
297	种	日本小檗	Berberis thunbergii	小檗属	小檗科
298	种	紫叶小檗	Berberis thunbergii 'Atropurpurea'	小檗属	小檗科
299	种	南天竹	Nandina domestica	南天竹属	小檗科
300	种	火焰南天竹	Nandina domestica 'Firepower'	南天竹属	小檗科
301	种	荷花玉兰	Magnolia grandiflora	木兰属	木兰科
302	种	辛夷	Magnolia liliflora	木兰属	木兰科
303	种	玉兰	Magnolia denutata	木兰属	木兰科
304	品种	'紫霞'玉兰	Magnolia denutata	木兰属	木兰科
305	种	飞黄玉兰	Magnolia denutata 'Feihuang'	木兰属	木兰科
306	种	武当玉兰	Magnolia sprengeri	木兰属	木兰科
307	种	鹅掌楸	Liriodendron chinenes	鹅掌楸属	木兰科

续表 4-10

序号	分类等级	中文名	学名	属	科
308	种	蜡梅	Chimonanthus praecox	蜡梅属	蜡梅科
309	种	山橿	Lindera Umbellata var. latifolium	山胡椒属（钓樟属）	樟科
310	种	白花重瓣溲疏	Deutzia crenata 'Candidissima'	溲疏属	虎耳草科
311	种	海桐	Pittosporum tobira	海桐属	海桐科
312	种	山白树	Sinowilsonia henryi	山白树属	金缕梅科
313	种	杜仲	Eucommia ulmoides	杜仲属	杜仲科
314	品种	'华仲10号'杜仲	Eucommia ulmoides	杜仲属	杜仲科
315	种	三球悬铃木	Platanus orientalis	悬铃木属	悬铃木科
316	种	一球悬铃木	Platanus occidentalis	悬铃木属	悬铃木科
317	种	二球悬铃木	Platanus × acerifolia	悬铃木属	悬铃木科
318	种	土庄绣线菊	Spiraea pubescens	绣线菊属	蔷薇科
319	种	中华绣线菊	Spiraea chinensis	绣线菊属	蔷薇科
320	种	麻叶绣线菊	Spiraea cantoniensis	绣线菊属	蔷薇科
321	种	火棘	Pyracantha frotuneana	火棘属	蔷薇科
322	种	山楂	Crataegus pinnatifida	山楂属	蔷薇科
323	品种	大金星	Crataegus pinnatifida	山楂属	蔷薇科
324	种	山里红	Crataegus pinnatifida var. major	山楂属	蔷薇科
325	种	辽宁山楂	Crataegus sanguinea	山楂属	蔷薇科
326	种	贵州石楠	Photinia Bodinieri	石楠属	蔷薇科
327	种	石楠	Photinia serrulata	石楠属	蔷薇科
328	种	光叶石楠	Photinia glabra	石楠属	蔷薇科
329	种	红叶石楠	Photinia × fraseri	石楠属	蔷薇科
330	种	枇杷	Eriobotrya jopanica	枇杷属	蔷薇科

续表 4-10

序号	分类等级	中文名	学名	属	科
331	种	花楸树	Sorbus pohuashanensis	花楸属	蔷薇科
332	种	皱皮木瓜	Chaenomeles speciosa	木瓜属	蔷薇科
333	种	毛叶木瓜	Chaenomeles cathayensis	木瓜属	蔷薇科
334	种	日本木瓜	Chaenomeles japonica	木瓜属	蔷薇科
335	种	木瓜	Chaenomeles sisnesis	木瓜属	蔷薇科
336	种	麻梨	Pyrus serrulata	梨属	蔷薇科
337	种	太行山梨	Pyrus taihangshanensis	梨属	蔷薇科
338	种	豆梨	Pyrus calleryana	梨属	蔷薇科
339	种	白梨	Pyrus bretschenideri	梨属	蔷薇科
340	品种	爱宕梨	Pyrus bretschenideri	梨属	蔷薇科
341	品种	晚秋黄梨	Pyrus bretschenideri	梨属	蔷薇科
342	品种	新西兰红梨	Pyrus bretschenideri	梨属	蔷薇科
343	品种	早酥梨	Pyrus bretschenideri	梨属	蔷薇科
344	种	沙梨	Pyrus pyrifolia	梨属	蔷薇科
345	种	杜梨	Pyrus betulaefolia	梨属	蔷薇科
346	种	红茄梨	Pyrus communis L.	梨属	蔷薇科
347	种	山荆子	Malus baccata	苹果属	蔷薇科
348	种	湖北海棠	Malus hupehensis	苹果属	蔷薇科
349	种	垂丝海棠	Malus halliana	苹果属	蔷薇科
350	种	苹果	Malus pumila	苹果属	蔷薇科
351	品种	粉红女士	Malus pumila	苹果属	蔷薇科
352	品种	富士	Malus pumila	苹果属	蔷薇科
353	品种	皇家嘎啦	Malus pumila	苹果属	蔷薇科
354	品种	金冠	Malus pumila	苹果属	蔷薇科
355	品种	新红星	Malus pumila	苹果属	蔷薇科

续表 4-10

序号	分类等级	中文名	学名	属	科
356	种	海棠花	Malus spectabilis	苹果属	蔷薇科
357	种	西府海棠	Malus micromalus	苹果属	蔷薇科
358	种	河南海棠	Malus honanensis	苹果属	蔷薇科
359	种	三叶海棠	Malus sieboldii	苹果属	蔷薇科
360	种	棣棠花	Kerria japonica	棣棠花属	蔷薇科
361	种	重瓣棣棠花	Kerria japonica f. pleniflora	棣棠花属	蔷薇科
362	种	茅莓	Rubus parvifolius	悬钩子属	蔷薇科
363	种	香水月季	Rosa odorata	蔷薇属	蔷薇科
364	种	月季	Rosa chinensis	蔷薇属	蔷薇科
365	品种	'粉扇'月季	Rosa chinensis	蔷薇属	蔷薇科
366	品种	'锦上添花'月季	Rosa chinensis	蔷薇属	蔷薇科
367	种	小月季	Rosa chinensis var. minima	蔷薇属	蔷薇科
368	种	紫月季花	Rosa chinensis var. semperflorens	蔷薇属	蔷薇科
369	种	野蔷薇	Rosa multiflora	蔷薇属	蔷薇科
370	种	粉团蔷薇	Rosa multiflora var. cathayensis	蔷薇属	蔷薇科
371	种	七姊妹	Rosa multiflora 'Grevillei'	蔷薇属	蔷薇科
372	种	白玉堂	Rosa multiflora var. albo-plena	蔷薇属	蔷薇科
373	种	软条七蔷薇	Rosa henryi	蔷薇属	蔷薇科
374	种	缫丝花	Rosa roxburghii	蔷薇属	蔷薇科
375	种	黄蔷薇	Rosa hugonis	蔷薇属	蔷薇科
376	种	黄刺玫	Rosa xanthina	蔷薇属	蔷薇科
377	种	紫花重瓣玫瑰	Rosa rugosa f. plena	蔷薇属	蔷薇科
378	种	刺梗蔷薇	Rosa corymbulosa	蔷薇属	蔷薇科
379	种	刺毛蔷薇	Rosa setipoda	蔷薇属	蔷薇科

续表 4-10

序号	分类等级	中文名	学名	属	科
380	种	美蔷薇	Rosa bella	蔷薇属	蔷薇科
381	种	榆叶梅	Amygdalus triloba	桃属	蔷薇科
382	种	重瓣榆叶梅	Amygdalus triloba 'Multiplex'	桃属	蔷薇科
383	种	山桃	Amygdalus davidiana	桃属	蔷薇科
384	种	桃	Amygdalus persica	桃属	蔷薇科
385	品种	'报春'桃	Amygdalus persica	桃属	蔷薇科
386	品种	赤月桃	Amygdalus persica	桃属	蔷薇科
387	品种	'洒红龙柱'桃	Amygdalus persica	桃属	蔷薇科
388	种	美国白蜡树	Fraxinus americana	白蜡树属	木犀科
389	种	青梣	Fraxinus pennsylvanica var. subintegerrima	白蜡树属	木犀科
390	种	水曲柳	Fraxinus mandschurica	白蜡树属	木犀科
391	种	光蜡树	Fraxinus griffithii	白蜡树属	木犀科
392	种	连翘	Forsythia Suspensa	连翘属	木犀科
393	品种	'金叶'连翘	Forsythia Suspensa	连翘属	木犀科
394	种	金钟花	Forsythia viridissima	连翘属	木犀科
395	种	北京丁香	Syringa pekinensis	丁香属	木犀科
396	种	华北丁香	Syringa oblata	丁香属	木犀科
397	种	紫丁香	Syringa julianae	丁香属	木犀科
398	种	木樨	Osmanthus fragrans	木樨属	木犀科
399	品种	丹桂	Osmanthus fragrans	木樨属	木犀科
400	品种	金桂	Osmanthus fragrans	木樨属	木犀科
401	种	女贞	Ligustrum lucidum	女贞属	木犀科
402	品种	花带女贞	Ligustrum lucidum	女贞属	木犀科
403	品种	金森女贞	Ligustrum lucidum	女贞属	木犀科

续表 4-10

序号	分类等级	中文名	学名	属	科
404	品种	平抗 1 号金叶女贞	Ligustrum lucidum	女贞属	木犀科
405	种	日本女贞	Ligustrum japonicum	女贞属	木犀科
406	种	小蜡	Ligustrum sinense	女贞属	木犀科
407	种	小叶女贞	Ligustrum quihoui	女贞属	木犀科
408	种	卵叶女贞	Ligustrum ovalifolium	女贞属	木犀科
409	种	迎春花	Jasminum nudiflorum	茉莉属（素馨属）	木犀科
410	种	夹竹桃	Nerium indicum	夹竹桃属	夹竹桃科
411	种	络石	Trachelospermum jasminoides	络石属	夹竹桃科
412	种	杠柳	Periploca sepium	杠柳属	萝藦科
413	种	粗糠树	Ehretia macrophylla	厚壳树属	紫草科
414	种	黄荆	Vitex negundo	牡荆属	马鞭草科
415	种	牡荆	Vitex negundo var. cannabifolia	牡荆属	马鞭草科
416	种	荆条	Vitex negundo var. heterophylla	牡荆属	马鞭草科
417	种	臭牡丹	Clerodendrum bungei	大青属（桢桐属）	马鞭草科
418	种	海州常山	Clerodendrum trichotomum	大青属（桢桐属）	马鞭草科
419	种	枸杞	Lycium chinense	枸杞属	茄科
420	种	毛泡桐	Paulownia tomentosa	泡桐属	玄参科
421	品种	'南四'泡桐	Paulownia tomentosa	泡桐属	玄参科
422	种	光泡桐	Paulownia tomentosa var. tsinlingensis	泡桐属	玄参科
423	种	兰考泡桐	Paulownia elongata	泡桐属	玄参科
424	种	楸叶泡桐	Paulownia catalpifolia	泡桐属	玄参科
425	种	白花泡桐	Paulownia fortunei	泡桐属	玄参科

续表 4-10

序号	分类等级	中文名	学名	属	科
426	种	梓树	Catalpa voata	梓树属	紫葳科
427	种	楸树	Catalpa bungei	梓树属	紫葳科
428	种	凌霄	Campsis grandiflora	凌霄属	紫葳科
429	种	六月雪	Serissa foetida	六月雪属	茜草科
430	种	接骨木	Sambucus wiliamsii	接骨木属	忍冬科
431	种	琼花	Viburnum macrocephalum f. keteleeri	荚蒾属	忍冬科
432	种	粉团	Viburnum plicatum	荚蒾属	忍冬科
433	种	鸡树条荚蒾	Viburnum opulus var. calvescens	荚蒾属	忍冬科
434	种	锦带花	Weigela florida	锦带花属	忍冬科
435	种	忍冬	Lonicera japonica	忍冬属	忍冬科
436	种	金银花	Lonicera japonica	忍冬属	忍冬科
437	品种	'金丰1号'金银花	Lonicera japonica	忍冬属	忍冬科
438	种	蚂蚱腿子	Myripnois dioica	蚂蚱腿子属	菊科
439	种	刚竹	Phyllostachys bambusoides	刚竹属	禾本科
440	种	早园竹	Phyllostachys propinqua	刚竹属	禾本科
441	种	淡竹	Phyllostachys glauca	刚竹属	禾本科
442	种	阔叶箬竹	Indocalamus latifolius	箬竹属	禾本科
443	种	箬叶竹	Indocalamus longiauritus	箬竹属	禾本科
444	种	凤凰竹	Bambusa multiplex	刺竹属	禾本科
445	种	棕榈	Trachycarpus fortunei	棕榈属	棕榈科
446	种	蒲葵	Livistona chinensis	蒲葵属	棕榈科
447	种	凤尾丝兰	Yucca gloriosa	丝兰属	百合科
448	种	菝葜	Smilax china	菝葜属	百合科

三、集中栽培树种

鹤壁市共有集中栽培树种 112 种 (包括 35 个品种),隶属于 35 科 64 属。各县(区)详细栽培情况见表 4-11。主要集中栽培树种为经济林树种和用材林树种,如核桃、加杨、桃、胡桃、花椒、柿、兰考泡桐等,长势良好,出现病虫害现象较少,适宜该地的环境条件,形成了规模比较大的苗圃基地,给人们带来一定的经济效益。

表 4-11　鹤壁市集中栽培树种资源分布情况

市	县(区)	科	属	种	品种	表格(份)	GPS点	图片(张)
鹤壁市	浚县	18	27	31	10	129	129	355
	淇县	31	51	69	17	421	421	954
	淇滨区	16	30	40	1	53	53	142
	山城区	13	19	30	6	90	90	265
	鹤山区	22	41	65	16	187	187	314

四、城镇绿化树种

鹤壁市共有城镇绿化树种 237 种 (包括 22 个品种),隶属于 63 科 117 属。各县(区)详细城镇绿化树种见表 4-12。城镇绿化树种主要以行道树和一些观赏乔灌木为主,观赏树种较为丰富的地区主要是鹤壁市。主要的行道树是槐、女贞、悬铃木和楸,分布于大街小巷;主要的观赏树种有日本晚樱、月季花、紫叶李和木槿等。鹤壁市城镇绿化树种较为丰富而且长势良好,覆盖面积较广,绿化树种丰富且观赏价值高,在城市的建设中起着举足轻重的作用。

表4-12　鹤壁市城镇绿化树种资源分布情况

市	县(区)	科	属	种	品种	表格(份)	GPS点	图片(张)
鹤壁市	浚县	36	57	72	8	15	175	342
	淇县	51	92	130	5	81	733	1 966
	淇滨区	47	86	146	2	61	943	2 098
	山城区	42	76	133	7	38	376	1 015
	鹤山区	44	77	118	7	17	351	491

五、非城镇"四旁"绿化树种

鹤壁市共有非城镇"四旁"绿化树种293种(包括82个品种),隶属于58科125属。各县(区)非城镇"四旁"绿化树种分布情况见表4-13。常见的树种以加杨、泡桐、构树为主,由于鹤壁市处于典型温带大陆性季风气候区域,适宜落叶乔木的生长,杨树栽培品种及泡桐易存活,生长迅速,成为非城镇的主要绿化树种。

表4-13　鹤壁市非城镇"四旁"绿化树种资源分布情况

市	县(区)	科	属	种	品种	表格(份)	GPS点	图片(张)
鹤壁市	浚县	46	84	146	39	454	5 624	7 411
	淇县	48	90	143	22	240	2 895	7 765
	淇滨区	37	70	118	11	211	1 777	3 651
	山城区	44	90	209	29	163	2 590	7 336
	鹤山区	41	67	113	14	79	1 030	1 011

六、古树名木种质资源

通过调查统计分析可知,古树名木159株,共有22种,隶属于12科17属,记录表格170份,上传图片478张(见表4-14)。本次普查的树种以刺槐、柏树、枣树、皂荚居多。在此之前,鹤壁市登记在册的古树名木只有60余株。

表4-14 各县(区)古树名木种质资源调查表

市	县(区)	资源类别	科	属	种	表格(份)	GPS点	图片(张)
鹤壁市	浚县	古树名木	4	5	6	49	25	59
	淇县	古树名木	9	12	13	60	62	145
	淇滨区	古树名木	3	4	4	28	28	28
	山城区	古树名木	6	6	6	23	25	89
	鹤山区	古树名木	7	9	11	40	42	103

　　古树是指树龄达到100年以上的各种树木,名木是指具有历史意义、文化科学意义或其他社会影响而闻名的树木。古树名木是自然界和前人留下的无价珍宝,不仅具有绿化价值,而且是有生命力的"绿色古董"。古树名木在研究历史变迁、生物、气象、水文、地理状况以及传播自然知识、美化环境、开发旅游资源和发展林业方面都具有重要的意义。

表4-15 鹤壁市古树名木种质资源名录

序号	分类等级	中文名	学名	属	科	GPS点	图片(张)
1	种	侧柏	Platycladus orientalis(L.)Franco	侧柏属	柏科	37	85
2	种	龙柏	Sabina chinensis 'Kaizuca'	圆柏属	柏科	5	11
3	种	毛白杨	Populus tomentosa	杨属	杨柳科	4	10
4	种	馒头柳	Salix matsudana f. umbraculifera	柳属	杨柳科	1	2
5	种	胡桃	Juglans regia	胡桃属	胡桃科	1	2
6	种	茅栗	Castanea seguinii	栗属	壳斗科	2	8
7	种	小叶朴	Celtis bungeana	朴属	榆科	1	3
8	种	朴树	Celtis tetrandra subsp. sinensis	朴属	榆科	1	3
9	种	青檀	Pteroceltis tatarinowii	青檀属	榆科	2	3
10	种	白梨	Pyrus bretschenideri	梨属	蔷薇科	4	3
11	种	杜梨	Pyrus betulaefolia	梨属	蔷薇科	3	6
12	种	西府海棠	Malus micromalus	苹果属	蔷薇科	1	5

续表 4-15

序号	分类等级	中文名	学名	属	科	GPS点	图片（张）
13	种	皂荚	Gleditsia sinensis	皂荚属	豆科	35	99
14	种	野皂荚	Gleditsia microphylla	皂荚属	豆科	2	7
15	种	槐	Sophora japonica	槐属	豆科	48	144
16	种	香椿	Toona sinensis	香椿属	楝科	2	7
17	种	黄连木	Pistacia chinensis	黄连木属	漆树科	10	25
18	种	元宝槭	Acer truncatum	槭属	槭树科	3	7
19	种	五角枫	Acer pictum subsp. mono	槭属	槭树科	6	13
20	种	栾树	Koelreuteria paniculata	栾树属	无患子科	1	3
21	种	枣	Zizypus jujuba	枣属	鼠李科	1	3
22	种	酸枣	Zizypus jujuba var. spinosa	枣属	鼠李科	2	10

七、优良林分及优良单株资源

普查结果显示,鹤壁市共初选优良林分 9 处,样方面积为 25 m²,树种为侧柏、栓皮栎、元宝槭、黄连木、楝树等。

鹤壁市共初选优良单株(优树)41 株,包括:油松、侧柏、圆柏、毛白杨、加杨、欧美杨 107 号、旱柳、垂柳、胡桃、野胡桃、栓皮栎、榆树、榔榆、朴树、柘树、玉兰、褐梨、杏、皂荚、槐、臭椿、黄连木、栾树、白蜡树、兰考泡桐等。

八、优良品种种质资源情况

优良品种种质资源见表 4-16。

表 4-16　优良品种种质资源

市	县（区）	资源类别	科	属	种	品种	表格（份）	GPS点	图片（张）
鹤壁市	浚县	优良品种	2	2	3	1	10	10	36
	淇县	优良品种	3	4	4	0	10	10	22
	淇滨区	优良品种	5	8	9	0	11	11	35
	鹤山区	优良品种	10	11	13	0	20	20	52

九、引进及选育情况

近几年,鹤壁市新引进的品种有 20 余种,包括经济林、用材林、观赏树木等。如"香玲"核桃、"绿岭"核桃、早红苹果、水八仙等。

十、重点保护树种

鹤壁市普查中还发现了 6 个珍稀树种:刺楸(qiū)、秤锤树、山白树、五叶槐(蝴蝶槐)、青檀、七叶树。其中刺楸、秤锤树、山白树为国家级珍贵树种。新发现的 6 个珍稀树种,不但在豫北极为罕见,在整个河南也为数不多,这些树种对环境条件要求极高,能在鹤壁市存活下来,对我们今后引进、驯化类似树种具有非常重要的意义。

第三节　主要树种的规模与分布

一、主栽树种情况

通过普查,鹤壁市主栽用材林共涉及 44 属,162 种。其中,杨属的品种最多(见表4-17)。

表4-17　鹤壁市主栽用材林资源

杨属	树种、品种数	树种、品种
杨属	22	欧美杨 107、欧美杨 108、欧美杨 2012、毛白杨、银白杨、加杨、新疆杨、河北杨、箭杆杨、小叶杨、大叶杨、钻天杨、大叶钻天杨、响叶杨、中红杨、丹红杨、沙兰杨、塔形小叶杨、垂枝小叶杨、三毛杨 7 号、欧洲大叶杨、黑杨
柳属	5	垂柳、旱柳、馒头柳、杞柳、豫新柳
松属	5	华山松、白皮松、油松、黑松、日本五针松
栎属	3	栓皮栎、麻栎、槲栎
榆属	11	榆树、大果榆、脱皮榆、太行榆、豫杂 5 号白榆、龙爪榆、中华金叶榆、黑榆、春榆、旱榆、榔榆
槐属	5	国槐、龙爪槐、五叶槐、毛叶槐、白刺花
刺槐属	4	刺槐、'黄金'刺槐、红花刺槐、毛刺槐
皂荚属	4	皂荚、'密刺'皂荚、'嵩刺 1 号'皂荚、野皂荚
泡桐属	6	兰考泡桐、毛泡桐、'南四'泡桐、光泡桐、楸叶泡桐、白花泡桐
悬铃木属	3	二球悬铃木、三球悬铃木、一球悬铃木
银杏属	3	银杏、邳县 2 号银杏、豫银杏 1 号(龙潭皇)
梓树属	3	梓树、楸树、灰楸
侧柏属	2	侧柏、千头柏
白蜡树属	2	白蜡树、大叶白蜡树
圆柏属	6	圆柏、北美圆柏、龙柏、地柏、垂枝圆柏、铺地柏
云杉属	2	白杆、云杉
臭椿属	4	刺臭椿、毛臭椿、臭椿、白皮千头椿
香椿属	2	香椿、'豫林 1 号'香椿
合欢属	3	山槐、合欢、'朱羽'合欢
槭属	12	元宝枫、五角枫、鸡爪槭、红枫、杈叶枫、茶条槭、三角槭、秦岭槭、梣叶槭、'金叶'复叶槭、糖槭、血皮槭
白蜡树属	7	小叶白蜡树、白蜡树、大叶白蜡树、美国白蜡树、青梣、水曲柳、光蜡树

续表 4-17

属	树种、品种数	树种、品种
桑属	8	桑、华桑、蚕专 4 号、桑树新品种 7946、花叶桑、蒙桑、山桑、鸡桑
椴树属	4	辽椴、南京椴、蒙椴、华东椴
栾树属	3	栾树、复羽叶栾树、黄山栾树
七叶树属	2	七叶树、欧洲七叶树
构属	4	构树、'红皮'构树、花叶构树、小构树
朴属	5	朴树、大叶朴、毛叶朴、小叶朴、珊瑚朴
榕属	2	无花果、异叶榕
黄栌属	4	粉背黄栌、红叶、美国黄栌、毛黄栌
榉树属	2	榉树、大果榉
楝属	1	楝树
胡桃属	1	胡桃楸
刺柏属	1	刺柏
雪松属	1	雪松
水杉属	1	水杉
桃属	1	山桃
梧桐属	1	梧桐
柽柳属	1	柽柳
秤锤树属	1	秤锤树
女贞属	1	女贞
漆属	1	漆树
重阳木属	1	重阳木
乌桕属	1	乌桕
黄连木属	1	黄连木

通过普查,鹤壁市主栽经济林共有 14 个树种,95 个品种(见表 4-18)。

表 4-18　鹤壁市主栽经济林资源

属	树种、品种数	树种、品种
桃属	11	曙光、'兴农红'桃、'中桃 21 号'桃、'中桃 4 号'桃、黄金蜜桃 1 号、油桃、中油桃 4 号、蟠桃、紫叶桃、碧桃、千瓣白桃
杏	10	杏、'大红'杏、金太阳、麦黄杏、'濮杏 1 号'、仰韶黄杏、'中仁 1 号'杏、野杏、山杏、梅
李	4	杏李、紫叶李、李、太阳李
枣	8	枣、桐柏大枣、豫枣 2 号(淇县无核枣)、长红枣、'中牟脆丰'枣、酸枣、葫芦枣、龙爪枣
花椒	4	竹叶花椒、大红椒(油椒、二红袍、二性子)、大红袍花椒、青花椒
香椿	2	豫林 1 号香椿、红椿
葡萄	12	变叶葡萄、秋葡萄、小叶葡萄、毛葡萄、碧香无核、超宝葡萄、赤霞珠、巨峰、'神州红'葡萄、'水晶红'葡萄、'夏黑'葡萄、华东葡萄
石榴	9	大白甜、大红甜、范村软籽、河阴软籽、以色列软籽、重瓣红石榴、黄石榴、白石榴、月季石榴
柿	11	八瓣红、'博爱八月黄'柿、富有、斤柿、磨盘柿、牛心柿、'七月燥'柿、前川次郎、十月红柿、野柿、君迁子
核桃	8	辽核 4 号、辽宁 1 号、辽宁 7 号、绿波、清香、香玲、绿岭、中林 1 号
桑	5	华桑、蚕专 4 号、桑树新品种 7946、花叶桑、山桑
山楂	4	山楂、大金星、山里红、辽宁山楂
苹果	5	粉红女士、富士、皇家嘎啦、金冠、新红星
草莓	2	牛奶草莓、丰香

二、主要用材林规模

普查结果表明,截至2020年年初,鹤壁市集中栽培的主栽用材林总面积54 186亩(不含零星栽植),其中杨属面积最大,为35 163亩,其次,侧柏属面积为8 026亩,悬铃木属面积为4 467亩,松属面积为2 267亩(见表4-19)。

普查结果表明,截至2020年年初,鹤壁市集中栽培的主栽用材林分布情况如下:浚县为9 522亩、淇县为29 028亩、淇滨区为2 126亩、山城区为8 217亩、鹤山区为5 293亩。

表4-19　用材林各属栽培面积

树种名称	分布区域	面积(亩)	树种名称	分布区域	面积(亩)	树种名称	分布区域	面积(亩)
杨属	鹤壁市	35 163	槐属	鹤壁市	1 028	榆属	鹤壁市	125
	浚县	9 288		浚县	0		浚县	0
	淇县	18 098		淇县	185		淇县	125
	淇滨区	85		淇滨区	307		淇滨区	0
	山城区	6 215		山城区	120		山城区	0
	鹤山区	1 477		鹤山区	416		鹤山区	0
侧柏属	鹤壁市	8 026	泡桐属	鹤壁市	513	柳属	鹤壁市	53
	浚县	88		浚县	16		浚县	6
	淇县	5 804		淇县	50		淇县	26
	淇滨区	4		淇滨区	0		淇滨区	10
	山城区	357		山城区	330		山城区	0
	鹤山区	1 773		鹤山区	117		鹤山区	11

续表 4-19

树种名称	分布区域	面积（亩）	树种名称	分布区域	面积（亩）	树种名称	分布区域	面积（亩）
悬铃木属	鹤壁市	4 467	刺槐属	鹤壁市	442	银杏属	鹤壁市	26
	浚县	34		浚县	2		浚县	8
	淇县	2 646		淇县	90		淇县	2
	淇滨区	1 420		淇滨区	0		淇滨区	6
	山城区	0		山城区	350		山城区	0
	鹤山区	367		鹤山区	0		鹤山区	10
松属	鹤壁市	2 267	桑属	鹤壁市	421	梓树属	鹤壁市	165
	浚县	10		浚县	0		浚县	0
	淇县	405		淇县	420		淇县	150
	淇滨区	201		淇滨区	0		淇滨区	15
	山城区	600		山城区	0		山城区	0
	鹤山区	1 051		鹤山区	1		鹤山区	0
白蜡属	鹤壁市	1 490						
	浚县	70						
	淇县	1 027						
	淇滨区	78						
	山城区	245						
	鹤山区	70						

三、主要经济林规模

普查结果表明，截至 2020 年初，鹤壁市集中栽培的主栽品种经济林总面积为 23 747.5 亩（不含零星栽植），其中桃栽植面积最大，为 14 081 亩，其次核桃，为 3 260.5 亩，花椒为 2 204 亩、苹果为 1 104 亩、枣为 930 亩。

普查结果表明,截至 2020 年初,鹤壁市集中栽培的主栽经济林分布情况如下:浚县为 12 792.5 亩、淇县为 5 980 亩、淇滨区为 21 亩、山城区为 2 693 亩、鹤山区为 2 261 亩。

表 4-20　经济林各属栽培面积

树种名称	分布区域	面积（亩）	树种名称	分布区域	面积（亩）	树种名称	分布区域	面积（亩）
桃	鹤壁市	14 081	梨	鹤壁市	734	柿	鹤壁市	226
	浚县	11 095		浚县	164		浚县	65
	淇县	1 130		淇县	480		淇县	159
	淇滨区	3		淇滨区	0		淇滨区	0
	山城区	1 505		山城区	58		山城区	2
	鹤山区	348		鹤山区	32		鹤山区	0
核桃	鹤壁市	3 260.5	山楂	鹤壁市	300	樱桃	鹤壁市	205
	浚县	82.5		浚县	0		浚县	0
	淇县	1 023		淇县	0		淇县	190
	淇滨区	0		淇滨区	0		淇滨区	10
	山城区	1 100		山城区	0		山城区	0
	鹤山区	1 055		鹤山区	300		鹤山区	5
花椒	鹤壁市	2 204	杏	鹤壁市	291	石榴	鹤壁市	91
	浚县	9		浚县	51		浚县	1
	淇县	2 195		淇县	147		淇县	65
	淇滨区	0		淇滨区	0		淇滨区	0
	山城区	0		山城区	3		山城区	0
	鹤山区	0		鹤山区	90		鹤山区	25

续表 4-20

树种名称	分布区域	面积（亩）	树种名称	分布区域	面积（亩）	树种名称	分布区域	面积（亩）
苹果	鹤壁市	1 104	李	鹤壁市	271	葡萄	鹤壁市	50
	浚县	625		浚县	0		浚县	0
	淇县	125		淇县	211		淇县	30
	淇滨区	8		淇滨区	0		淇滨区	0
	山城区	0		山城区	0		山城区	20
	鹤山区	346		鹤山区	60		鹤山区	0
枣	鹤壁市	930						
	浚县	700						
	淇县	225						
	淇滨区	0						
	山城区	5						
	鹤山区	0						

四、鹤壁市集中栽培树种情况

普查结果表明,截至 2020 年初,鹤壁市集中栽培的主栽用材林和主栽经济林总面积为:浚县 22 315 亩、淇县 35 008 亩、淇滨区 2 147 亩、山城区 10 910 亩、鹤山区 7 554 亩。

鹤壁市太行山区主要用材树种名录见表 4-21。

表 4-21 鹤壁市太行山区主要用材树种名录

序号	中文名	学名	序号	中文名	学名
1	白蜡树	Fraxinus chinensis	28	楝	Melia azedarach
2	白皮松	Pinus bungeana	29	栾树	Koelreuteria paniculata
3	侧柏	Platycladus orientalis	30	馒头柳	Salix matsudana f. umbraculifera
4	臭椿	Ailanthus altissima	31	毛白杨	Populus tomentosa
5	臭檀吴萸	Tetradium daniellii	32	毛梾	Swida walteri Wanger
6	垂柳	Salix babylonica	33	茅栗	Castanea seguinii
7	刺槐	Robinia pseudoacacia	34	朴树	Celtis tetrandrasubsp. sinensis
8	大果榉	Zelkova sinica	35	青檀	Pteroceltis tatarinowii
9	大果榆	Ulmus macrocarpa	36	楸树	Catalpa bungei
10	淡竹	Phyllostachys glauca	37	楸叶泡桐	Paulownia catalpifolia
11	豆梨	Pyrus calleryana	38	山槐	Albizzia kalkora
12	杜梨	Pyrus betulaefolia	39	柿	Diospyros kaki
13	杜仲	Eucommia ulmoides	40	栓皮栎	Quercus variabilis
14	鹅耳枥	Carpinus turczaninowii	41	梧桐	Firmiana simplex
15	枫杨	Pterocarya stenoptera	42	五角枫	Acer pictumsubsp. mono
16	旱柳	Salix matsudana	43	香椿	Toona sinensis
17	旱榆	Ulmus glaucescens	44	小叶朴	Celtis bungeana
18	胡桃	Juglans regia	45	小叶杨	Populus simonii
19	胡桃楸	Juglans mandshurica	46	雪松	Cedrus deodara
20	槲栎	Quercus aliena	47	野胡桃	Juglans cathayensis
21	槐	Sophora japonica	48	银杏	Ginkgo biloba
22	黄连木	Pistacia chinensis	49	油松	Pinus tabulaeformis
23	灰楸	Catalpa fargesii	50	榆树	Ulmus pumila
24	榉树	Zelkova schneideriana	51	元宝槭	Acer truncatum
25	君迁子	Diospyros lotus	52	圆柏	Sabina chinensis
26	苦木	Picrasma quassioides	53	皂荚	Gleditsia sinensis
27	兰考泡桐	Paulownia elongata	54	梓树	Catalpa voata

第五章　鹤壁市各县区种质资源情况

第一节　浚县林木种质资源

一、自然地理条件

(一)地理位置

浚县位于河南省北部,太行山东麓,地处北纬 35°26′~35°54′和东经 114°14′~114°45′。西枕太行山,和淇县、鹤壁市郊区毗邻,南与延津、卫辉市接壤,东北、东南与内黄、滑县交界,北与汤阴县相连。

(二)地形地貌

浚县地处太行山与华北平原过渡地带,主要包括平原、山地和岗丘三个类型,地形地貌特点是"6 架山,3 条河,大小 32 个坡,西有火龙岗,东有大沙窝"。平原面积占 82%,丘陵面积占 18%。地势中部略高,西、东部平缓,最高海拔 231.8 m。

(三)气候、水文

浚县气候属于暖温带大陆性季风气候,其特点是四季分明,春旱风大回暖快,夏季炎热且雨量集中,秋季凉爽日照长,冬季寒冷雨雪少。年均气温 13.7 ℃,极端最高气温 41.9 ℃,极端最低气温为零下 18.4 ℃。≥10 ℃的积温为 4 605 ℃,无霜期为 206 d,年日照时数为 2 393.7 h,年平均降水量 663 mm,多集中在 7~8 月。境内河流总长 435.5 km,分属黄河和海河两大流域。

(四)土壤植被

浚县土壤种类有潮土、褐土、风沙土 3 个土类、7 个土属。

树种主要有杨树、泡桐、刺槐、榆、柳、杨、椿、楝、侧柏等用材树种,枣树、柿树、核桃等粮油树种,苹果、梨、桃、杏、葡萄、李子等经济林树种,桑、花椒等经济树种。农作物主要有小麦、大麦、玉米、谷子、大豆、绿豆、红薯、棉花、花生、油菜等。

二、社会经济条件

浚县县域面积 966 km²，耕地 108 万亩，林业用地面积 15.3 万亩，其他面积 21.52 万亩。辖 1 乡 6 镇 4 个街道办事处，438 个行政村，30 个居委会，总人口 71.3 万人，是国家历史文化名城。

浚县历史悠久，文化底蕴厚重。浚县商代称黎，西汉置县，明初改称浚县至今，是儒商鼻祖端木子贡的故乡。境内有名胜古迹 300 多处，其中，世界文化遗产 2 处（大运河浚县段、黎阳仓遗址），国家级保护单位 4 处、省级保护单位 7 处。大伾山、浮丘山两山平地突兀，古刹林立，景色宜人，浚县大石佛全国最早、北方最大，距今已有近 1 700 年的历史。浚县民间艺术本土特色浓郁，"泥咕咕""民间社火""西路大平调""正月古庙会"被列入国家非物质文化遗产保护名录，其中正月古庙会素有"华北第一古庙会"之称，是中原民俗文化的活化石，被文化部列入"中国民族民间文化保护工程试点项目"。浚县古城始建于明代洪武三年，街区结构布局保存完好，建筑风格独特，是明清时期北方县城建筑的典范，特别是近年来，浚县抢抓大运河文化带建设机遇，全力推进古城保护建设工程，累计完成投资超 10 亿元，县衙、端木翰林府等 48 个项目竣工投用，东大街历史文化街区修缮等项目加快建设，山水城交相辉映的古城形象日益彰显，已成为鹤壁市文化旅游产业"龙飞鹤舞"的龙头。

浚县资源丰富，发展潜力巨大。浚县水资源总量 1.52 亿 m³，人均占有量 228 m³。淇河、卫河、共产主义渠贯穿全境，河道总长 137 km。浚县农耕文明源远流长，自古就有"黎阳收，顾九州"的美誉，盛产小麦、玉米、花生、大枣和蔬菜等，粮食种植面积常年稳定在 180 万亩以上、产量 100 万 t 以上，高标准粮田面积达到 75.8 万亩，整建制高产创建连年领跑全国同面积单产水平。尤其是近几年，浚县深化农业供给侧结构性改革，坚持质量兴农、绿色兴农，大力推进"四优四化"工程，持续调整优化种养结构，种植优质强筋小麦 13 万亩、优质花生 20 万亩、优质果蔬 9 万亩。

三、林木种质资源状况

(一)资源概况

本次林木种质资源调查于 2017 年 9 月上旬开始，至 2019 年 6 月结束，历时近 2 年时间。进行村庄调查 452 个，8 个居委会 6 个区委会，其余大小公园若干;填写记录表657份、GPS点6 001处、上传图片8 279张。记载古树名木16株。大伾山、浮邱山有古树名木群3个。

根据实地调查和统计,鹤壁市浚县共有木本植物219种(其中包括45个品种),隶属48科89属。其中裸子植物4科10属15种,被子植物44科79属204种(见表5-1)。浚县树种类别主要分为三大类,野生林木种质资源、栽培利用林木种质资源、古树名木资源。具体见表5-2、表5-3。

表 5-1　浚县木本植物数量分布

类别	科数	属数	种数
裸子植物	4	10	15
被子植物	44	79	204
合计	48	89	219

表 5-2　浚县林木种质资源类别统计

资源类别	科数	属数	种	品种	表格(份)	GPS点	图片(张)
野生林木	3	3	3		28	36	71
栽培利用	48	89	157	44	598	5 928	8 108
重点保护	1	2	2		2	2	3
古树名木	4	5	5		49	25	59
引进选育	1	1	1	1	1	1	2
优良品种	2	2	3	1	10	10	36

表 5-3　浚县林木种质资源调查表统计

资源类别	科数	属数	种	品种	表格(份)	GPS点	图片(张)
集中栽培	18	27	31	10	129	129	355
城镇绿化	36	57	72	8	15	175	342
四旁树	46	84	146	39	454	5 624	7 411
古树群	1	1	1		3	9	

(二)野生林木种质资源

由于浚县是"平原"县,野生资源较少,分布的有构树、酸枣、枸杞等野生资源。据统计,浚县野生种质资源共有 3 科 3 属 3 种,共完成调查表 28份,GPS 点 36 处,拍摄图片 71 张。具体情况见表 5-4、表 5-5。

表 5-4　浚县各乡(镇)野生林木种质资源

序号	乡(镇)	科	属	种	表格(份)	GPS 点	图片(张)
1	善堂镇	1	1	1	3	3	7
2	卫贤镇	1	1	1	3	3	6
3	黎阳镇	3	3	3	21	29	56
4	城关镇	1	1	1	1	1	2

表 5-5　浚县野生林木种质资源统计表

序号	分类等级	中文名	学名	属	科	GPS 点	图片(张)
1	种	构树	Broussonetia papyrifera	构属	桑科	29	59
2	种	酸枣	Zizypus jujuba var. spinosa	枣属	鼠李科	1	2
3	种	枸杞	Lycium chinense	枸杞属	茄科	6	10

(三)栽培利用林木种质资源

浚县栽培利用林木种质资源为 48 科 89 属 157 种 44 个品种,表格 598(份),GPS 点 5 928 处,拍摄图片 8 108 张(见表 5-6)。

表 5-6　浚县各乡(镇)栽培利用林木种质资源

序号	乡(镇)	科	属	种	品种	表格(份)	GPS 点	图片(张)
1	新镇镇	36	58	76	9	57	606	629
2	小河镇	33	55	70	8	67	734	780
3	善堂镇	38	62	80	16	84	839	1 078
4	白寺乡	35	57	76	10	56	629	757
5	卫贤镇	30	50	63	5	49	586	628
6	黎阳镇	37	59	79	13	111	1 042	2 158
7	王庄乡	34	52	63	7	57	485	806
8	屯子镇	35	59	81	9	74	807	871
9	城关镇	36	57	75	5	43	200	401

(四)集中栽培林木种质资源

浚县集中栽培林木种质资源为18科27属31种10个品种,表格129(份),GPS点129处,拍摄图片355张。集中栽培主要树种为杨树、桃树等用材林和经济林,分布于善堂镇、新镇镇、小河镇等(见表5-7)。

表5-7　浚县各乡(镇)集中栽培林木种质资源

序号	乡(镇)	科	属	种	品种	表格(份)	GPS点	图片(张)
1	新镇镇	4	4	4	3	4	4	11
2	小河镇	3	3	3	1	6	6	5
3	善堂镇	4	6	7	5	15	15	49
4	白寺乡	4	4	4	4	9	9	27
5	卫贤镇	1	1	1	2	2	2	4
6	黎阳镇	9	14	15	4	46	46	123
7	王庄乡	2	2	2	1	7	7	21
8	屯子镇	6	10	10	2	15	15	44
9	城关镇	12	14	14	2	25	25	71

(五)城镇绿化林木种质资源

浚县城镇绿化林木种质资源为36科57属72种8个品种,表格15(份),GPS点175处,拍摄图片342张(见表5-8)。城镇绿化树种主要以行道树和一些观赏乔灌木树种为主,有悬铃木、国槐、栾树、白蜡、银杏等;观赏树种有月季、紫叶李、木槿、紫薇等。

表5-8　浚县各乡(镇)城镇绿化林木种质资源

序号	乡(镇)	科	属	种	品种	表格(份)	GPS点	图片(张)
1	新镇镇	9	12	14	1	1	15	30
2	小河镇	10	13	14	1	1	15	30
3	白寺乡	11	17	17	1	1	17	34
4	黎阳镇	24	35	37	3	4	48	106
5	屯子镇	9	12	13	1	1	14	25
6	城关镇	23	33	42	2	7	66	117

(六)非城镇"四旁"绿化林木种质资源

浚县非城镇"四旁"绿化林木种质资源为46科84属146种39个品种,表格454份,GPS点5 624处,拍摄图片7 411张(见表5-9)。在浚县乡村中常见的树种有杨树、泡桐、构树、槐树等。

表5-9　浚县各乡(镇)非城镇"四旁"绿化树种资源

序号	乡(镇)	科	属	种	品种	表格(份)	GPS点	图片(张)
1	新镇镇	35	55	71	9	52	587	588
2	小河镇	33	54	69	7	60	713	745
3	善堂镇	38	62	79	14	69	824	1 029
4	白寺乡	33	54	72	8	46	603	696
5	卫贤镇	30	50	63	5	47	584	624
6	黎阳镇	35	52	71	10	61	948	1 929
7	王庄乡	34	52	63	7	50	478	785
8	屯子镇	33	57	75	8	58	778	802
9	城关镇	32	50	59	3	11	109	213

(七)优良品种林木种质资源

浚县优良品种林木种质资源为2科2属3种1个品种,表格10份,GPS点10处,拍摄图片36张(见表5-10)。

表5-10　浚县各乡(镇)优良品种林木种质资源

序号	乡(镇)	资源类别	科	属	种	品种	表格(份)	GPS点	图片(张)
1	新镇镇	优良品种	1	1	1	1	2	2	5
2	小河镇	优良品种	1	1	1	1	1	1	1
3	白寺乡	优良品种	1	1	1	1	2	2	9
4	黎阳镇	优良品种	2	2	2	0	2	2	4
5	屯子镇	优良品种	1	1	1	1	3	3	17

(八)重点保护和引进选育林木种质资源

浚县重点保护和引进选育林木种质资源有:早红苹果、臭椿等经济林和用材林。浚县各乡(镇)重点保护和引进选育林木种质资源见表5-11。

表5-11　浚县各乡(镇)重点保护和引进选育林木种质资源

序号	乡镇	资源类别	科	属	种	品种	表格(份)	GPS点	图片(张)
1	白寺乡	引进选育	1	1	1	1	1	1	2
1	善堂镇	重点保护	1	1	1	0	1	1	3

(九)古树名木和古树群林木种质资源

古树是指树龄达到100年以上的各种树木,名木是指具有历史意义、文化科学意义或其他社会影响而闻名的树木。古树名木是自然界和前人留下的无价珍宝,不仅具有绿化价值,而且是有生命力的"绿色古董"。古树名木在研究历史变迁、生物、气象、水文、地理状况以及传播自然知识、美化环境、开发旅游资源和发展林业方面都具有重要的意义。

经过调查发现,鹤壁市浚县古树名木数量不少,浚县古树名木林木种质资源为4科5属5种,表格49份,GPS点25处,拍摄图片59张(见表5-12)。

除大伾山古树群外,零星分布古树名木16株,其中槐树11株,小叶朴1株,皂荚2株,野皂荚1株,枣1株。

表5-12　浚县各乡(镇)古树名木林木种质资源

序号	乡(镇)	科	属	种	品种	表格(份)	GPS点	图片(张)
1	善堂镇	1	1	1	0	1	1	4
2	白寺乡	1	1	1	0	2	2	7
3	卫贤镇	1	1	1	0	1	1	3
4	黎阳镇	2	2	2	0	5	7	13
5	屯子镇	3	4	4	0	7	7	27
6	城关镇	2	2	2	0	3	7	5

浚县古树群林木种质资源为1科1属1种,表格3份,GPS点9处(见表5-13)。大伾山风景区有古树群1处,主要树种是侧柏,大概有30余棵(见表5-14)。

表5-13　浚县各乡(镇)古树群林木种质资源

序号	乡(镇)	科	属	种	表格(份)	GPS点	图片(张)
1	黎阳镇	1	1	1	1	3	0
2	城关镇	1	1	1	2	6	0

表 5-14　浚县古树群林木种质资源详表

序号	乡镇	村	小地名	经度 (°)	纬度 (°)	海拔 (m)	古树群面积 (hm²)	古树群株数	单位性质	中文名	拉丁学名	特征描述	传说来历	建议
1	城关镇	东关	风景区	114.552 4	35.67	73.6	40	3	寺庙	侧柏	Platycladus orientalis	长势良好	明代栽植	加强病虫害、水肥管理
2	城关镇	东关	风景区	114.552 8	35.66	64.5	300	12	寺庙	侧柏	Platycladus orientalis	长势良好	明代栽植	浇水施肥
3	黎阳镇	寺下头	风景区	114.553 5	35.66	74.9	800	15	寺庙	侧柏	Platycladus orientalis	中间有断枝	明代栽植。其中两棵又名为"情人柏"	加强管护

四、林木种质资源状况综合分析

浚县常见的乔木有:杨树、柳树、刺槐、榆树、泡桐、国槐、栾树、银杏、白蜡、二球悬铃木、女贞等。城镇主要绿化树种以乔木、灌木为主,其中乔木有法桐、国槐、栾树、白蜡、银杏等。常见的灌木有冬青卫矛、小叶女贞、紫叶小檗、红叶石楠等。

(一)按照木本植物的生长类型分类

(1)常见乔木有:杨树、柳树、刺槐、榆树、兰考泡桐、国槐、栾树、银杏、白蜡、二球悬铃木、女贞等。其中杨树、国槐、栾树、悬铃木、白蜡进行了大面积的繁育和栽培。法桐、国槐、悬铃木、女贞和黄山栾树等成为浚县主要的行道树。

(2)常见灌木有:冬青卫矛、小叶女贞、红叶石楠、铺地柏、紫叶小檗、海桐、南天竹。

(3)木质藤本:常见的有三叶地锦、五叶地锦、葡萄等。

(二)按照木本植物的观赏特性分类

(1)常见观花树种:月季、紫荆、紫叶李、木槿、迎春花、紫薇、樱花、碧桃、连翘、蜡梅等。观花树种以蔷薇科居多,其次为木樨科和木兰科。特别是月季广泛栽培,其品种丰富,颜色艳丽,花期长,极具观赏价值。浚县的观花树种比较齐全,春有迎春花、樱花、紫叶李、碧桃、连翘等,夏有月季、紫薇、木槿等,秋有月季、栾树等,冬有蜡梅等。

(2)常见观叶树种:紫叶李、银杏、栾树、金叶榆、金枝槐、南天竹、女贞、悬铃木、五角枫。观叶树种主要是一些秋季变色及叶形独特的树种。

(3)常见观果树种:石楠、柿、石榴、山楂、火棘、南天竹、栾树、枇杷、鸡爪槭等。观果树种集中于秋季,火棘、栾树、石榴、柿树等树种果实鲜红艳丽,常用于园林观赏。

(三)按照浚县主栽树木的用途分类

(1)造林树种:鹤壁市浚县主要树种有杨树、松、柳树、白蜡、栾树、泡桐、国槐等。其中,杨树数量最多,是最主要的人工造林栽培树种;其次是柳树、泡桐、国槐、白蜡、栾树等。

(2)经济树种:经济林建设一直是浚县经济发展的重要产业之一。目前种植面积大的树种主要有桃、苹果、枣、梨树、核桃等。其中,种植面积最大的是桃,各乡(镇)均有分布,许多村庄也都有种植。

(3)观赏树种:月季、黄杨、紫薇、木槿、圆柏、龙柏、悬铃木等观赏乔木或灌木是浚县主要观赏树种。

五、林木种质资源在经济发展方面的应用

全县林木植被覆盖率较大,植被保存较完整,但优势树种比较单一。

调查数据显示,浚县树种以落叶的乔木和灌木居多,如杨柳科、木兰科、蔷薇科和豆科树种比较常见;调查中也记录了常绿树种,如黄杨、石楠、女贞等,各地均有栽植。

观赏价值以观花和观叶树种居多,以观花价值为主的有蔷薇科、木兰科和木犀科等树种,观叶树种以槭树科为主,尤其是蔷薇科的月季遍布浚县的每一个角落。浚县环境良好,空气清新,离不开栽培植物的生态功能。

浚县最主要的行道树是悬铃木、国槐、栾树、白蜡等;主要的观花树种是月季、樱花、碧桃、紫叶李,而且月季、樱花、碧桃、紫叶李在浚县生长旺盛,花色艳丽,品种多,在各处栽植颇多。

浚县林木种质资源普查工作,对地方经济的作用如下:

一是通过调查工作,比较全面地了解浚县林木种质资源分布状况,与森林普查、土地普查等结合,为政府、相关部门制定浚县林木种质资源保护、利用的相关决策提供依据。二是根据调查数据,对古树名木、古树群等有价值的林木种质资源进行保护,制定出合理的、有针对性的保护措施。加强大伾山、浮丘山景区的特色建设,如景区绿化、景点设置等,也可以利用调查的成果,进行有特色的宣传。有利于大伾山、浮丘山等景区的建设和宣传,促进旅游业发展。三是利用调查成果,通过整理出浚县林木种质资源分布状况,指导林业生态建设工作,可建立浚县林木种质资源查询平台,加大对林木资源保护利用,制定林木资源的利用规划,进行合理的开发利用,寻找新的经济增长点。

鹤壁市浚县林木种质资源名录见表5-15。浚县古树名木资源名录见表5-16。

表5-15　鹤壁市浚县林木种质资源名录

序号	科	属	中文名	学名
裸子植物				
1	银杏科	银杏属	银杏	Ginkgo biloba
2	松科	云杉属	云杉	Picea asperata

续表 5-15

序号	科	属	中文名	学名
3	松科	雪松属	雪松	Cedrus deodara
4	松科	松属	日本五针松	Pinus parviflora
5	松科	松属	白皮松	Pinus bungeana
6	松科	松属	油松	Pinus tabulaeformis
7	松科	松属	黑松	Pinus thunbergii
8	杉科	落羽杉属	落羽杉	Taxodium distichum
9	杉科	水杉属	水杉	Metasequoia glyptostroboides
10	柏科	侧柏属	侧柏	Platycladus orientalis（L.）Franco
11	柏科	崖柏属	美国侧柏	Thuja occiidentalis
12	柏科	圆柏属	圆柏	Sabina chinensis
13	柏科	圆柏属	龙柏	Sabina chinensis 'Kaizuca'
14	柏科	圆柏属	铺地柏	Sabina procumbens
15	柏科	刺柏属	刺柏	Juniperus formosana
被子植物				
16	杨柳科	杨属	银白杨	Populus alba
17	杨柳科	杨属	河北杨	Populus hopeiensis
18	杨柳科	杨属	毛白杨	Populus tomentosa
19	杨柳科	杨属	大叶杨	Populus lasiocarpa
20	杨柳科	杨属	黑杨	Populus nigra
21	杨柳科	杨属	加杨	Populus × canadensis
22	杨柳科	杨属	大叶钻天杨	Populus monilifera
23	杨柳科	柳属	旱柳	Salix matsudana
24	杨柳科	柳属	'豫新'柳	Salix matsudana
25	杨柳科	柳属	垂柳	Salix babylonica

续表 5-15

序号	科	属	中文名	学名
26	胡桃科	枫杨属	枫杨	Pterocarya stenoptera
27	胡桃科	胡桃属	胡桃	Juglans regia
28	胡桃科	山核桃属	黑核桃	Juglans nigra L.
29	壳斗科	栎属	栓皮栎	Quercus variabilis
30	榆科	榆属	大果榆	Ulmus macrocarpa
31	榆科	榆属	榆树	Ulmus pumila
32	榆科	榆属	中华金叶榆	Ulmus pumila 'Jinye'
33	榆科	榆属	榔榆	Ulmus parvifolia
34	榆科	榉树属	榉树	Zelkova schneideriana
35	榆科	朴属	大叶朴	Celtis koraiensis
36	榆科	朴属	毛叶朴	Celtis pubescens
37	榆科	朴属	小叶朴	Celtis bungeana
38	桑科	桑属	华桑	Morus cathayana
39	桑科	桑属	桑	Morus alba
40	桑科	桑属	花叶桑	Morus alba 'Laciniata'
41	桑科	构属	构树	Broussonetia papyrifera
42	桑科	构属	'红皮'构树	Broussonetia papyrifera
43	桑科	构属	花叶构树	Broussonetia papyrifera 'Variegata'
44	桑科	榕属	无花果	Ficus carica
45	毛茛科	芍药属	牡丹	Paeonia suffruticosa
46	毛茛科	铁线莲属	钝萼铁线莲	Clematis peterae
47	毛茛科	铁线莲属	短尾铁线莲	Clematis brevicaudata

续表 5-15

序号	科	属	中文名	学名
48	毛莨科	铁线莲属	太行铁线莲	Clematis kirilowii
49	小檗科	小檗属	紫叶小檗	Berberis thunbergii 'Atropurpurea'
50	小檗科	南天竹属	南天竹	Nandina domestica
51	木兰科	木兰属	荷花玉兰	Magnolia grandiflora
52	木兰科	木兰属	玉兰	Magnolia denutata
53	木兰科	木兰属	飞黄玉兰	Magnolia denutata 'Feihuang'
54	木兰科	鹅掌楸属	鹅掌楸	Liriodendron chinenes
55	蜡梅科	蜡梅属	蜡梅	Chimonanthus praecox
56	樟科	樟属	樟树	Cinnamomum camphora
57	海桐科	海桐属	海桐	Pittosporum tobira
58	杜仲科	杜仲属	杜仲	Eucommia ulmoides
59	悬铃木科	悬铃木属	三球悬铃木	Platanus orientalis
60	悬铃木科	悬铃木属	一球悬铃木	Platanus occidentalis
61	悬铃木科	悬铃木属	二球悬铃木	Platanus × acerifolia
62	蔷薇科	绣线菊属	毛花绣线菊	Spiraea dasynantha
63	蔷薇科	绣线菊属	中华绣线菊	Spiraea chinensis
64	蔷薇科	绣线菊属	三裂绣线菊	Spiraea trilobata
65	蔷薇科	火棘属	火棘	Pyracantha frotuneana
66	蔷薇科	山楂属	山楂	Crataegus pinnatifida
67	蔷薇科	山楂属	山里红	Crataegus pinnatifida var. major
68	蔷薇科	石楠属	石楠	Photinia serrulata
69	蔷薇科	石楠属	红叶石楠	Photinia × fraseri

续表 5-15

序号	科	属	中文名	学名
70	蔷薇科	枇杷属	枇杷	Eriobotrya jopanica
71	蔷薇科	花楸属	花楸树	Sorbus pohuashanensis
72	蔷薇科	木瓜属	皱皮木瓜	Chaenomeles speciosa
73	蔷薇科	木瓜属	木瓜	Chaenomeles sisnesis
74	蔷薇科	梨属	白梨	Pyrus bretschenideri
75	蔷薇科	梨属	杜梨	Pyrus betulaefolia
76	蔷薇科	苹果属	山荆子	Malus baccata
77	蔷薇科	苹果属	垂丝海棠	Malus halliana
78	蔷薇科	苹果属	苹果	Malus pumila
79	蔷薇科	苹果属	海棠花	Malus spectabilis
80	蔷薇科	苹果属	西府海棠	Malus micromalus
81	蔷薇科	苹果属	河南海棠	Malus honanensis
82	蔷薇科	棣棠花属	棣棠花	Kerria japonica
83	蔷薇科	棣棠花属	重瓣棣棠花	Kerria japonica f. pleniflora
84	蔷薇科	悬钩子属	粉枝莓	Rubus biflorus
85	蔷薇科	悬钩子属	茅莓	Rubus parvifolius
86	蔷薇科	蔷薇属	月季	Rosa chinensis
87	蔷薇科	蔷薇属	野蔷薇	Rosa multiflora
88	蔷薇科	蔷薇属	粉团蔷薇	Rosa multiflora var. cathayensis
89	蔷薇科	蔷薇属	七姊妹	Rosa multiflora 'Grevillei'
90	蔷薇科	蔷薇属	刺梗蔷薇	Rosa corymbulosa
91	蔷薇科	桃属	榆叶梅	Amygdalus triloba

续表 5-15

序号	科	属	中文名	学名
92	蔷薇科	桃属	桃	Amygdalus persica
93	蔷薇科	桃属	赤月桃	Amygdalus persica
94	蔷薇科	桃属	'中桃21号'桃	Amygdalus persica
95	蔷薇科	桃属	紫叶桃	Amygdalus persica 'Atropurpurea'
96	蔷薇科	桃属	碧桃	Amygdalus persica 'Duplex'
97	蔷薇科	桃属	千瓣白桃	Amygdalus persica 'albo-plena'
98	蔷薇科	杏属	杏	Armeniaca vulgaris
99	蔷薇科	杏属	'中仁1号'杏	Armeniaca vulgaris
100	蔷薇科	杏属	野杏	Armeniaca vulgaris var. ansu
101	蔷薇科	杏属	山杏	Armeniaca sibirica
102	蔷薇科	杏属	红梅	Armeniaca mume f. alphandii
103	蔷薇科	李属	紫叶李	Prunus cerasifera 'Pissardii'
104	蔷薇科	李属	李	Prunus salicina
105	蔷薇科	樱属	樱桃	Cerasus pseudocerasus
106	蔷薇科	樱属	东京樱花	Cerasus yedoensis
107	蔷薇科	樱属	山樱花	Cerasus serrulata
108	蔷薇科	樱属	日本晚樱	Cerasus serrulata var. lannesiana
109	蔷薇科	樱属	欧李	Cerasus hummilis
110	豆科	合欢属	山槐	Albizzia kalkora
111	豆科	合欢属	合欢	Albizzia julibrissin
112	豆科	皂荚属	皂荚	Gleditsia sinensis
113	豆科	皂荚属	野皂荚	Gleditsia microphylla
114	豆科	紫荆属	湖北紫荆	Cercis glabra

续表 5-15

序号	科	属	中文名	学名
115	豆科	紫荆属	紫荆	Cercis chinensis
116	豆科	槐属	白刺花	Sophora davidii
117	豆科	槐属	槐	Sophora japonica
118	豆科	槐属	龙爪槐	Sophora japonica var. pndula
119	豆科	木蓝属	河北木蓝	Indigofera bungeana
120	豆科	紫穗槐属	紫穗槐	Amorpha fruticosa
121	豆科	紫藤属	多花紫藤	Wisteria floribunda
122	豆科	紫藤属	紫藤	Wisteria sirensis
123	豆科	刺槐属	刺槐	Robinia pseudoacacia
124	豆科	刺槐属	'黄金'刺槐	Robinia pseudoacacia
125	豆科	刺槐属	毛刺槐	Robinia hispida
126	豆科	锦鸡儿属	红花锦鸡儿	Caragana rosea
127	豆科	锦鸡儿属	锦鸡儿	Caragana sinica
128	豆科	胡枝子属	兴安胡枝子	Lespedzea davcerica
129	豆科	胡枝子属	多花胡枝子	Lespedzea floribunda
130	豆科	胡枝子属	长叶铁扫帚	Lespedzea caraganae
131	豆科	胡枝子属	赵公鞭	Lespedzea hedysaroides
132	豆科	胡枝子属	截叶铁扫帚	Lespedzea cuneata
133	豆科	杭子梢属	杭子梢	Campylotropis macrocarpa
134	豆科	葛属	葛	Pueraria montana
135	芸香科	花椒属	花椒	Zanthoxylum bunngeanum
136	芸香科	花椒属	小花花椒	Zanthoxylum mieranthum
137	苦木科	臭椿属（樗属）	臭椿	Ailanthus altissima

续表 5-15

序号	科	属	中文名	学名
138	苦木科	臭椿属（樗属）	'白皮千头'椿	Ailanthus altissima
139	楝科	香椿属	香椿	Toona sinensis
140	楝科	香椿属	'豫林1号'香椿	Toona sinensis
141	楝科	楝属	楝	Melia azedarach
142	大戟科	雀儿舌头属	雀儿舌头	Leptopus chinensis
143	大戟科	乌桕属	乌桕	Sapium sebifera
144	黄杨科	黄杨属	黄杨	Buxus sinica
145	漆树科	黄连木属	黄连木	Pistacia chinensis
146	漆树科	盐肤木属	火炬树	Rhus Typhina
147	漆树科	黄栌属	粉背黄栌	Cotinus coggygria var. glaucophylla
148	漆树科	黄栌属	毛黄栌	Cotinus coggygria var. pubescens
149	漆树科	黄栌属	红叶	Cotinus coggygria var. cinerea
150	冬青科	冬青属	枸骨	Ilex cornuta
151	卫矛科	卫矛属	白杜	Euonymus maackii
152	卫矛科	卫矛属	冬青卫矛	Euonymus japonicus
153	槭树科	槭属	元宝槭	Acer truncatum
154	槭树科	槭属	五角枫	Acer pictum subsp. mono
155	槭树科	槭属	鸡爪槭	Acer Palmatum
156	槭树科	槭属	红枫	Acer palmatum 'Atropurpureum'
157	槭树科	槭属	三角槭	Acer buergerianum

续表 5-15

序号	科	属	中文名	学名
158	槭树科	槭属	梣叶槭	Acer negundo
159	槭树科	槭属	'金叶'复叶槭	Acer negundo
160	七叶树科	七叶树属	七叶树	Aesculus chinensis
161	无患子科	栾树属	栾树	Koelreuteria paniculata
162	无患子科	栾树属	复羽叶栾树	Koelreuteria bipinnata
163	无患子科	栾树属	黄山栾树	Koelreuteria bipinnata 'Integrifoliola'
164	鼠李科	雀梅藤属	少脉雀梅藤	Sageretia paucicostata
165	鼠李科	鼠李属	卵叶鼠李	Rhamnus bungeana
166	鼠李科	鼠李属	小叶鼠李	Rhamnus parvifolis
167	鼠李科	鼠李属	鼠李	Rhamnus davurica
168	鼠李科	猫乳属（长叶绿柴属）	猫乳	Rhamnella franguloides
169	鼠李科	枣属	枣	Zizypus jujuba
170	鼠李科	枣属	'中牟脆丰'枣	Zizypus jujuba
171	鼠李科	枣属	酸枣	Zizypus jujuba var. spinosa
172	葡萄科	葡萄属	桑叶葡萄	Vitis heyneana subsp. ficifolia
173	葡萄科	葡萄属	华北葡萄	Vitis bryoniaefolia
174	葡萄科	葡萄属	毛葡萄	Vitis heyneana
175	葡萄科	葡萄属	葡萄	Vitis vinifera
176	葡萄科	蛇葡萄属	葎叶蛇葡萄	Ampelopsis humulifolia
177	葡萄科	蛇葡萄属	掌裂蛇葡萄	Ampelopsis delavayana var. glabra
178	葡萄科	蛇葡萄属	乌头叶蛇葡萄	Ampelopsis aconitifolia

续表 5-15

序号	科	属	中文名	学名
179	葡萄科	地锦属 (爬山虎属)	三叶地锦	Parthenocissus semicordata
180	葡萄科	地锦属 (爬山虎属)	五叶地锦	Parthenocissus quinquefolia
181	椴树科	扁担杆属	扁担杆	Grewia biloba
182	锦葵科	木槿属	木槿	Hibiscus syriacus
183	梧桐科	梧桐属	梧桐	Firmiana simplex
184	柽柳科	柽柳属	柽柳	Tamarix chinensis
185	千屈菜科	紫薇属	紫薇	Lagerstroemia indicate
186	千屈菜科	紫薇属	'红云'紫薇	Lagerstroemia indicate
187	石榴科	石榴属	石榴	Punica granatum
188	山茱萸科	梾木属	红瑞木	Swida alba
189	柿树科	柿树属	柿	Diospyros kaki
190	柿树科	柿树属	君迁子	Diospyros lotus
191	木犀科	白蜡树属	白蜡树	Fraxinus chinensis
192	木犀科	白蜡树属	大叶白蜡树	Fraxinus rhynchophylla
193	木犀科	连翘属	连翘	Forsythia Suspensa
194	木犀科	连翘属	'金叶'连翘	Forsythia Suspensa
195	木犀科	连翘属	金钟花	Forsythia viridissima
196	木犀科	丁香属	华北丁香	Syringa oblata
197	木犀科	丁香属	紫丁香	Syringa julianae
198	木犀科	木樨属	木樨	Osmanthus fragrans

续表5-15

序号	科	属	中文名	学名
199	木犀科	女贞属	女贞	Ligustrum lucidum
200	木犀科	女贞属	平抗1号金叶女贞	Ligustrum lucidum
201	木犀科	女贞属	小叶女贞	Ligustrum quihoui
202	木犀科	茉莉属（素馨属）	迎春花	Jasminum nudiflorum
203	夹竹桃科	络石属	络石	Trachelospermum jasminoides
204	萝藦科	杠柳属	杠柳	Periploca sepium
205	马鞭草科	牡荆属	黄荆	Vitex negundo
206	马鞭草科	牡荆属	牡荆	Vitex negundo var. cannabifolia
207	马鞭草科	牡荆属	荆条	Vitex negundo var. heterophylla
208	茄科	枸杞属	枸杞	Lycium chinense
209	玄参科	泡桐属	毛泡桐	Paulownia tomentosa
210	玄参科	泡桐属	兰考泡桐	Paulownia elongata
211	玄参科	泡桐属	楸叶泡桐	Paulownia catalpifolia
212	紫葳科	梓树属	楸树	Catalpa bungei
213	茜草科	野丁香属	薄皮木	Leptodermis oblonga
214	茜草科	六月雪属	六月雪	Serissa foetida
215	忍冬科	接骨木属	接骨木	Sambucus wiliamsii
216	忍冬科	忍冬属	苦糖果	Lonicera fragrantissima subsp. standishii
217	忍冬科	忍冬属	忍冬	Lonicera japonica
218	棕榈科	棕榈属	棕榈	Trachycarpus fortunei
219	百合科	丝兰属	凤尾丝兰	Yucca gloriosa

表 5-16　浚县古树名木资源名录

序号	乡(镇)	村	小地名	经度(°)	纬度(°)	海拔(m)	中文名	拉丁学名	胸径(cm)	树高(m)	枝下高(m)	冠幅(m)	传说年龄(年)	估测年龄(年)	生长势	特征描述	传说来历
1	黎阳镇	寺下头	风景区	114.5566	35.6632	81.15	槐	Sophora japonica	100	6	2.3	8	1 600	1 000	濒死	古老,濒临死亡	李世民栽植
2	城关镇	桥西	莲池	114.5308	35.67433	72.18	皂荚	Gleditsia sinensis	120	14	2.5	13	200	150	一般	生长良好	前人栽植
3	屯子镇	南阳阁	村南	114.4423	35.77535	69.54	槐	Sophora japonica	60	4	3	5	200	200	濒死	濒临死亡	前人栽植
4	屯子镇	郭家庄	郭家庄	114.405	35.80988	89.76	槐	Sophora japonica	60	12	2	10	160	120	旺盛	长势良好,无病虫害	祖上种植
5	屯子镇	乔村	村中	114.4232	35.81129	89.34	枣	Zizyphus jujuba	40	8	2	5	150	110	一般	东面枝繁叶茂	祖上种植
6	屯子镇	刘河	刘河	114.4181	35.73486	60.1	小叶朴	Celtis bungeana	55	11	2.2	16	150	110	旺盛		祖上移至
7	屯子镇	韩庄	韩庄	114.4302	35.7357	56.95	槐	Sophora japonica	65	12	1.5	15	500	350	一般	中空,西部长势良好	无记载
8	屯子镇	前石桥	前石桥	114.4774	35.79243	60.04	槐	Sophora japonica	70	11	2	10	1 200	1 050	一般	中空	洪武年间
9	白寺乡	西徐庄	村西	114.3888	35.69579	87.37	槐	Sophora japonica	65	7.5	1.6	7	450	380	一般	中空	无记载

续表 5-16

序号	乡（镇）	村	小地名	经度（°）	纬度（°）	海拔（m）	中文名	拉丁学名	胸径（cm）	树高（m）	枝下高（m）	冠幅（m）	传说年龄（年）	估测年龄（年）	生长势	特征描述	传说来历
10	白寺乡	尹庄	尹庄村南	114.394 4	35.721 05	85.58	槐	Sophora japonica	60	8	1.6	7	150	120	一般	西北中空，枝干北旺盛，南无	无记载
11	黎阳镇	傅庄	傅庄	114.501 2	35.634 84	45.16	槐	Sophora japonica	85	13	2	16	201	156	旺盛	4 根主干	前人栽植
12	屯子镇	东王村	村内街边	114.507 2	35.821 49	54.81	皂荚	Gleditsia sinensis	85	10	2	8.5	150	110	一般	西南枝繁叶茂	祖上栽植
13	卫贤镇	卫李庄	村中	114.298 5	35.620 92	65.58	野皂荚	Gleditsia microphylla	50	13	2.2	16.7	150	120	旺盛	枝繁叶茂	个人种植
14	善堂镇	中耒村	村中	114.650 2	35.671 76	52.9	槐	Sophora japonica	73	7	3	8	300	200	一般	树中空	先人栽植
15	黎阳镇	西长村	小区里西	114.496 4	35.672 88	47.07	槐	Sophora japonica	60	8	1.5	8	200	160	旺盛	新枝旺盛	无记载
16	黎阳镇	西长村	小区里东	114.496 4	35.672 88	53.46	槐	Sophora japonica	65	9	2	8	200	120	一般	主干 2 m，侧枝干 4 m	无记载

第二节 淇县林木种质资源

一、自然地理条件

(一)地理位置

淇县位于豫北,太行山东麓,隶属鹤壁市。地处北纬 35°30′05″~35°48′26″和东经 113°59′23″~114°17′54″。西依太行与林州市连山,东临淇河与浚县共水,北与鹤壁市毗邻,南与卫辉市接壤。总面积 567.43 km²。

(二)地形地貌

淇县地处太行山区和豫北平原交接地带,地貌类型比较复杂,山区、丘陵、平原、泊洼均有。全县地势西北高,东南低,西和西北为山区,东和东南为平原及泊洼,北、东、南三面环水,所有内河均向东南汇集。西部山区海拔高度多在 100~1 000 m,最高海拔 1 019 m。东部平泊地区高在百米以下,最低海拔 63.8 m,高低差距 955.2 m。地面坡度分平坦、缓坡、斜坡、陡坡、急坡、险坡、峭坡等 7 种,均因山丘平泊的变化而变化。

(三)气候

淇县属暖温带大陆性季风气候,四季分明。其特点是:春季干旱多风,夏季炎热,雨水集中,秋季凉爽季短,冬季少雪干冷。全年日照 2 348.3 h,日照百分率为 53%。年均降水 671 mm,年际间变化较大,最高年份为降水 1 146 mm,最少年份降水 306.6 mm,多集中于 7、8 两月,占全年降水的 60%以上。淇县全年平均无霜期为 209 d,最长 233 d(1965 年),最短 177 d(1981 年)。淇县地处太行山脉和连绵的浚县火龙岗之间,形成一南北走向的狭长风道,是全省大风较多的县之一。风向多南北,风力多为 4.5 级。

(四)水资源

淇县全年平均降水总量为 4.1 亿 m³,地表径流多发生在雨季,特别是汛期,除一部分入渗补充地下水外,大部分顺思德河、淇河、小朱河、八米沟等沟河流出境外。每年实际用水量仅 1 100 万 m³,只占年径流总量的 13%。淇县水质较好,灌溉用水酸碱度适中。全县泉水绝大多数水质优良,如太和泉、水帘洞泉、灵山泉、鱼泉。淇县属海河流域。全县主要河流有 15 条,总长 222.9 km。其中界河 4 条,总长 56.7 km,内河 11 条,总长 166.2 km,泊洼地区另有排水沟 773 条,总长 195 km。界河以淇河最大,界内总长 45.5 km。内河以折胫河、思德河、赵家渠最大。淇县山丘区较多,沟河两岸也有泉水溢出。据水利局 1980 年调查,全县共有活水泉 77 处。常年流水泉 48 处,季节泉 29 处。

(五) 土壤资源

淇县总面积 567.43 km²。其中耕地 32.29 万亩,农民人均 1.5 亩。此外尚有 36.5 万亩荒山、荒岗、荒沟可植树种草,发展林牧业。另有河流、水库、沟渠、坑塘占地 3.4 万多亩,水面可以发展渔业和水生经济作物。淇县土壤总面积 72 万亩,分褐土、潮土、水稻土 3 个土类 7 个亚类 14 个土属 32 个土种。其中褐土类面积 65 万亩,潮土类面积 7 万亩,水稻土面积 200 余亩。

(六) 植物资源

淇县属暖温带落叶阔叶林地带,植物种类繁多。淇县自然植被分布于山丘区各处荒山、荒坡、荒沟和部分荒地。面积 35 万亩,占全县总面积的 39.48%。人工植被主要分布于平原泊洼和丘岭大部分地区,山区人工植被较少。人工植被共 49.15 万亩,占全县总面积的 55.4%。淇县的主要植物均是高等植物,包括被子植物、裸子植物、蕨类植物、苔藓植物 4 个门类 114 科 300 多属 416 种。其中栽培植物 202 种,野生植物约 259 种。栽培植物有农作物,农作物共有 77 种,分属 18 科。有乔、灌木,水生作物和花卉。灌木类植被主要有野皂角、荆条、酸枣、麻叶绣球等。草本类植被主要有黄背草、白草、蒿类、羊胡草等。自然植被总盖度 50% 以上。乔木植被为人工次生林,主要有侧柏、刺槐、柿、核桃、桐、杨、枣、椿等,呈零星或片状分布。野生植物也很多,无论高山平原泊洼地。稀有植物有双节树、压腰葫芦枣、无名树、痒痒树、樟树、银杏等。著名特产有无核枣、大水头柿子、油城梨、绵仁核桃、淇竹等。

二、社会经济条件

淇县总面积 567 km²,总人口 26.9 万人,辖 9 个乡(镇、办),174 个行政村,3 个居委会,是全国食品工业强县、科技进步先进县,全省畜牧强县、经济管理扩权县和对外开放重点县,是河南省"十一五"期间重点发展的 6 大服装产业基地之一。区位条件优越,交通便达,北距首都北京 500 km,南至省会郑州 120 km,京广铁路、石武高铁、京港澳高速公路、107 国道纵贯全境南北,国家西气东输工程、南水北调中线工程西傍县城而过。

县城历史悠久,文化灿烂,古称朝歌,曾为殷末四代帝都和春秋时期卫国国都,是河南省首批历史文化名城。因有北方漓江之称的淇河流经于此而闻名,具有 3 000 多年的历史,是华夏文明的发祥地之一。这里人杰地灵,英才辈出。被孔子誉为"殷有三仁"的箕子、微子、比干,纵横家、军事家、教育家鬼谷子,刺秦义士荆轲等都出自这片古老的土地。

淇县物华天宝,资源丰富,盛产小麦、玉米、花生、核桃、花椒等优质农副产品。淇河鲫鱼、蚕丝鸭蛋、无核枣被誉为"淇河三珍",曾为历代宫廷贡品。铁、铜、锡、煤、白云岩、花岗岩、玄武岩等矿产资源储量大、品位高,具有巨大的开发价值。旅游资源丰富,境内的云梦山景区和古灵山景区为国家 4A 级景区,摘星台景区为国家 3A 级景区,还有朝阳寺景区、纣王殿、淇园等数不胜数的殷商文化遗址。

三、林木种质资源状况

(一)资源概况

根据实地调查和统计,鹤壁市淇县木本植物 64 科 145 属 327 种(包括 30 个品种),847 份表格,GPS 点 4 789 处,拍摄图片 12 465 张。其中裸子植物 3 科 7 属 10 种,被子植物 61 科 138 属 317 种(见表 5-17)。

表 5-17　淇县木本植物数量分布

类别	科数	属数	种数
裸子植物	3	7	10
被子植物	61	138	317
合计	64	145	327

经调查,淇县针叶树种以白皮松为主,全县范围内均有分布,白皮松集中分布区域主要位于南水北调两侧和高村镇的思德河;阔叶树种繁多,以杨属、泡桐属、柳属等为主,全县均匀分布。随着近年来大面积的造林,白蜡、悬铃木、欧美杨、女贞在淇县的林分组成中占比接近 30%。淇县古树名木主要是侧柏、槐、皂荚、杜梨、白毛杨等,侧柏、槐、皂荚古树居多,全县各乡(镇)均有,白梨古树群一处,位于北阳镇的油城村。

淇县林木种质资源保护与利用起步较晚,主要是通过建立自然保护区、森林公园、国家储备林、申报种质资源保存项目来加强对林木种质资源的保护和利用。

全县已有国家级森林公园 1 处,为淇县云梦山森林公园,公园面积 6 811.94 hm²;省级森林公园 1 处,为黄洞森林公园,公园面积 3 800 hm²;国家储备林,面积 1 330 hm² 左右,在各个乡(镇)均有。

淇县林木种质资源类别与调查表见表 5-18、表 5-19。

表 5-18　淇县林木种质资源类别统计

序号	资源类别	科	属	种	表格(份)	GPS 点	图片(张)
1	野生林木	49	106	198	25	658	1 583
2	栽培利用	58	116	189	742	4 048	10 682
3	重点保护	1	1	1	1	1	4
4	古树名木	9	12	13	60	62	145
5	优良品种	3	4	4	10	10	22
6	收集保存	8	8	8	9	9	26

表 5-19　淇县林木种质资源调查表统计

序号	资源类别	科	属	种	品种	表格(份)	GPS 点	图片(张)
1	集中栽培	31	51	69	17	421	421	954
2	城镇绿化	51	92	130	5	81	733	1 966
3	四旁树	48	90	143	22	240	2 895	7 765
4	重点保护	1	1	1	0	1	1	4
5	古树群	1	1	1	0	1	3	0

(二)野生林木种质资源

淇县地处太行山区和豫北平原交接地带,地貌类型比较复杂,山区、丘陵、平原、泊洼均有。淇县野生林木种质资源通过线路踏查和样地调查 13 条线路,共完成 25 张调查表,49 科 106 属 198 种, GPS 坐标点 658 处,拍摄照片 1 583 张(见表 5-20)。

表 5-20　淇县各乡(镇)野生林木种植资源

序号	乡(镇)	科	属	种	表格(份)	GPS 点	图片(张)
1	北阳乡	31	46	55	5	82	125
2	黄洞乡	46	101	185	18	557	1 400
3	桥盟乡	13	17	19	2	19	58

　　野生种质资源调查树种有：旱柳、毛白杨、胡桃、胡桃楸、大果榆、榆树、黑榆、大叶朴、小叶朴、桑、构树、铁线莲、绣线菊、山桃、山槐、野皂角、胡枝子、航子梢、葛、雀儿舌头、黄连木、黄栌、卵叶鼠李、山葡萄、五叶地锦、扁担杆、君迁子、杠柳、荆条、薄皮木、菝葜等。淇县野生林木种植资源名录见表 5-21。

表 5-21　淇县野生林木种质资源名录

序号	分类等级	中文名	学名	属	科	GPS点	图片（张）
1	种	油松	Pinus tabulaeformis	松属	松科	5	12
2	种	侧柏	Platycladus orientalis(L.) Franco	侧柏属	柏科	8	14
3	种	毛白杨	Populus tomentosa	杨属	杨柳科	4	9
4	种	小叶杨	Populus simonii	杨属	杨柳科	2	8
5	种	欧洲大叶杨	Populus candicans	杨属	杨柳科	2	3
6	种	黑杨	Populus nigra	杨属	杨柳科	1	4
7	种	旱柳	Salix matsudana	柳属	杨柳科	7	18
8	种	垂柳	Salix babylonica	柳属	杨柳科	2	4
9	种	枫杨	Pterocarya stenoptera	枫杨属	胡桃科	2	4
10	种	胡桃	Juglans regia	胡桃属	胡桃科	5	12
11	种	野胡桃	Juglans cathayensis	胡桃属	胡桃科	1	1
12	种	胡桃楸	Juglans mandshurica	胡桃属	胡桃科	1	0
13	种	鹅耳枥	Carpinus turczaninowii	鹅耳枥属	桦木科	2	6
14	种	茅栗	Castanea seguinii	栗属	壳斗科	1	3
15	种	栓皮栎	Quercus variabilis	栎属	壳斗科	1	3
16	种	槲栎	Quercus aliena	栎属	壳斗科	1	2
17	种	大果榆	Ulmus macrocarpa	榆属	榆科	8	22
18	种	榆树	Ulmus pumila	榆属	榆科	11	22

续表 5-21

序号	分类等级	中文名	学名	属	科	GPS点	图片（张）
19	种	黑榆	Ulmus davidiana	榆属	榆科	5	14
20	种	旱榆	Ulmus glaucescens	榆属	榆科	1	2
21	种	榉树	Zelkova schneideriana	榉树属	榆科	1	2
22	种	大果榉	Zelkova sinica	榉树属	榆科	2	7
23	种	大叶朴	Celtis koraiensis	朴属	榆科	1	2
24	种	小叶朴	Celtis bungeana	朴属	榆科	8	22
25	种	朴树	Celtis tetrandra subsp. sinensis	朴属	榆科	5	13
26	种	青檀	Pteroceltis tatarinowii	青檀属	榆科	4	14
27	种	桑	Morus alba	桑属	桑科	8	16
28	种	花叶桑	Morus alba 'Laciniata'	桑属	桑科	1	2
29	种	蒙桑	Morus mongolica	桑属	桑科	9	24
30	种	山桑	Morus mongolica var. diabolica	桑属	桑科	1	5
31	种	鸡桑	Morus australis	桑属	桑科	2	4
32	种	构树	Broussonetia papyrifera	构属	桑科	13	26
33	种	柘树	Cudrania tricuspidata	柘树属	桑科	1	2
34	种	钝萼铁线莲	Clematis peterae	铁线莲属	毛莨科	6	8
35	种	粗齿铁线莲	Clematis grandidentata	铁线莲属	毛莨科	1	3
36	种	短尾铁线莲	Clematis brevicaudata	铁线莲属	毛莨科	6	16
37	种	太行铁线莲	Clematis kirilowii	铁线莲属	毛莨科	8	17

续表 5-21

序号	分类等级	中文名	学名	属	科	GPS点	图片（张）
38	种	狭裂太行铁线莲	Clematis kirilowii var. chanetii	铁线莲属	毛茛科	4	8
39	种	大叶铁线莲	Clematis heracleifolia	铁线莲属	毛茛科	6	16
40	种	三叶木通	Akebia trifoliata	木通属	木通科	1	3
41	种	蝙蝠葛	Menispermum dauricum	蝙蝠葛属	防己科	3	9
42	种	望春玉兰	Magnolia biondii	木兰属	木兰科	1	1
43	种	大花溲疏	Deutzia grandiflora	溲疏属	虎耳草科	3	9
44	种	小花溲疏	Deutzia parviflora	溲疏属	虎耳草科	3	12
45	种	溲疏	Deutzia scabra Thunb	溲疏属	虎耳草科	1	4
46	种	太平花	Philadelphus pekinensis	山梅花属	虎耳草科	1	2
47	种	山梅花	Philadelphus incanus	山梅花属	虎耳草科	1	5
48	种	毛萼山梅花	Philadelphus dasycalyx	山梅花属	虎耳草科	1	4
49	种	杜仲	Eucommia ulmoides	杜仲属	杜仲科	4	13
50	种	二球悬铃木	Platanus × acerifolia	悬铃木属	悬铃木科	1	2
51	种	土庄绣线菊	Spiraea pubescens	绣线菊属	蔷薇科	1	1
52	种	毛花绣线菊	Spiraea dasynantha	绣线菊属	蔷薇科	4	9
53	种	中华绣线菊	Spiraea chinensis	绣线菊属	蔷薇科	1	3

续表 5-21

序号	分类 等级	中文名	学名	属	科	GPS 点	图片 （张）
54	种	疏毛 绣线菊	Spiraea hirsuta	绣线菊属	蔷薇科	2	5
55	种	三裂 绣线菊	Spiraea trilobata	绣线菊属	蔷薇科	6	12
56	种	绣球 绣线菊	Spiraea blumei	绣线菊属	蔷薇科	1	3
57	种	小叶绣球 绣线菊	Spiraea blumei var. microphylla	绣线菊属	蔷薇科	1	3
58	种	红柄 白鹃梅	Exochorda giraldii	白鹃梅属	蔷薇科	1	2
59	种	西北栒子	Cotoneaster zabelii	栒子属	蔷薇科	1	3
60	种	山楂	Crataegus pinnatifida	山楂属	蔷薇科	5	13
61	种	红叶石楠	Photinia × fraseri	石楠属	蔷薇科	1	4
62	种	北京花楸	Sorbus discolor	花楸属	蔷薇科	1	2
63	种	花楸树	Sorbus pohuashanensis	花楸属	蔷薇科	1	2
64	种	皱皮木瓜	Chaenomeles speciosa	木瓜属	蔷薇科	1	3
65	种	豆梨	Pyrus calleryana	梨属	蔷薇科	1	2
66	种	白梨	Pyrus bretschenideri	梨属	蔷薇科	3	10
67	种	杜梨	Pyrus betulaefolia	梨属	蔷薇科	4	9
68	种	海棠花	Malus spectabilis	苹果属	蔷薇科	1	1
69	种	山莓	Rubus corchorifolius	悬钩子属	蔷薇科	1	1
70	种	粉枝莓	Rubus biflorus	悬钩子属	蔷薇科	1	4

续表 5-21

序号	分类等级	中文名	学名	属	科	GPS点	图片（张）
71	种	茅莓	Rubus parvifolius	悬钩子属	蔷薇科	3	7
72	种	弓茎悬钩子	Rubus flosculosus	悬钩子属	蔷薇科	1	4
73	种	野蔷薇	Rosa multiflora	蔷薇属	蔷薇科	1	3
74	种	黄刺玫	Rosa xanthina	蔷薇属	蔷薇科	1	2
75	种	榆叶梅	Amygdalus triloba	桃属	蔷薇科	2	4
76	种	山桃	Amygdalus davidiana	桃属	蔷薇科	6	16
77	种	桃	Amygdalus persica	桃属	蔷薇科	7	15
78	种	杏	Armeniaca vulgaris	杏属	蔷薇科	6	13
79	种	山杏	Armeniaca sibirica	杏属	蔷薇科	9	24
80	种	欧李	Cerasus hummilis	樱属	蔷薇科	2	6
81	种	山槐	Albizzia kalkora	合欢属	豆科	6	19
82	种	野皂荚	Gleditsia microphylla	皂荚属	豆科	14	28
83	种	槐	Sophora japonica	槐属	豆科	10	21
84	种	多花木蓝	Indigofera amblyantha	木蓝属	豆科	1	2
85	种	木蓝	Indigofera tinctoria	木蓝属	豆科	3	5
86	种	河北木蓝	Indigofera bungeana	木蓝属	豆科	5	13
87	种	刺槐	Robinia pseudoacacia	刺槐属	豆科	8	17
88	种	红花锦鸡儿	Caragana rosea	锦鸡儿属	豆科	3	7
89	种	锦鸡儿	Caragana sinica	锦鸡儿属	豆科	1	3
90	种	胡枝子	Lespedeza bicolor	胡枝子属	豆科	2	3
91	种	兴安胡枝子	Lespedeza davcerica	胡枝子属	豆科	1	1

续表 5-21

序号	分类等级	中文名	学名	属	科	GPS点	图片（张）
92	种	多花胡枝子	Lespedzea floribunda	胡枝子属	豆科	4	10
93	种	长叶铁扫帚	Lespedzea caraganae	胡枝子属	豆科	1	2
94	种	赵公鞭	Lespedzea hedysaroides	胡枝子属	豆科	1	3
95	种	截叶铁扫帚	Lespedzea cuneata	胡枝子属	豆科	1	4
96	种	阴山胡枝子	Lespedzea inschanica	胡枝子属	豆科	1	1
97	种	白花杭子梢	Campylotropis macrocarpa f. alba	杭子梢属	豆科	1	1
98	种	杭子梢	Campylotropis macrocarpa	杭子梢属	豆科	10	27
99	种	葛	Pueraria montana	葛属	豆科	5	13
100	种	吴茱萸	Tetradium ruticarpum	吴茱萸属	芸香科	1	5
101	种	臭檀吴萸	Tetradium daniellii	吴茱萸属	芸香科	3	11
102	种	竹叶花椒	Zanthoxylum armatum	花椒属	芸香科	4	10
103	种	花椒	Zanthoxylum bunngeanum	花椒属	芸香科	7	17
104	种	苦木	Picrasma quassioides	苦木属	苦木科	2	3
105	种	臭椿	Ailanthus altissima	臭椿属（樗属）	苦木科	12	20
106	种	香椿	Toona sinensis	香椿属	楝科	4	9
107	种	楝	Melia azedarach	楝属	楝科	7	12
108	种	一叶萩	Flueggea suffruticosa	白饭树属	大戟科	1	3
109	种	雀儿舌头	Leptopus chinensis	雀儿舌头属	大戟科	13	28

续表 5-21

序号	分类等级	中文名	学名	属	科	GPS点	图片（张）
110	种	黄杨	Buxus sinica	黄杨属	黄杨科	1	2
111	种	小叶黄杨	Buxus sinica var. parvifolia	黄杨属	黄杨科	1	1
112	种	黄连木	Pistacia chinensis	黄连木属	漆树科	10	28
113	种	盐肤木	Rhus chinensis	盐肤木属	漆树科	2	6
114	种	漆树	Toxicodendron vernicifluum (Stokes) F. A. Barkl.	漆属	漆树科	1	2
115	种	粉背黄栌	Cotinus coggygria var. glaucophylla	黄栌属	漆树科	2	7
116	种	毛黄栌	Cotinus coggygria var. pubescens	黄栌属	漆树科	8	19
117	种	红叶	Cotinus coggygria var. cinerea	黄栌属	漆树科	1	2
118	种	冬青卫矛	Euonymus japonicus	卫矛属	卫矛科	2	4
119	种	南蛇藤	Celastrus orbiculatus	南蛇藤属	卫矛科	1	3
120	种	短梗南蛇藤	Celastrus rosthornianus	南蛇藤属	卫矛科	1	3
121	种	苦皮滕	Celastrus angulatus	南蛇藤属	卫矛科	4	9
122	种	哥兰叶	Celastrus gemmatus	南蛇藤属	卫矛科	1	2
123	种	元宝槭	Acer truncatum	槭属	槭树科	3	9
124	种	秦岭槭	Acer tsinglingense	槭属	槭树科	1	2
125	种	栾树	Koelreuteria paniculata	栾树属	无患子科	10	24
126	种	黄山栾树	Koelreuteria bipinnata 'Integrifoliola'	栾树属	无患子科	1	1
127	种	对刺雀梅藤	Sageretia pycnophylla	雀梅藤属	鼠李科	2	4
128	种	少脉雀梅藤	Sageretia paucicostata	雀梅藤属	鼠李科	7	14

续表 5-21

序号	分类等级	中文名	学名	属	科	GPS点	图片（张）
129	种	卵叶鼠李	Rhamnus bungeana	鼠李属	鼠李科	11	34
130	种	锐齿鼠李	Rhamnus arguta	鼠李属	鼠李科	2	8
131	种	薄叶鼠李	Rhamnus leptophylla	鼠李属	鼠李科	1	3
132	种	北枳椇	Hovenia dulcis	枳椇属	鼠李科	1	2
133	种	多花勾儿茶	Berchemia floribunda	勾儿茶属（牛儿藤属）	鼠李科	1	3
134	种	勾儿茶	Berchemia sinica	勾儿茶属（牛儿藤属）	鼠李科	1	3
135	种	酸枣	Zizypus jujuba var. spinosa	枣属	鼠李科	14	27
136	种	变叶葡萄	Vitis piasezkii	葡萄属	葡萄科	1	2
137	种	毛葡萄	Vitis heyneana	葡萄属	葡萄科	4	9
138	种	山葡萄	Vitis amurensis	葡萄属	葡萄科	1	2
139	种	华东葡萄	Vitis pseudoreticulata	葡萄属	葡萄科	2	4
140	种	蓝果蛇葡萄	Ampelopsis bodinieri	蛇葡萄属	葡萄科	1	5
141	种	掌裂蛇葡萄	Ampelopsis delavayana var. glabra	蛇葡萄属	葡萄科	2	5
142	种	乌头叶蛇葡萄	Ampelopsis aconitifolia	蛇葡萄属	葡萄科	10	24
143	种	地锦	Parthenocissus tricuspidata	地锦属（爬山虎属）	葡萄科	2	5

续表 5-21

序号	分类等级	中文名	学名	属	科	GPS点	图片（张）
144	种	五叶地锦	Parthenocissus quinquefolia	地锦属（爬山虎属）	葡萄科	2	4
145	种	华东椴	Tilia japonica	椴树属	椴树科	1	3
146	种	扁担杆	Grewia biloba	扁担杆属	椴树科	8	23
147	种	小花扁担杆	Grewia biloba var. parvifolia	扁担杆属	椴树科	3	7
148	种	木槿	Hibiscus syriacus	木槿属	锦葵科	1	1
149	种	梧桐	Firmiana simplex	梧桐属	梧桐科	1	3
150	种	中华猕猴桃	Actinidia chinensis	猕猴桃属	猕猴桃科	1	1
151	种	石榴	Punica granatum	石榴属	石榴科	4	9
152	种	八角枫	Alangium chinense	八角枫属	八角枫科	1	5
153	种	瓜木	Alangium platanifolium	八角枫属	八角枫科	2	5
154	种	山茱萸	Cornus officinalis	山茱萸属	山茱萸科	1	5
155	种	柿	Diospyros kaki	柿树属	柿树科	5	10
156	种	君迁子	Diospyros lotus	柿树属	柿树科	10	19
157	种	小叶白蜡树	Fraxinus chinensis	白蜡树属	木犀科	7	16
158	种	白蜡树	Fraxinus chinensis	白蜡树属	木犀科	1	2
159	种	连翘	Forsythia Suspensa	连翘属	木犀科	10	22
160	种	北京丁香	Syringa pekinensis	丁香属	木犀科	1	3
161	种	暴马丁香	Syringa reticulata var. mardshurica	丁香属	木犀科	2	9
162	种	流苏树	Chionanthus retusus	流苏树属	木犀科	1	2

续表 5-21

序号	分类等级	中文名	学名	属	科	GPS点	图片（张）
163	种	络石	Trachelospermum jasminoides	络石属	夹竹桃科	2	5
164	种	杠柳	Periploca sepium	杠柳属	萝藦科	12	21
165	种	白棠子树	Callicarpa dichotoma	紫珠属	马鞭草科	1	2
166	种	日本紫珠	Callicarpa japonica	紫珠属	马鞭草科	1	3
167	种	黄荆	Vitex negundo	牡荆属	马鞭草科	7	11
168	种	牡荆	Vitex negundo var. cannabifolia	牡荆属	马鞭草科	1	3
169	种	荆条	Vitex negundo var. heterophylla	牡荆属	马鞭草科	8	10
170	种	臭牡丹	Clerodendrum bungei	大青属（桢桐属）	马鞭草科	2	6
171	种	海州常山	Clerodendrum trichotomum	大青属（桢桐属）	马鞭草科	1	3
172	种	三花莸	Caryopteris terniflora	莸属	马鞭草科	1	4
173	种	柴荆芥	Elsholtzia stauntoni	香薷属	唇形科	1	2
174	种	枸杞	Lycium chinense	枸杞属	茄科	5	10
175	种	毛泡桐	Paulownia tomentosa	泡桐属	玄参科	2	2
176	种	兰考泡桐	Paulownia elongata	泡桐属	玄参科	4	12
177	种	楸叶泡桐	Paulownia catalpifolia	泡桐属	玄参科	4	16
178	种	梓树	Catalpa voata	梓树属	紫葳科	3	12
179	种	楸树	Catalpa bungei	梓树属	紫葳科	4	10
180	种	灰楸	Catalpa fargesii	梓树属	紫葳科	2	4
181	种	凌霄	Campsis grandiflora	凌霄属	紫葳科	2	6
182	种	薄皮木	Leptodermis oblonga	野丁香属	茜草科	8	27

续表 5-21

序号	分类等级	中文名	学名	属	科	GPS点	图片（张）
183	种	鸡矢藤	Paederia scandens	鸡矢藤属	茜草科	1	1
184	种	接骨木	Sambucus wiliamsii	接骨木属	忍冬科	3	10
185	种	陕西荚蒾	Viburnum schensianum	荚蒾属	忍冬科	1	3
186	种	蒙古荚蒾	Viburnum mongolicum	荚蒾属	忍冬科	1	2
187	种	荚蒾	Viburnum dilatatum	荚蒾属	忍冬科	1	1
188	种	六道木	Abelia biflora	六道木属	忍冬科	1	3
189	种	苦糖果	Lonicera fragrantissima subsp. standishii	忍冬属	忍冬科	4	9
190	种	忍冬	Lonicera japonica	忍冬属	忍冬科	1	2
191	种	金银花	Lonicera japonica	忍冬属	忍冬科	2	7
192	种	蚂蚱腿子	Myripnois dioica	蚂蚱腿子属	菊科	2	6
193	种	淡竹	Phyllostachys glauca	刚竹属	禾本科	1	3
194	种	短梗菝葜	Smilax scobinicaulis	菝葜属	百合科	1	1
195	种	菝葜	Smilax china	菝葜属	百合科	1	3
196	种	鞘柄菝葜	Smilax stans	菝葜属	百合科	3	8
197	种	短梗菝葜	Smilax scobinicaulis	菝葜属	百合科	1	4
198	种	雪松	Cedrus deodara	雪松属	松科	2	3

（三）栽培利用林木种质资源

淇县栽培利用林木种质记录表 742 份，58 科 116 属 189 种（30 个品种），4 789 个 GPS 坐标点，拍摄照片 1 068 张。集中栽培的树种主要有悬铃木、白蜡、女贞、红叶李、侧柏、加杨等。经济林树种主要有花椒、桃、苹果、核桃、柿树、梨、葡萄等常见树种（见表 5-22）。

表 5-22　淇县各乡(镇)栽培利用林木种质资源统计

序号	乡(镇)	科	属	种	品种	表格(份)	GPS点	图片(张)
1	北阳乡	51	94	143	13	196	658	1 197
2	城关镇	41	69	94	7	52	507	1 476
3	高村镇	37	60	79	6	119	613	1 768
4	黄洞乡	51	111	211	8	126	1 282	3 536
5	庙口乡	37	60	70	6	94	626	1 839
6	桥盟乡	41	74	105	13	147	751	1 924
7	西岗乡	34	56	69	13	112	351	723

(四)集中栽培林木种质资源

淇县集中栽培林木种质资源为 31 科 51 属 69 种(包括 17 个品种),421 张表格,GPS 点 421 处,拍摄图片 954 张(见表 5-23)。

表 5-23　各乡(镇)集中栽培林木种质资源统计

序号	乡(镇)	科	属	种	品种	表格(份)	GPS点	图片(张)
1	北阳乡	22	39	45	7	121	121	201
2	城关镇	5	7	7	2	16	16	48
3	高村镇	16	23	27	5	62	62	175
4	黄洞乡	6	6	7	4	44	44	129
5	庙口乡	9	11	11	3	39	39	110
6	桥盟乡	17	24	30	9	81	81	197
7	西岗乡	13	19	21	7	58	58	94

集中栽培的树种主要有悬铃木、白蜡、女贞、红叶李、侧柏、加杨等。经济林树种主要有花椒、桃、苹果、核桃、柿树、梨、葡萄等常见树种;其中种植最多的就是花椒,各乡镇村庄均有分布。

(五)城镇绿化林木种质资源

淇县城镇绿化林木种质资源为 51 科 92 属 130 种(包括 5 个品种),80

张表格,GPS 点 732 处,拍摄图片 1 964 张(见表5-24)。

表 5-24　淇县各乡镇城镇绿化种质资源统计

序号	乡(镇)	科	属	种	品种	表格(份)	GPS点	图片(张)
1	北阳乡	43	63	77	1	14	115	239
2	城关镇	38	61	76	2	18	216	616
3	高村镇	24	37	45	2	11	107	321
4	庙口乡	9	13	13	0	2	13	39
5	桥盟乡	34	58	73	2	24	259	702
6	西岗乡	9	11	13	3	11	22	47

城镇绿化树种主要以行道树和一些观赏乔灌木为主,观赏树种较为丰富的是北阳镇的安钢植物园以及淇县新政府公园。主要的行道树国槐、女贞、悬铃木、栾树、白蜡、欧美杨分布于各个道路;主要的观赏树种有樱花、木槿、紫薇、月季、紫叶李、石楠。淇县的绿化树种长势良好,特别是在淇县北阳镇的安钢植物园,发现了一批国家二级保护植物以及一些新的树种,有刺楸、山白树、秤锤树、喜树、化香树、糠段、粗糠等。

(六)非城镇"四旁"绿化林木种质资源

淇县非城镇"四旁"绿化林木种质资源为48科90属143种(包括22个品种),240张表格,GPS点 2 895 处,拍摄图片 7 765 张(见表5-25)。

表 5-25　各乡镇非城镇"四旁"绿化种质资源统计

序号	乡(镇)	科	属	种	品种	表格(份)	GPS点	图片(张)
1	北阳乡	33	54	68	10	32	314	581
2	城关镇	34	53	62	6	17	274	812
3	高村镇	29	45	58	4	39	437	1 254
4	黄洞乡	42	66	91	7	43	660	1 944
5	庙口乡	36	59	67	5	44	565	1 666
6	桥盟乡	32	54	67	8	31	383	945
7	西岗乡	33	51	58	10	34	262	563

淇县非城镇"四旁"常见的树种有欧美杨、兰考泡桐、构树、榆树、臭椿、

楝树。淇县适宜落叶乔木以及乡土树种生长，欧美杨、兰考泡桐、构树、臭椿、楝树、榆树易存活，其成为非城镇"四旁"的主要绿化树种。

(七)优良品种林木种质资源

淇县优良品种林木种质资源为 3 科 4 属 4 种，表格 10 份，GPS 点 10 处，拍摄图片 22 张。

表 5-26　淇县各乡(镇)优良品种林木种质资源

序号	乡(镇)	科	属	种	品种	表格(份)	GPS点	图片(张)
1	北阳乡	2	2	2	0	2	2	2
2	黄洞乡	1	1	1	0	2	2	9
3	庙口乡	1	1	1	0	4	4	9
4	西岗乡	2	2	2	0	2	2	2

(八)重点保护和珍稀濒危树种资源

淇县在调查过程中发现重点保护树种 1 处，1 科 1 属 1 种，填写 1 张表格，GPS 点 1 处，图片 4 张。未发现珍稀濒危树种(见表 5-27)。

表 5-27　重点保护树种统计表

乡(镇)	属	种	品种	表格(份)	GPS点	图片(张)
北阳乡	1	1	0	1	1	4

(九)优良林分种质资源

淇县在调查过程中共调查优良林分 1 科 1 属 1 种，填写表格 3 张，GPS 点 3 个，拍摄图片 12 张(见表 5-28)。优良材分种质资源统计详表见表 5-29。

表 5-28　优良林分种质资源统计表

序号	乡(镇)	科	属	种	品种	表格(份)	GPS点	图片(张)
1	黄洞乡	1	1	1	0	1	1	6
2	庙口乡	1	1	1	0	2	2	6

表 5-29 优良林分种质资源统计详表

序号	乡(镇)	村	小地名	经度(°)	纬度(°)	海拔(m)	植被类型	中文名	拉丁学名	林龄(年)	平均枝下高(m)	平均冠幅(m)	平均胸径(cm)	平均树高(m)	郁闭度	树种组成
1	庙口乡	庙口	夺丰水库	114.14	35.719	183.7	针叶林	侧柏	Platycladus orientalis	30	1	4.3	47	7.1	0.8	侧柏、荆条、楝树
2	黄洞乡	烟岭沟	烟岭沟	114.06	35.734	279.6	针阔混交林	侧柏	Platycladus orientalis	20	1.4	1.6	10	4.9	0.5	侧柏、酸枣、荆条
3	庙口乡	北大李庄	大李庄	114.19	35.773	157.6	针阔混交林	侧柏	Platycladus orientalis	20	2	2.5	9	5.8	0.7	侧柏、荆条、酸枣

（十）优良单株种质资源

优良单株种质资源调查共完成 7 张调查表,发现 3 科 4 属 4 种,7 个 GPS 坐标点,拍摄照片 10 张(见表 5-30)。淇县优良单株种质资源详表见表 5-31。

表 5-30　淇县优良单株种质资源统计表

序号	乡(镇)	科	属	种	品种	表格(张)	GPS 点	图片(张)
1	北阳乡	2	2	2	0	2	2	2
2	黄洞乡	1	1	1	0	1	1	3
3	庙口乡	1	1	1	0	2	2	3
4	西岗乡	2	2	2	0	2	2	2

（十一）收集保存林木种质资源

淇县收集保存林木种质资源调查共完成 9 张调查表,发现 8 科 8 属 8 种,9 个 GPS 坐标点,拍摄照片 26 张(见表 5-32)。

（十二）古树名木资源

古树是指树龄达到 100 年以上的各种树木,名木是指具有历史意义、文化科学意义或其他社会影响而闻名的树木。古树名木是中华大地的绿色瑰宝,是民族文化历史悠久的象征,对其实施有效的保护,不仅对发扬民族文化传统、保护生态环境和风景资源有一定的作用,同时也对挖掘乡土树种、绿化树种选择和规划具有重要的意义。

淇县古树名木资源调查中,共记载古树名木 59 株 9 科 12 属 13 种,填写表格 60 份,GPS 点 62 处,拍摄照片 145 张。其中槐 18 棵,侧柏 14 棵,皂荚 10 棵,杜梨 3 棵,白梨 3 棵,青檀 2 棵,茅栗 2 棵,毛白杨 2 棵,朴树 1 棵,馒头柳 1 棵,栾树 1 棵,黄连木 1 棵,胡桃 1 棵(见表 5-33~表 5-34)。淇县北阳乡油城村的白梨古树群 1 处,见表 5-35、表 5-36。

表 5-31　淇县优良单株种质资源详表

序号	乡（镇）	村	小地名	经度	纬度	海拔	中文名	拉丁学	胸径（cm）	树高（m）	枝下高（m）	冠幅（m）	树种组成
1	庙口乡	庙口	夺丰水库	114.141	35.718 57	185.89	侧柏	Platycladus orientalis	55	7	1.6	5	侧柏，荆条，楝树
2	黄洞乡	烟岭沟		114.064	35.733 86	317.35	侧柏	Platycladus orientalis	11	6	1.5	2.5	侧柏，酸枣，荆条
3	庙口乡	北大李庄	西山	114.193	35.773	158.27	侧柏	Platycladus orientalis	0	1.8	1.8	3	侧柏，荆条，酸枣
4	北阳乡	十三里铺	王庄	114.158	35.557 38	53.62	白蜡树	Fraxinus chinensis	12	7	2	4	白蜡
5	北阳乡	南史庄	高铁东	114.171	35.570 18	52.95	圆柏	Sabina chinensis	25	4	0	2	圆柏
6	西岗乡	河口	河口	114.273	35.600 35	50.99	白蜡树	Fraxinus chinensis	0	3.5	2.5	2	白蜡
7	西岗乡	河口	河口	114.277	35.599 25	57	栾树	Koelreuteria paniculata	6	5.5	3	4	栾树

表5-32　淇县收集保存林木种质资源

序号	乡(镇)	科	属	种	品种	表格(张)	GPS点	图片(张)
1	北阳乡	6	6	6	0	6	6	17
2	黄洞乡	2	2	2	0	3	3	9

表5-33　古树名木资源各乡(镇)统计表

乡(镇)	科	属	种	品种	表格(份)	GPS点	图片(张)
北阳乡	4	5	6	0	15	17	28
城关镇	1	1	1	0	1	1	0
高村镇	2	3	3	0	7	7	18
黄洞乡	5	7	7	0	16	16	45
庙口乡	2	3	3	0	5	5	15
桥盟乡	4	4	4	0	9	9	22
西岗乡	4	5	4	0	7	7	17

表5-34　古树名木资源树种统计表

序号	村	小地名	科	中文名	拉丁学名	估测年龄(年)
1	小柏峪	小柏峪	豆科	皂荚	Gleditsia sinensis	400
2	上庄	上庄村西	豆科	皂荚	Gleditsia sinensis	300
3	上庄	上庄	豆科	皂荚	Gleditsia sinensis	300
4	青羊口	武庄	豆科	皂荚	Gleditsia sinensis	265
5	三角屯	三角屯	豆科	皂荚	Gleditsia sinensis	220

续表 5-34

序号	村	小地名	科	中文名	拉丁学名	估测年龄（年）
6	全寨	小蜂窝	豆科	皂荚	Gleditsia sinensis	210
7	王洞	王滩	豆科	皂荚	Gleditsia sinensis	130
8	和尚庙	郝街	豆科	皂荚	Gleditsia sinensis	110
9	安钢农场	宋庄	豆科	皂荚	Gleditsia sinensis	110
10	石河岸	石河岸	豆科	皂荚	Gleditsia sinensis	105
11	石老公	石老公	榆科	青檀	Pteroceltis tatarinowii	240
12	石老公	石老公	榆科	青檀	Pteroceltis tatarinowii	220
13	石老公	石老公	榆科	朴树	Celtis tetrandra subsp. sinensis	210
14	纣王店	纣王店	壳斗科	茅栗	Castanea seguinii	351
15	纣王店	纣王店	壳斗科	茅栗	Castanea seguinii	350
16	南史庄	菩萨庙前	杨柳科	毛白杨	Populus tomentosa	384
17	黑龙庄	黑龙庄	杨柳科	毛白杨	Populus tomentosa	300
18	姜庄	姜庄	杨柳科	馒头柳	Salix matsudana f. umbraculifera	120
19	小浮沱	山怀	无患子科	栾树	Koelreuteria paniculata	260
20	西掌	西掌	漆树科	黄连木	Pistacia chinensis	260
21	黑龙庄	黑龙庄	豆科	槐	Sophora japonica	820
22	刘庄	刘庄	豆科	槐	Sophora japonica	565
23	黄洞	东掌沱泉	豆科	槐	Sophora japonica	520
24	王洞	贺家	豆科	槐	Sophora japonica	500

续表 5-34

序号	村	小地名	科	中文名	拉丁学名	估测年龄（年）
25	郭庄	郭庄门东	豆科	槐	Sophora japonica	360
26	良相	良相	豆科	槐	Sophora japonica	360
27	郭庄	郭庄门西	豆科	槐	Sophora japonica	350
28	黄洞	黄洞	豆科	槐	Sophora japonica	310
29	马庄	马庄	豆科	槐	Sophora japonica	303
30	衡门村	衡门村西	豆科	槐	Sophora japonica	260
31	小洼	小洼	豆科	槐	Sophora japonica	246
32	杨晋庄	晋庄	豆科	槐	Sophora japonica	230
33	建城区	下关	豆科	槐	Sophora japonica	210
34	北史庄	郝庄	豆科	槐	Sophora japonica	150
35	闫村	闫村	豆科	槐	Sophora japonica	150
36	三里屯	三里屯	豆科	槐	Sophora japonica	120
37	三里屯	三里屯	豆科	槐	Sophora japonica	0
38	东掌	东掌	豆科	槐	Sophora japonica	300
39	卧羊湾	卧羊湾村西路北	胡桃科	胡桃	Juglans regia	300
40	黄堆	庙前	蔷薇科	杜梨	Pyrus betulaefolia	156
41	辛庄	辛庄郑家坟	蔷薇科	杜梨	Pyrus betulaefolia	130
42	黄堆	黄堆	蔷薇科	杜梨	Pyrus betulaefolia	113
43	方寨	庙前	柏科	侧柏	Platycladus orientalis（L.）Franco	300
44	方寨	庙前	柏科	侧柏	Platycladus orientalis（L.）Franco	130
45	北四井	朝阳山	柏科	侧柏	Platycladus orientalis（L.）Franco	1 000

续表 5-34

序号	村	小地名	科	中文名	拉丁学名	估测年龄（年）
46	鲍庄	大鲍庄	柏科	侧柏	Platycladus orientalis（L.）Franco	1 000
47	王屯	乡政府院内	柏科	侧柏	Platycladus orientalis（L.）Franco	440
48	王屯	院内西颗	柏科	侧柏	Platycladus orientalis（L.）Franco	440
49	柳林	柳林	柏科	侧柏	Platycladus orientalis（L.）Franco	400
50	柳林	柳林	柏科	侧柏	Platycladus orientalis（L.）Franco	400
51	原本庙	庙前北	柏科	侧柏	Platycladus orientalis（L.）Franco	240
52	原本庙	庙前南	柏科	侧柏	Platycladus orientalis（L.）Franco	240
53	大石岩	大石岩李沟	柏科	侧柏	Platycladus orientalis（L.）Franco	136
54	古烟	关爷庙院内	柏科	侧柏	Platycladus orientalis（L.）Franco	120
55	西掌	西掌	柏科	侧柏	Platycladus orientalis（L.）Franco	160
56	鲍庄	鲍庄	柏科	侧柏	Platycladus orientalis（L.）Franco	1 000
57	油城	油城	蔷薇科	白梨	Pyrus bretschenideri	300
58	油城	油城	蔷薇科	白梨	Pyrus bretschenideri	240
59	卧羊湾	油城	蔷薇科	白梨	Pyrus bretschenideri	230

表 5-35　淇县古树群资源表

序号	乡镇	科	属	种	表格数	GPS 点	图片数
1	北阳乡	1	1	1	1	3	0

表 5-36　淇县古树群资源详表

序号	乡(镇)	村	经度(°)	纬度(°)	海拔(m)	古树群株数	中文名	拉丁学名	平均年龄(年)	平均胸径(cm)	平均树高(m)	平均冠幅(m)	生长势
1	北阳乡	油城	114.05	35.6	502	10	白梨	Pyrus bretschenideri	220	45	7	7	旺盛

淇县林木种质资源名录见表 5-37。

表 5-37　淇县林木种质资源名录

序号	科	属	中文名	学名
1	银杏科	银杏属	银杏	Ginkgo biloba
2	松科	云杉属	云杉	Picea asperata
3	松科	雪松属	雪松	Cedrus deodara
4	松科	松属	白皮松	Pinus bungeana
5	松科	松属	油松	Pinus tabulaeformis
6	松科	松属	黑松	Pinus thunbergii
7	柏科	侧柏属	侧柏	Platycladus orientalis(L.) Franco
8	柏科	圆柏属	圆柏	Sabina chinensis
9	柏科	圆柏属	龙柏	Sabina chinensis 'Kaizuca'
10	柏科	刺柏属	刺柏	Juniperus formosana
11	杨柳科	杨属	毛白杨	Populus tomentosa
12	杨柳科	杨属	小叶杨	Populus simonii
13	杨柳科	杨属	欧洲大叶杨	Populus candicans
14	杨柳科	杨属	黑杨	Populus nigra
15	杨柳科	杨属	加杨	Populus × canadensis

续表 5-37

序号	科	属	中文名	学名
16	杨柳科	杨属	欧美杨 107 号	Populus × canadensis
17	杨柳科	杨属	欧美杨 108 号	Populus × canadensis
18	杨柳科	杨属	欧美杨 2012 号	Populus × canadensis
19	杨柳科	柳属	旱柳	Salix matsudana
20	杨柳科	柳属	'豫新'柳	Salix matsudana
21	杨柳科	柳属	馒头柳	Salix matsudana f. umbraculifera
22	杨柳科	柳属	垂柳	Salix babylonica
23	胡桃科	化香树属	化香树	Platycarya strobilacea
24	胡桃科	枫杨属	枫杨	Pterocarya stenoptera
25	胡桃科	胡桃属	胡桃	Juglans regia
26	胡桃科	胡桃属	'辽宁 7 号'核桃	Juglans regia
27	胡桃科	胡桃属	'绿波'核桃	Juglans regia
28	胡桃科	胡桃属	'清香'核桃	Juglans regia
29	胡桃科	胡桃属	'香玲'核桃	Juglans regia
30	胡桃科	胡桃属	野胡桃	Juglans cathayensis
31	胡桃科	胡桃属	胡桃楸	Juglans mandshurica
32	胡桃科	山核桃属	美国山核桃	Carya illenoensis
33	桦木科	鹅耳枥属	鹅耳枥	Carpinus turczaninowii
34	壳斗科	栗属	茅栗	Castanea seguinii
35	壳斗科	栎属	栓皮栎	Quercus variabilis
36	壳斗科	栎属	麻栎	Quercus acutissima
37	壳斗科	栎属	槲栎	Quercus aliena
38	榆科	榆属	大果榆	Ulmus macrocarpa
39	榆科	榆属	榆树	Ulmus pumila
40	榆科	榆属	'豫杂 5 号'白榆	Ulmus pumila

续表 5-37

序号	科	属	中文名	学名
41	榆科	榆属	中华金叶榆	Ulmus pumila 'Jinye'
42	榆科	榆属	黑榆	Ulmus davidiana
43	榆科	榆属	旱榆	Ulmus glaucescens
44	榆科	榆属	榔榆	Ulmus parvifolia
45	榆科	刺榆属	刺榆	Hemiptelea davidii
46	榆科	榉树属	榉树	Zelkova schneideriana
47	榆科	榉树属	大果榉	Zelkova sinica
48	榆科	朴属	大叶朴	Celtis koraiensis
49	榆科	朴属	小叶朴	Celtis bungeana
50	榆科	朴属	珊瑚朴	Celtis julianae
51	榆科	朴属	朴树	Celtis tetrandra subsp. sinensis
52	榆科	青檀属	青檀	Pteroceltis tatarinowii
53	桑科	桑属	华桑	Morus cathayana
54	桑科	桑属	桑	Morus alba
55	桑科	桑属	桑树新品种 7946	Morus alba
56	桑科	桑属	花叶桑	Morus alba 'Laciniata'
57	桑科	桑属	蒙桑	Morus mongolica
58	桑科	桑属	山桑	Morus mongolica var. diabolica
59	桑科	桑属	鸡桑	Morus australis
60	桑科	构属	构树	Broussonetia papyrifera
61	桑科	榕属	无花果	Ficus carica
62	桑科	柘树属	柘树	Cudrania tricuspidata
63	毛茛科	芍药属	牡丹	Paeonia suffruticosa
64	毛茛科	铁线莲属	钝萼铁线莲	Clematis peterae
65	毛茛科	铁线莲属	粗齿铁线莲	Clematis grandidentata

续表 5-37

序号	科	属	中文名	学名
66	毛茛科	铁线莲属	短尾铁线莲	Clematis brevicaudata
67	毛茛科	铁线莲属	太行铁线莲	Clematis kirilowii
68	毛茛科	铁线莲属	狭裂太行铁线莲	Clematis kirilowii var. chanetii
69	毛茛科	铁线莲属	大叶铁线莲	Clematis heracleifolia
70	木通科	木通属	三叶木通	Akebia trifoliata
71	小檗科	小檗属	紫叶小檗	Berberis thunbergii 'Atropurpurea'
72	小檗科	南天竹属	南天竹	Nandina domestica
73	防己科	蝙蝠葛属	蝙蝠葛	Menispermum dauricum
74	木兰科	木兰属	荷花玉兰	Magnolia grandiflora
75	木兰科	木兰属	望春玉兰	Magnolia biondii
76	木兰科	木兰属	玉兰	Magnolia denutata
77	木兰科	木兰属	武当玉兰	Magnolia sprengeri
78	蜡梅科	蜡梅属	蜡梅	Chimonanthus praecox
79	樟科	樟属	樟树	Cinnamomum camphora
80	樟科	山胡椒属（钓樟属）	山橿	Lindera Umbellata var. latifolium
81	虎耳草科	溲疏属	大花溲疏	Deutzia grandiflora
82	虎耳草科	溲疏属	小花溲疏	Deutzia parviflora
83	虎耳草科	溲疏属	溲疏	Deutzia scabra Thunb
84	虎耳草科	山梅花属	太平花	Philadelphus pekinensis
85	虎耳草科	山梅花属	山梅花	Philadelphus incanus
86	虎耳草科	山梅花属	毛萼山梅花	Philadelphus dasycalyx
87	海桐科	海桐属	海桐	Pittosporum tobira
88	金缕梅科	山白树属	山白树	Sinowilsonia henryi

续表 5-37

序号	科	属	中文名	学名
89	杜仲科	杜仲属	杜仲	Eucommia ulmoides
90	悬铃木科	悬铃木属	一球悬铃木	Platanus occidentalis
91	悬铃木科	悬铃木属	二球悬铃木	Platanus × acerifolia
92	蔷薇科	绣线菊属	土庄绣线菊	Spiraea pubescens
93	蔷薇科	绣线菊属	毛花绣线菊	Spiraea dasynantha
94	蔷薇科	绣线菊属	中华绣线菊	Spiraea chinensis
95	蔷薇科	绣线菊属	疏毛绣线菊	Spiraea hirsuta
96	蔷薇科	绣线菊属	麻叶绣线菊	Spiraea cantoniensis
97	蔷薇科	绣线菊属	三裂绣线菊	Spiraea trilobata
98	蔷薇科	绣线菊属	绣球绣线菊	Spiraea blumei
99	蔷薇科	绣线菊属	小叶绣球绣线菊	Spiraea blumei var. microphylla
100	蔷薇科	白鹃梅属	红柄白鹃梅	Exochorda giraldii
101	蔷薇科	栒子属	西北栒子	Cotoneaster zabelii
102	蔷薇科	火棘属	火棘	Pyracantha frotuneana
103	蔷薇科	山楂属	山楂	Crataegus pinnatifida
104	蔷薇科	石楠属	石楠	Photinia serrulata
105	蔷薇科	石楠属	红叶石楠	Photinia × fraseri
106	蔷薇科	枇杷属	枇杷	Eriobotrya jopanica
107	蔷薇科	花楸属	北京花楸	Sorbus discolor
108	蔷薇科	花楸属	花楸树	Sorbus pohuashanensis
109	蔷薇科	木瓜属	皱皮木瓜	Chaenomeles speciosa
110	蔷薇科	木瓜属	毛叶木瓜	Chaenomeles cathayensis
111	蔷薇科	木瓜属	木瓜	Chaenomeles sisnesis
112	蔷薇科	梨属	豆梨	Pyrus calleryana
113	蔷薇科	梨属	白梨	Pyrus bretschenideri

续表 5-37

序号	科	属	中文名	学名
114	蔷薇科	梨属	爱宕梨	Pyrus bretschenideri
115	蔷薇科	梨属	晚秋黄梨	Pyrus bretschenideri
116	蔷薇科	梨属	杜梨	Pyrus betulaefolia
117	蔷薇科	苹果属	垂丝海棠	Malus halliana
118	蔷薇科	苹果属	苹果	Malus pumila
119	蔷薇科	苹果属	富士	Malus pumila
120	蔷薇科	苹果属	海棠花	Malus spectabilis
121	蔷薇科	苹果属	西府海棠	Malus micromalus
122	蔷薇科	悬钩子属	山莓	Rubus corchorifolius
123	蔷薇科	悬钩子属	粉枝莓	Rubus biflorus
124	蔷薇科	悬钩子属	茅莓	Rubus parvifolius
125	蔷薇科	悬钩子属	弓茎悬钩子	Rubus flosculosus
126	蔷薇科	蔷薇属	月季	Rosa chinensis
127	蔷薇科	蔷薇属	野蔷薇	Rosa multiflora
128	蔷薇科	蔷薇属	黄刺玫	Rosa xanthina
129	蔷薇科	蔷薇属	刺梗蔷薇	Rosa corymbulosa
130	蔷薇科	桃属	榆叶梅	Amygdalus triloba
131	蔷薇科	桃属	山桃	Amygdalus davidiana
132	蔷薇科	桃属	桃	Amygdalus persica
133	蔷薇科	桃属	'中桃 21 号' 桃	Amygdalus persica
134	蔷薇科	桃属	黄金蜜桃 1 号	Rosaceae
135	蔷薇科	桃属	油桃	Amygdalus persica var. nectarine
136	蔷薇科	桃属	蟠桃	Amygdalus persica var. compressa
137	蔷薇科	桃属	碧桃	Amygdalus persica ′Duplex′
138	蔷薇科	杏属	杏	Armeniaca vulgaris

续表 5-37

序号	科	属	中文名	学名
139	蔷薇科	杏属	山杏	Armeniaca sibirica
140	蔷薇科	杏属	梅	Armeniaca mume
141	蔷薇科	李属	紫叶李	Prunus cerasifera 'Pissardii'
142	蔷薇科	李属	李	Prunus salicina
143	蔷薇科	樱属	樱桃	Cerasus pseudocerasus
144	蔷薇科	樱属	红灯	Cerasus pseudocerasus
145	蔷薇科	樱属	'红叶'樱花	Cerasus pseudocerasus
146	蔷薇科	樱属	东京樱花	Cerasus yedoensis
147	蔷薇科	樱属	日本晚樱	Cerasus serrulata var. lannesiana
148	蔷薇科	樱属	欧李	Cerasus hummilis
149	豆科	合欢属	山槐	Albizzia kalkora
150	豆科	合欢属	合欢	Albizzia julibrissin
151	豆科	皂荚属	皂荚	Gleditsia sinensis
152	豆科	皂荚属	野皂荚	Gleditsia microphylla
153	豆科	紫荆属	紫荆	Cercis chinensis
154	豆科	紫荆属	加拿大紫荆	Cercis Canadensis
155	豆科	槐属	槐	Sophora japonica
156	豆科	槐属	龙爪槐	Sophora japonica var. pndula
157	豆科	槐属	五叶槐	Sophora japonica 'Oligophylla'
158	豆科	香槐属	小花香槐	Cladrastis delavayi
159	豆科	木蓝属	多花木蓝	Indigofera amblyantha
160	豆科	木蓝属	木蓝	Indigofera tinctoria
161	豆科	木蓝属	河北木蓝	Indigofera bungeana
162	豆科	紫穗槐属	紫穗槐	Amorpha fruticosa
163	豆科	紫藤属	紫藤	Wisteria sirensis

续表 5-37

序号	科	属	中文名	学名
164	豆科	刺槐属	刺槐	Robinia pseudoacacia
165	豆科	刺槐属	'黄金'刺槐	Robinia pseudoacacia
166	豆科	锦鸡儿属	红花锦鸡儿	Caragana rosea
167	豆科	锦鸡儿属	锦鸡儿	Caragana sinica
168	豆科	胡枝子属	胡枝子	Lespedzea bicolor
169	豆科	胡枝子属	兴安胡枝子	Lespedzea davcerica
170	豆科	胡枝子属	多花胡枝子	Lespedzea floribunda
171	豆科	胡枝子属	长叶铁扫帚	Lespedzea caraganae
172	豆科	胡枝子属	赵公鞭	Lespedzea hedysaroides
173	豆科	胡枝子属	截叶铁扫帚	Lespedzea cuneata
174	豆科	胡枝子属	阴山胡枝子	Lespedzea inschanica
175	豆科	杭子梢属	白花杭子梢	Campylotropis macrocarpa f. alba
176	豆科	杭子梢属	杭子梢	Campylotropis macrocarpa
177	豆科	葛属	葛	Pueraria montana
178	芸香科	吴茱萸属	吴茱萸	Tetradium ruticarpum
179	芸香科	吴茱萸属	臭檀吴萸	Tetradium daniellii
180	芸香科	花椒属	竹叶花椒	Zanthoxylum armatum
181	芸香科	花椒属	花椒	Zanthoxylum bunngeanum
182	芸香科	花椒属	大红袍花椒	Zanthoxylum bunngeanum
183	芸香科	花椒属	青花椒	Zanthoxylum schinifolium
184	苦木科	苦木属	苦木	Picrasma quassioides
185	苦木科	臭椿属（樗属）	臭椿	Ailanthus altissima
186	苦木科	臭椿属（樗属）	'白皮千头'椿	Ailanthus altissima
187	楝科	香椿属	香椿	Toona sinensis
188	楝科	楝属	楝	Melia azedarach

续表 5-37

序号	科	属	中文名	学名
189	大戟科	白饭树属	一叶萩	Flueggea suffruticosa
190	大戟科	雀儿舌头属	雀儿舌头	Leptopus chinensis
191	大戟科	重阳木属	重阳木	Bischofia polycarpa
192	大戟科	乌桕属	乌桕	Sapium sebifera
193	黄杨科	黄杨属	黄杨	Buxus sinica
194	黄杨科	黄杨属	小叶黄杨	Buxus sinica var. parvifolia
195	漆树科	黄连木属	黄连木	Pistacia chinensis
196	漆树科	盐肤木属	盐肤木	Rhus chinensis
197	漆树科	盐肤木属	火炬树	Rhus Typhina
198	漆树科	漆属	漆树	Toxicodendron vernicifluum（Stokes）F. A. Barkl.
199	漆树科	黄栌属	粉背黄栌	Cotinus coggygria var. glaucophylla
200	漆树科	黄栌属	毛黄栌	Cotinus coggygria var. pubescens
201	漆树科	黄栌属	红叶	Cotinus coggygria var. cinerea
202	冬青科	冬青属	冬青	Ilex chinensis
203	冬青科	冬青属	枸骨	Ilex cornuta
204	卫矛科	卫矛属	卫矛	Euonymus alatus
205	卫矛科	卫矛属	白杜	Euonymus maackii
206	卫矛科	卫矛属	冬青卫矛	Euonymus japonicus
207	卫矛科	南蛇藤属	南蛇藤	Celastrus orbiculatus
208	卫矛科	南蛇藤属	短梗南蛇藤	Celastrus rosthornianus
209	卫矛科	南蛇藤属	苦皮滕	Celastrus angulatus
210	卫矛科	南蛇藤属	哥兰叶	Celastrus gemmatus
211	槭树科	槭属	元宝槭	Acer truncatum
212	槭树科	槭属	五角枫	Acer pictum subsp. mono

续表 5-37

序号	科	属	中文名	学名
213	槭树科	槭属	鸡爪槭	Acer Palmatum
214	槭树科	槭属	三角槭	Acer buergerianum
215	槭树科	槭属	秦岭槭	Acer tsinglingense
216	槭树科	槭属	梣叶槭	Acer negundo
217	槭树科	槭属	'金叶'复叶槭	Acer negundo
218	七叶树科	七叶树属	七叶树	Aesculus chinensis
219	无患子科	栾树属	栾树	Koelreuteria paniculata
220	无患子科	栾树属	黄山栾树	Koelreuteria bipinnata 'Integrifoliola'
221	鼠李科	雀梅藤属	对刺雀梅藤	Sageretia pycnophylla
222	鼠李科	雀梅藤属	少脉雀梅藤	Sageretia paucicostata
223	鼠李科	鼠李属	卵叶鼠李	Rhamnus bungeana
224	鼠李科	鼠李属	锐齿鼠李	Rhamnus arguta
225	鼠李科	鼠李属	薄叶鼠李	Rhamnus leptophylla
226	鼠李科	枳椇属	北枳椇	Hovenia dulcis
227	鼠李科	勾儿茶属 （牛儿藤属）	多花勾儿茶	Berchemia floribunda
228	鼠李科	勾儿茶属 （牛儿藤属）	勾儿茶	Berchemia sinica
229	鼠李科	枣属	枣	Zizypus jujuba
230	鼠李科	枣属	豫枣 2 号 （淇县无核枣）	Zizypus jujuba
231	鼠李科	枣属	酸枣	Zizypus jujuba var. spinosa
232	鼠李科	枣属	葫芦枣	Zizypus jujuba f. lageniformis
233	鼠李科	枣属	龙爪枣	Zizypus jujuba 'Tortuosa'
234	葡萄科	葡萄属	变叶葡萄	Vitis piasezkii

续表 5-37

序号	科	属	中文名	学名
235	葡萄科	葡萄属	毛葡萄	Vitis heyneana
236	葡萄科	葡萄属	葡萄	Vitis vinifera
237	葡萄科	葡萄属	'夏黑'葡萄	Vitis vinifera
238	葡萄科	葡萄属	山葡萄	Vitis amurensis
239	葡萄科	葡萄属	华东葡萄	Vitis pseudoreticulata
240	葡萄科	蛇葡萄属	蓝果蛇葡萄	Ampelopsis bodinieri
241	葡萄科	蛇葡萄属	掌裂蛇葡萄	Ampelopsis delavayana var. glabra
242	葡萄科	蛇葡萄属	乌头叶蛇葡萄	Ampelopsis aconitifolia
243	葡萄科	地锦属（爬山虎属）	地锦	Parthenocissus tricuspidata
244	葡萄科	地锦属（爬山虎属）	五叶地锦	Parthenocissus quinquefolia
245	椴树科	椴树属	辽椴	Tilia mandshurica
246	椴树科	椴树属	南京椴	Tilia miqueliana
247	椴树科	椴树属	蒙椴	Tilia mongolica
248	椴树科	椴树属	华东椴	Tilia japonica
249	椴树科	扁担杆属	扁担杆	Grewia biloba
250	椴树科	扁担杆属	小花扁担杆	Grewia biloba var. parvifolia
251	锦葵科	木槿属	木槿	Hibiscus syriacus
252	梧桐科	梧桐属	梧桐	Firmiana simplex
253	猕猴桃科	猕猴桃属	中华猕猴桃	Actinidia chinensis
254	山茶科	山茶属	山茶	Camellia japonica
255	千屈菜科	紫薇属	紫薇	Lagerstroemia indicate
256	石榴科	石榴属	石榴	Punica granatum
257	石榴科	石榴属	范村软籽	Punica granatum

续表 5-37

序号	科	属	中文名	学名
258	石榴科	石榴属	河阴软籽	Punica granatum
259	石榴科	石榴属	以色列软籽	Punica granatum
260	石榴科	石榴属	月季石榴	Punica granatum 'Nana'
261	石榴科	石榴属	黄石榴	Punica granatum 'Flavescens'
262	蓝果树科	喜树属	喜树	Camptotheca acuminata
263	八角枫科	八角枫属	八角枫	Alangium chinense
264	八角枫科	八角枫属	瓜木	Alangium platanifolium
265	五加科	刺楸属	刺楸	Kalopanax septemlobus
266	山茱萸科	梾木属	毛梾	Swida walteri Wanger
267	山茱萸科	山茱萸属	山茱萸	Cornus officinalis
268	柿树科	柿树属	柿	Diospyros kaki
269	柿树科	柿树属	八瓣红	Diospyros kaki
270	柿树科	柿树属	'博爱八月黄' 柿	Diospyros kaki
271	柿树科	柿树属	'七月燥' 柿	Diospyros kaki
272	柿树科	柿树属	君迁子	Diospyros lotus
273	野茉莉科	秤锤树属	秤锤树	Sinojackia xylocarpa
274	木犀科	白蜡树属	小叶白蜡树	Fraxinus chinensis
275	木犀科	白蜡树属	白蜡树	Fraxinus chinensis
276	木犀科	连翘属	连翘	Forsythia Suspensa
277	木犀科	连翘属	金钟花	Forsythia viridissima
278	木犀科	丁香属	北京丁香	Syringa pekinensis
279	木犀科	丁香属	暴马丁香	Syringa reticulata var. mardshurica
280	木犀科	丁香属	华北丁香	Syringa oblata
281	木犀科	丁香属	紫丁香	Syringa julianae
282	木犀科	木樨属	木樨	Osmanthus fragrans

续表 5-37

序号	科	属	中文名	学名
283	木犀科	流苏树属	流苏树	Chionanthus retusus
284	木犀科	女贞属	女贞	Ligustrum lucidum
285	木犀科	女贞属	平抗 1 号 金叶女贞	Ligustrum lucidum
286	木犀科	女贞属	小叶女贞	Ligustrum quihoui
287	木犀科	茉莉属 （素馨属）	迎春花	Jasminum nudiflorum
288	夹竹桃科	夹竹桃属	夹竹桃	Nerium indicum
289	夹竹桃科	络石属	络石	Trachelospermum jasminoides
290	萝藦科	杠柳属	杠柳	Periploca sepium
291	紫草科	厚壳树属	粗糠树	Ehretia macrophylla
292	马鞭草科	紫珠属	白棠子树	Callicarpa dichotoma
293	马鞭草科	紫珠属	日本紫珠	Callicarpa japonica
294	马鞭草科	牡荆属	黄荆	Vitex negundo
295	马鞭草科	牡荆属	牡荆	Vitex negundo var. cannabifolia
296	马鞭草科	牡荆属	荆条	Vitex negundo var. heterophylla
297	马鞭草科	大青属 （桢桐属）	臭牡丹	Clerodendrum bungei
298	马鞭草科	大青属 （桢桐属）	海州常山	Clerodendrum trichotomum
299	马鞭草科	莸属	三花莸	Caryopteris terniflora
300	唇形科	香薷属	柴荆芥	Elsholtzia stauntoni
301	茄科	枸杞属	枸杞	Lycium chinense
302	玄参科	泡桐属	毛泡桐	Paulownia tomentosa
303	玄参科	泡桐属	兰考泡桐	Paulownia elongata

续表 5-37

序号	科	属	中文名	学名
304	玄参科	泡桐属	楸叶泡桐	Paulownia catalpifolia
305	紫葳科	梓树属	梓树	Catalpa voata
306	紫葳科	梓树属	楸树	Catalpa bungei
307	紫葳科	梓树属	灰楸	Catalpa fargesii
308	紫葳科	凌霄属	凌霄	Campasis grandiflora
309	茜草科	野丁香属	薄皮木	Leptodermis oblonga
310	茜草科	鸡矢藤属	鸡矢藤	Paederia scandens
311	忍冬科	接骨木属	接骨木	Sambucus wiliamsii
312	忍冬科	荚蒾属	陕西荚蒾	Viburnum schensianum
313	忍冬科	荚蒾属	蒙古荚蒾	Viburnum mongolicum
314	忍冬科	荚蒾属	荚蒾	Viburnum dilatatum
315	忍冬科	荚蒾属	鸡树条荚蒾	Viburnum opulus var. calvescens
316	忍冬科	六道木属	六道木	Abelia biflora
317	忍冬科	忍冬属	苦糖果	Lonicera fragrantissima subsp. standishii
318	忍冬科	忍冬属	忍冬	Lonicera japonica
319	忍冬科	忍冬属	金银花	Lonicera japonica
320	菊科	蚂蚱腿子属	蚂蚱腿子	Myripnois dioica
321	禾本科	刚竹属	刚竹	Phyllostachys bambusoides
322	禾本科	刚竹属	淡竹	Phyllostachys glauca
323	百合科	丝兰属	凤尾丝兰	Yucca gloriosa
324	百合科	菝葜属	短梗菝葜	Smilax scobinicaulis
325	百合科	菝葜属	菝葜	Smilax china
326	百合科	菝葜属	鞘柄菝葜	Smilax stans
327	百合科	菝葜属	短梗菝葜	Smilax scobinicaulis

第三节　淇滨区林木种质资源

一、自然地理条件

(一)地理位置

鹤壁市淇滨区位于河南省西北部,属太行山东麓。地处北纬 34°43′~35°55′和东径 114°00′~114°24′。北和鹤山区毗邻,东与汤阴接壤,西靠乌山同林洲市搭界,南和淇县相连。南北长 34 km,东西宽 21 km,总土地面积37.380 5 万亩。

(二)地形地貌

淇滨区属太行山余脉东麓和华北平原的过渡地带,地势由西向东倾斜。西部山区包括大河涧乡、上峪乡;东部丘陵包括庞村镇,平原区包括大赉店镇、钜桥镇、黎阳路办事处、九州路办事处、长江路办事处、泰山路办事处、天山路办事处。西部山区,山峦起伏,沟壑纵横,地势陡峻,海拔 193~763 m,最大高差 570 m,坡度 10°~46°。主要山峰有乌山、凤凰山、扁担寨、鸡冠山。由于人为活动频繁,水土流失较为严重,岩石裸露面积大,土壤瘠薄。东部丘陵区,丘陵较多,海拔在 100~257 m,有小面积的平原区,多数丘陵区,土层较薄,条件较差。

(三)气候特征

淇滨区属暖温带大陆性季风气候,四季交替分明,冬春干燥,夏秋湿润。全年平均气温 14.2 ℃,年际变化在 13.1~15.3 ℃范围内,平均气温年较差27.8 ℃,极端最高温度为 42.3 ℃,极端最低温度为 15.5 ℃,平均日照时数2 366.9 h,日照率 54%,太阳辐射总量 10.2 kcal/m^2,无霜期平均 211 d,0 ℃以上活动积温平均 5 150 ℃,年降雨量 683.2 mm,夏季降水偏多,气候温暖,无霜期较长,热量充足,昼夜温差大。

(四)土壤植被

淇滨区土壤多为褐土,成土母质主要为石灰岩及砂页岩风化后的层积坡积物,土壤中性偏碱,pH 在 7.0~8.0,因植被盖度较大,有机质含量较丰富,自然肥力较高。淇滨区属暖温带阔叶林区,原始林木尽遭破坏,现有林木主要由天然次生林和人工林构成。植被种类多为草本,主要种类有白草、黄被草等。灌木主要有荆条、酸枣、野皂角等。乔木主要有侧柏、刺槐、楝、五角枫、泡桐、杨树、国槐等。淇滨区还生长着大片的以苹果、枣、香椿、桃、核桃、柿树为主的生态经济林和经济林。这些树种的分布特征和良好的适应性,为设计树种的选择提供了依据。

二、社会经济条件

淇滨区是鹤壁市市委、市政府所在地,鹤壁市的政治、经济、文化中心。全区总面积 335 km²,总人口 60 余万人,建成区面积 40.6 km²。淇滨区辖 2 乡 2 镇,6 个街道办事处,94 个行政村,56 个社区。2019 年全区生产总值预计达到 223 亿元,增长 9%;第三产业增加值预计达到 109.2 亿元,增长 10.5%;固定资产投资增长 11.5%;一般公共预算收入 120 140 万元,增长 8.6%;社会消费品零售总额增长 10.6%;全体居民人均可支配收入达到 31 541 元,增长 8.9%。

淇滨区山清水秀、景色怡人。西部是巍巍太行山,贯穿全境的淇河古老而美丽,距今已有 5 亿年历史,孕育了独具风骚的淇河文化。淇河水出山泉,纯净甘甜,是华北地区唯一一条没有被污染的河流,水质常年保持在国家二级以上标准,可以直接饮用,是"水中大熊猫"桃花水母的栖息地;两岸千峰竞秀,风景优美,素有"北国漓江"之称;天然太极图阴阳分明,幽柔含神,是我国易经文化的发源地;沿淇河而建的"一河五园"风景怡人,淇河湿地公园被授予国家湿地公园称号,淇水诗苑被评为河南省"十佳城市滨河景观"。

淇滨区历史悠久、文化厚重。悠久的历史,灿烂的文化,孕育了一代商王朝。大禹、周文王、鬼谷子、许穆夫人、唐代诗人王维、明末文豪罗贯中等都曾在此留下足迹。沿淇河溯流而上,有丰富的文化遗迹、人文景观。我国最早的诗歌总集《诗经》中有 39 篇描写淇河流域风土人情和自然风光的诗篇,历代文人墨客曾留下吟咏淇河的诗篇 3 万余首,淇河也被誉为诗河、史河、文化河。著名的"淇河三珍"缠丝鸭蛋、淇河鲫鱼、冬凌草曾是历代皇宫贡品。

城区三季有花,四季常绿,"一园一主题,一路一特色","中国最美樱花大道"、桃园公园等精品工程频频让居民和群众点赞。截至目前,城市绿地面积 1 450.7 hm²,绿地率达到 42.6%,绿化覆盖率达到 47%,人均公共绿地达到 14.2 m²,森林覆盖率达到 33%,道路绿化普及率达到 100%,"人在绿地走,车在树下行,楼房花中卧,城居森林中"是城市的真实写照,2018 年成功入选"美丽中国建设优秀案例"。

三、林木种质资源状况

(一)资源概况

根据实地调查、鉴定和统计,鹤壁市淇滨区共有木本植物 234 种 15 品种,隶属 52 科 112 属(见表 5-38)。其中裸子植物 4 科 9 属 14 种,被子植物 48 科 103 属 220 种 15 品种。

表 5-38　淇滨区木本植物数量分布

类别	科数	属数	种数
裸子植物	4	9	14
被子植物	48	103	220(15)
合计	52	112	234

淇滨区林木种质资源类别统计和调查统计见表 5-39、表 5-40。

表 5-39　淇滨区林木种质资源类别统计

序号	资源类别	科	属	种	品种	表格(份)	GPS 点	图片(张)
1	野生林木	31	62	95	0	14	237	593
2	栽培利用	47	92	171	13	325	2 773	5 891
3	古树名木	4	5	5	0	28	28	82
4	优良品种	5	7	8	0	10	10	31

表 5-40　淇滨区林木种质资源调查表统计

序号	资源类别	科	属	种	品种	表格(份)	GPS 点	图片(张)
1	集中栽培	16	30	40	0	53	53	142
2	城镇绿化	47	86	146	2	61	943	2 098
3	四旁树	37	70	118	11	211	1 777	3 651
4	古树名木	3	4	4	0	28	28	28
5	古树群	1	1	1	0	1	1	0

1. 按照木本植物的生长类型分类

常见乔木:银杏、雪松、黑松、槐、枫杨、黄山栾树、旱柳、加杨、一球悬铃木、二球悬铃木、刺槐、樟树、女贞、兰考泡桐等。其中银杏、枫杨、槐、中华金叶榆以及女贞大面积栽培。槐、枫杨、一球悬铃木、刺槐、楸和黄山栾树等成为淇滨区主要的行道树。

常见灌木:铺地柏、紫叶小檗、棣棠花、南天竹、红叶石楠、冬青卫矛、小叶女贞、海桐等。

木质藤本:种类较少,常见的有三叶地锦、五叶地锦、紫藤、葡萄等。三叶地锦与紫藤常常人工种植于墙壁或形成花架,常用于城市内立体绿化。

2. 按照木本植物的观赏特性分类

常见观花树种:蜡梅、迎春花、玉兰、日本晚樱、荷花玉兰、榆叶梅、紫叶桃、木瓜、垂丝海棠、贴梗海棠、棣棠花、月季、粉团蔷薇、紫叶李、木槿、连翘、金钟花、木樨、紫薇等。观花树种以蔷薇科居多,其次为木犀科和木兰科。特别是月季被广泛栽培,其品种丰富,颜色艳丽,花期长,极具观赏价值。淇滨区的观花树种比较齐全,春有迎春花、日本晚樱、玉兰、榆叶梅、紫叶桃等,夏有月季、紫薇等,秋有月季、木樨和黄山栾树等,冬有蜡梅等。

常见观叶树种:银杏、中华金叶榆、鹅掌楸、毛黄栌、南天竹、紫叶李、悬铃木、乌桕、元宝枫、五角枫、鸡爪槭、红枫、黄山栾树、七叶树、棕榈等。观叶树种主要是一些秋季变色及其叶形独特的树种。秋季变色树种主要是槭树科;叶形奇特观叶树种分布较分散,如银杏、鹅掌楸、乌桕等,均为常见的观叶主栽树种。

常见观果树种:南天竹、火棘、石楠、山楂、枇杷、木瓜、乌桕、黄山栾树、鸡爪槭、石榴、柿等。观果树种集中于秋季,火棘、木瓜、黄山栾树、石榴、柿树等树种果实鲜红艳丽,常用于城市园林绿化。

(二)野生林木种质资源

通过线路踏查和样地调查,发现鹤壁市淇滨区共有野生木本植物95种,分属于62属31科。

常见乔木树种有:栓皮栎、大果榆、胡桃、大叶朴、桑、构树、刺槐、臭椿、楝、兰考泡桐、楸树等。其中可作为森林群落优势种或建群种出现的有栓皮栎、臭椿、构树。

常见灌木树种有:鹤壁市淇滨区植物群落常见的较大灌木有山槐、野皂荚、紫穗槐、野蔷薇、荆条、酸枣和杭子梢等;有些乔木树种的幼树在乔木层下生长,可作为灌木层中的上层大灌木,如臭椿、兰考泡桐、刺槐、构树、胡桃等。鹤壁市淇滨区常见的中小灌木有兴安胡枝子、锦鸡儿、杠柳、雀儿舌头、小叶鼠李、茅莓、中华绣线菊等。其中,可作为灌丛和灌草丛优势种和建群种出现的有:杭子梢、锦鸡儿、兴安胡枝子、中华绣线菊等,是鹤壁市淇滨区主要的灌丛种类。

常见木质藤本:种类较少,常见的有葛、太行铁线莲、葎叶蛇葡萄、五叶地锦、乌头叶蛇葡萄等。其中五叶地锦常缠绕乔木生长至群落的中上层,葛、葎叶蛇葡萄等常在灌木层,乌头叶蛇葡萄、太行铁线莲多贴地生长。鹤壁市淇滨区藤本植物种类虽不够丰富,但却丰富了群落的植被层次,是重要的层间植物。

淇滨区野生林木种质资源情况见表5-41、表5-42。

表5-41　淇滨区野生林木种质资源

序号	乡(镇)	资源类别	科	属	种	表格(份)	GPS点	图片(张)
1	大河涧乡	野生林木	22	44	58	6	91	230
2	上峪乡	野生林木	26	47	66	6	127	315
3	庞村镇	野生林木	8	12	12	1	12	42
4	大赉店镇	野生林木	6	6	7	1	7	6

表5-42　淇滨区野生林木种质资源名录

序号	种	中文名	学名	属	科
1	种	侧柏	Platycladus orientalis (L.) Franco	侧柏属	柏科
2	种	黑杨	Populus nigra	杨属	杨柳科
3	种	旱柳	Salix matsudana	柳属	杨柳科
4	种	胡桃	Juglans regia	胡桃属	胡桃科
5	种	栓皮栎	Quercus variabilis	栎属	壳斗科
6	种	大果榆	Ulmus macrocarpa	榆属	榆科
7	种	榆树	Ulmus pumila	榆属	榆科
8	种	黑榆	Ulmus davidiana	榆属	榆科
9	种	榔榆	Ulmus parvifolia	榆属	榆科
10	种	大果榉	Zelkova sinica	榉树属	榆科
11	种	大叶朴	Celtis koraiensis	朴属	榆科

续表 5-42

序号	种	中文名	学名	属	科
12	种	毛叶朴	Celtis pubescens	朴属	榆科
13	种	小叶朴	Celtis bungeana	朴属	榆科
14	种	桑	Morus alba	桑属	桑科
15	种	花叶桑	Morus alba 'Laciniata'	桑属	桑科
16	种	蒙桑	Morus mongolica	桑属	桑科
17	种	构树	Broussonetia papyrifera	构属	桑科
18	种	钝萼铁线莲	Clematis peterae	铁线莲属	毛茛科
19	种	短尾铁线莲	Clematis brevicaudata	铁线莲属	毛茛科
20	种	太行铁线莲	Clematis kirilowii	铁线莲属	毛茛科
21	种	毛花绣线菊	Spiraea dasynantha	绣线菊属	蔷薇科
22	种	中华绣线菊	Spiraea chinensis	绣线菊属	蔷薇科
23	种	三裂绣线菊	Spiraea trilobata	绣线菊属	蔷薇科
24	种	山楂	Crataegus pinnatifida	山楂属	蔷薇科
25	种	白梨	Pyrus bretschenideri	梨属	蔷薇科
26	种	杜梨	Pyrus betulaefolia	梨属	蔷薇科
27	种	粉枝莓	Rubus biflorus	悬钩子属	蔷薇科
28	种	茅莓	Rubus parvifolius	悬钩子属	蔷薇科
29	种	野蔷薇	Rosa multiflora	蔷薇属	蔷薇科
30	种	桃	Amygdalus persica	桃属	蔷薇科
31	种	杏	Armeniaca vulgaris	杏属	蔷薇科
32	种	山杏	Armeniaca sibirica	杏属	蔷薇科
33	种	欧李	Cerasus hummilis	樱属	蔷薇科
34	种	山槐	Albizzia kalkora	合欢属	豆科
35	种	野皂荚	Gleditsia microphylla	皂荚属	豆科
36	种	白刺花	Sophora davidii	槐属	豆科

续表 5-42

序号	种	中文名	学名	属	科
37	种	槐	Sophora japonica	槐属	豆科
38	种	河北木蓝	Indigofera bungeana	木蓝属	豆科
39	种	紫穗槐	Amorpha fruticosa	紫穗槐属	豆科
40	种	刺槐	Robinia pseudoacacia	刺槐属	豆科
41	种	红花锦鸡儿	Caragana rosea	锦鸡儿属	豆科
42	种	锦鸡儿	Caragana sinica	锦鸡儿属	豆科
43	种	胡枝子	Lespedzea bicolor	胡枝子属	豆科
44	种	兴安胡枝子	Lespedzea davcerica	胡枝子属	豆科
45	种	多花胡枝子	Lespedzea floribunda	胡枝子属	豆科
46	种	长叶铁扫帚	Lespedzea caraganae	胡枝子属	豆科
47	种	赵公鞭	Lespedzea hedysaroides	胡枝子属	豆科
48	种	截叶铁扫帚	Lespedzea cuneata	胡枝子属	豆科
49	种	杭子梢	Campylotropis macrocarpa	杭子梢属	豆科
50	种	葛	Pueraria montana	葛属	豆科
51	种	花椒	Zanthoxylum bunngeanum	花椒属	芸香科
52	种	苦木	Picrasma quassioides	苦木属	苦木科
53	种	臭椿	Ailanthus altissima	臭椿属（樗属）	苦木科
54	种	香椿	Toona sinensis	香椿属	楝科
55	种	楝	Melia azedarach	楝属	楝科
56	种	雀儿舌头	Leptopus chinensis	雀儿舌头属	大戟科
57	种	黄连木	Pistacia chinensis	黄连木属	漆树科
58	种	火炬树	Rhus Typhina	盐肤木属	漆树科
59	种	粉背黄栌	Cotinus coggygria var. glaucophylla	黄栌属	漆树科
60	种	毛黄栌	Cotinus coggygria var. pubescens	黄栌属	漆树科

续表 5-42

序号	种	中文名	学名	属	科
61	种	红叶	Cotinus coggygria var. cinerea	黄栌属	漆树科
62	种	元宝槭	Acer truncatum	槭属	槭树科
63	种	五角枫	Acer pictum subsp. mono	槭属	槭树科
64	种	栾树	Koelreuteria paniculata	栾树属	无患子科
65	种	少脉雀梅藤	Sageretia paucicostata	雀梅藤属	鼠李科
66	种	卵叶鼠李	Rhamnus bungeana	鼠李属	鼠李科
67	种	小叶鼠李	Rhamnus parvifolis	鼠李属	鼠李科
68	种	鼠李	Rhamnus davurica	鼠李属	鼠李科
69	种	猫乳	Rhamnella franguloides	猫乳属（长叶绿柴属）	鼠李科
70	种	酸枣	Zizypus jujuba var. spinosa	枣属	鼠李科
71	种	桑叶葡萄	Vitis heyneana subsp. ficifolia	葡萄属	葡萄科
72	种	华北葡萄	Vitis bryoniaefolia	葡萄属	葡萄科
73	种	毛葡萄	Vitis heyneana	葡萄属	葡萄科
74	种	葎叶蛇葡萄	Ampelopsis humulifolia	蛇葡萄属	葡萄科
75	种	掌裂蛇葡萄	Ampelopsis delavayana var. glabra	蛇葡萄属	葡萄科
76	种	乌头叶蛇葡萄	Ampelopsis aconitifolia	蛇葡萄属	葡萄科
77	种	五叶地锦	Parthenocissus quinquefolia	地锦属（爬山虎属）	葡萄科
78	种	扁担杆	Grewia biloba	扁担杆属	椴树科
79	种	梧桐	Firmiana simplex	梧桐属	梧桐科
80	种	柽柳	Tamarix chinensis	柽柳属	柽柳科
81	种	石榴	Punica granatum	石榴属	石榴科
82	种	柿	Diospyros kaki	柿树属	柿树科
83	种	君迁子	Diospyros lotus	柿树属	柿树科

续表 5-42

序号	种	中文名	学名	属	科
84	种	小叶白蜡树	Fraxinus chinensis	白蜡树属	木犀科
85	种	连翘	Forsythia Suspensa	连翘属	木犀科
86	种	杠柳	Periploca sepium	杠柳属	萝藦科
87	种	牡荆	Vitex negundo var. cannabifolia	牡荆属	马鞭草科
88	种	荆条	Vitex negundo var. heterophylla	牡荆属	马鞭草科
89	种	枸杞	Lycium chinense	枸杞属	茄科
90	种	兰考泡桐	Paulownia elongata	泡桐属	玄参科
91	种	楸叶泡桐	Paulownia catalpifolia	泡桐属	玄参科
92	种	楸树	Catalpa bungei	梓树属	紫葳科
93	种	薄皮木	Leptodermis oblonga	野丁香属	茜草科
94	种	接骨木	Sambucus wiliamsii	接骨木属	忍冬科
95	种	苦糖果	Lonicera fragrantissima subsp. standishii	忍冬属	忍冬科

(三)栽培利用林木种质资源

淇滨区栽培利用林木种质资源为 47 科 92 属 171 种(13 个品种),311 张表格,GPS 点 2 728 处,拍摄图片 5 780 张(见表 5-43)。

表 5-43　淇滨区各乡(镇)栽培利用林木种质资源

序号	乡(镇)	科	属	种	品种	表格(份)	GPS点	图片(张)
1	大河涧乡	28	46	53	1	26	229	469
2	上峪乡	27	43	50	0	47	433	862
3	庞村镇	38	68	107	3	38	417	895
4	大赉店镇	43	79	123	4	125	1 058	2 275
5	钜桥镇	35	66	102	5	75	591	1 279

鹤壁市淇滨区的栽培木本植物根据用途不同可以分三类:

一是造林树种:鹤壁市淇滨区主要树种有槐、雪松、黄山栾树、白皮松、油松、黑松、楸树等。其中，槐数量最多，是最主要的人工造林栽培树种；其次是黑松、雪松、刺槐、侧柏、圆柏、加杨等。

二是经济树种：经济林建设一直是当地经济发展过程中的重要产业之一。目前种植面积大的树种主要有胡桃、花椒等。其中，种植面积最大的是胡桃，各乡（镇）均有分布，许多村庄也都有种植。

三是观赏树种：最主要的方法是造景，鹤壁市淇滨区引进了大量的观赏树种，如日本晚樱、月季、槐、紫荆、牡丹、黄杨、丁香、西府海棠、圆柏、龙柏、雪松、一球悬铃木、二球悬铃木、合欢、紫藤、木槿等观赏乔木或花灌木。在鹤壁市淇滨区的栽培树种中，水杉、杜仲、银杏都是国家级保护植物，在鹤壁市淇滨区长势良好，对鹤壁市淇滨区保护区建设保护基地非常有益。

（四）集中栽培林木种质资源

集中栽培调查共53份记录表，上传图片共142张（见表5-44）。共调查植物40种，分属于30属16科。集中栽培树种主要以雪松、紫叶李、加杨、悬铃木等为主，主要分布于大赉店镇淇河国家湿地公园和庞村镇东部，而且长势良好，出现病虫害现象较少，适宜该地的环境条件，形成了规模比较大的苗圃基地，给人们带来一定的经济效益。

表5-44　淇滨区各乡镇集中栽培林木种质资源

序号	乡（镇）	科	属	种	品种	表格（份）	GPS点	图片（张）
1	大河涧乡	1	1	1	0	1	1	2
2	庞村镇	5	5	5	0	5	5	11
3	大赉店镇	15	26	32	0	40	40	113
4	钜桥镇	6	7	7	0	7	7	16

（五）城镇绿化林木种质资源

城镇绿化树种共调查47份表格，GPS点898处，上传图片共1 987张（见表5-45）。共调查植物146种，分属86属47科。城镇绿化树种主要以行道树和一些观赏乔灌木为主，观赏树种较为丰富的区主要是淇河国家湿地公园。主要的行道树是槐、女贞、悬铃木和楸，分布于大街小巷；主要的观赏树种有日本晚樱、月季、紫叶李和木槿等。淇滨区城镇绿化树种较为丰富而且长势良好，覆盖面积较广，特别是淇河国家湿地公园，绿化树种丰富且观赏价值高，在城市的建设中起着举足轻重的作用。

表 5-45　淇滨区城镇绿化林木种质资源

序号	乡(镇)	科	属	种	品种	表格(份)	GPS点	图片(张)
1	庞村镇	31	60	89	0	4	137	313
2	大赉店镇	43	75	109	2	32	590	1 277
3	钜桥镇	31	52	70		11	171	397

(六)非城镇"四旁"绿化林木种质资源

淇滨区栽培利用林木种质资源为 37 科 70 属 118 种(11 个品种),211 张表格,GPS 点 1 777 处,拍摄图片 3 651 张(见表 5-46)。常见的树种以杨树、泡桐、构树为主,由于是非城镇,而且处于典型温带大陆性季风气候,适宜落叶乔木的生长,杨树栽培品种及泡桐易存活,生长迅速,成为非城镇的主要绿化树种。

表 5-46　淇滨区各乡(镇)非城镇"四旁"绿化林木种质资源统计

序号	乡(镇)	科	属	种	品种	表格(份)	GPS点	图片(张)
1	大河涧乡	28	46	53	1	25	228	467
2	上峪乡	27	43	50	0	47	433	862
3	庞村镇	33	57	82	8	29	275	571
4	大赉店镇	30	49	65	2	53	428	885
5	钜桥镇	27	51	70	4	57	413	866

(七)优良品种林木种质资源

淇滨区优良品种林木种质资源为 5 科 7 属 8 种,10 份表格,GPS 点 10 处,拍摄图片 31 张(见表 5-47)。

表 5-47　淇滨区各乡(镇)优良品种林木种质资源

序号	乡(镇)	科	属	种	品种	表格(份)	GPS点	图片(张)
1	庞村镇	3	5	6	0	8	8	24
2	大赉店镇	2	2	2	0	2	2	7

(八)古树名木资源

古树名木是自然界和前人留下的无价珍宝,不仅具有绿化价值,而且是有生命力的"绿色古董"。古树名木在研究历史变迁、生物、气象、水文、地理状况以及传播自然知识、美化环境、开发旅游资源和发展林业方面都具有重要的意义。

　　经过调查发现,鹤壁市淇滨区古树名木数量较少,共有 3 科 4 属 4 种,表格 28 份,GPS 点 28 处,拍摄图片 28 张。共有古树名木 26 株,其中槐 12 株,皂荚 9 株,黄连木 3 株,龙柏 2 株(见表 5-48)。在大河涧乡有一处古树群(见表 5-49)。

表 5-48　淇滨区古树名木资源统计

序号	乡(镇)	村	中文名	拉丁学名	估测年龄(年)
1	上峪乡	上庄	皂荚	Gleditsia sinensis	300
2	庞村镇	下庞	槐	Sophora japonica	500
3	大赉店镇	半坡店	槐	Sophora japonica	250
4	大河涧乡	毛连洞	皂荚	Gleditsia sinensis	200
5	大河涧乡	肖横岭	皂荚	Gleditsia sinensis	150
6	大河涧乡	肖横岭	龙柏	Sabina chinensis 'Kaizuca'	500
7	钜桥镇	聂下雾	槐	Sophora japonica	150
8	钜桥镇	路屯	槐	Sophora japonica	200
9	上峪乡	老望岩	皂荚	Gleditsia sinensis	200
10	上峪乡	老望岩	皂荚	Gleditsia sinensis	1 000
11	上峪乡	南山	黄连木	Pistacia chinensis	300
12	上峪乡	南山	黄连木	Pistacia chinensis	300
13	上峪乡	南山	黄连木	Pistacia chinensis	250
14	上峪乡	桑园	皂荚	Gleditsia sinensis	300
15	上峪乡	纸坊	皂荚	Gleditsia sinensis	250
16	上峪乡	朔泉	龙柏	Sabina chinensis 'Kaizuca'	250
17	大赉店镇	斜里	槐	Sophora japonica	400
18	大赉店镇	李福营	槐	Sophora japonica	500
19	大赉店镇	小李庄	槐	Sophora japonica	150
20	大赉店镇	曹庄	皂荚	Gleditsia sinensis	250

续表 5-48

序号	乡镇	村	中文名	拉丁学	估测年龄（年）
21	大赉店镇	候小屯	槐	Sophora japonica	800
22	庞村镇	下庞	槐	Sophora japonica	350
23	钜桥镇	郭小屯	槐	Sophora japonica	110
24	大赉店镇	半坡店	槐	Sophora japonica	250
25	庞村镇	卢堂	槐	Sophora japonica	300
26	上峪乡	桑园	皂荚	Gleditsia sinensis	200

表 5-49　淇滨区古树群资源

序号	乡（镇）	村	小地名	经度（°）	纬度（°）	海拔（m）	古树群株数	中文名	拉丁学名	生长势	特征描述
1	大河涧乡	小河涧	牟山	114.067 3	35.878 1	742.61	10	接骨木	Sambucus wiliamsii	旺盛	位于寺庙院内

淇滨区林木种质资源名录见表 5-50。

表 5-50　淇滨区林木种质资源名录

序号	种	中文名	学名	属	科
1	种	柽柳	Tamarix chinensis	柽柳属	柽柳科
2	种	紫薇	Lagerstroemia indicate	紫薇属	千屈菜科
3	品种	'红云'紫薇	Lagerstroemia indicate	紫薇属	千屈菜科
4	种	石榴	Punica granatum	石榴属	石榴科
5	种	红瑞木	Swida alba	梾木属	山茱萸科
6	种	柿	Diospyros kaki	柿树属	柿树科
7	种	君迁子	Diospyros lotus	柿树属	柿树科
8	种	小叶白蜡树	Fraxinus chinensis	白蜡树属	木犀科
9	种	白蜡树	Fraxinus chinensis	白蜡树属	木犀科
10	种	大叶白蜡树	Fraxinus rhynchophylla	白蜡树属	木犀科
11	种	美国白蜡树	Fraxinus americana	白蜡树属	木犀科
12	种	连翘	Forsythia Suspensa	连翘属	木犀科

续表 5-50

序号	种	中文名	学名	属	科
13	品种	'金叶'连翘	Forsythia Suspensa	连翘属	木犀科
14	种	金钟花	Forsythia viridissima	连翘属	木犀科
15	种	华北丁香	Syringa oblata	丁香属	木犀科
16	种	紫丁香	Syringa julianae	丁香属	木犀科
17	种	木樨	Osmanthus fragrans	木樨属	木犀科
18	种	女贞	Ligustrum lucidum	女贞属	木犀科
19	品种	'平抗1号'金叶女贞	Ligustrum lucidum	女贞属	木犀科
20	种	小叶女贞	Ligustrum quihoui	女贞属	木犀科
21	种	迎春花	Jasminum nudiflorum	茉莉属（素馨属）	木犀科
22	种	络石	Trachelospermum jasminoides	络石属	夹竹桃科
23	种	杠柳	Periploca sepium	杠柳属	萝藦科
24	种	黄荆	Vitex negundo	牡荆属	马鞭草科
25	种	牡荆	Vitex negundo var. cannabifolia	牡荆属	马鞭草科
26	种	荆条	Vitex negundo var. heterophylla	牡荆属	马鞭草科
27	种	枸杞	Lycium chinense	枸杞属	茄科
28	种	毛泡桐	Paulownia tomentosa	泡桐属	玄参科
29	种	兰考泡桐	Paulownia elongata	泡桐属	玄参科
30	种	楸叶泡桐	Paulownia catalpifolia	泡桐属	玄参科
31	种	梓树	Catalpa voata	梓树属	紫葳科
32	种	楸树	Catalpa bungei	梓树属	紫葳科
33	种	薄皮木	Leptodermis oblonga	野丁香属	茜草科
34	种	六月雪	Serissa foetida	六月雪属	茜草科
35	种	接骨木	Sambucus wiliamsii	接骨木属	忍冬科

续表 5-50

序号	种	中文名	学名	属	科
36	种	苦糖果	Lonicera fragrantissima subsp. standishii	忍冬属	忍冬科
37	种	忍冬	Lonicera japonica	忍冬属	忍冬科
38	种	棕榈	Trachycarpus fortunei	棕榈属	棕榈科
39	种	凤尾丝兰	Yucca gloriosa	丝兰属	百合科
40	种	银杏	Ginkgo biloba	银杏属	银杏科
41	种	云杉	Picea asperata	云杉属	松科
42	种	雪松	Cedrus deodara	雪松属	松科
43	种	日本五针松	Pinus parviflora	松属	松科
44	种	白皮松	Pinus bungeana	松属	松科
45	种	油松	Pinus tabulaeformis	松属	松科
46	种	黑松	Pinus thunbergii	松属	松科
47	种	水杉	Metasequoia glyptostroboides	水杉属	杉科
48	种	侧柏	Platycladus orientalis (L.) Franco	侧柏属	柏科
49	种	美国侧柏	Thuja occiidentalis	崖柏属	柏科
50	种	圆柏	Sabina chinensis	圆柏属	柏科
51	种	龙柏	Sabina chinensis 'Kaizuca'	圆柏属	柏科
52	种	铺地柏	Sabina procumbens	圆柏属	柏科
53	种	刺柏	Juniperus formosana	刺柏属	柏科
54	种	银白杨	Populus alba	杨属	杨柳科
55	种	河北杨	Populus hopeiensis	杨属	杨柳科
56	种	毛白杨	Populus tomentosa	杨属	杨柳科
57	种	大叶杨	Populus lasiocarpa	杨属	杨柳科
58	种	黑杨	Populus nigra	杨属	杨柳科
59	种	加杨	Populus × canadensis	杨属	杨柳科

续表 5-50

序号	种	中文名	学名	属	科
60	种	大叶钻天杨	Populus monilifera	杨属	杨柳科
61	种	旱柳	Salix matsudana	柳属	杨柳科
62	品种	'豫新'柳	Salix matsudana	柳属	杨柳科
63	种	垂柳	Salix babylonica	柳属	杨柳科
64	种	枫杨	Pterocarya stenoptera	枫杨属	胡桃科
65	种	胡桃	Juglans regia	胡桃属	胡桃科
66	种	黑核桃	Juglans nigra L.	山核桃属	胡桃科
67	种	栓皮栎	Quercus variabilis	栎属	壳斗科
68	种	大果榆	Ulmus macrocarpa	榆属	榆科
69	种	榆树	Ulmus pumila	榆属	榆科
70	种	中华金叶榆	Ulmus pumila 'Jinye'	榆属	榆科
71	种	黑榆	Ulmus davidiana	榆属	榆科
72	种	榔榆	Ulmus parvifolia	榆属	榆科
73	种	榉树	Zelkova schneideriana	榉树属	榆科
74	种	大果榉	Zelkova sinica	榉树属	榆科
75	种	大叶朴	Celtis koraiensis	朴属	榆科
76	种	毛叶朴	Celtis pubescens	朴属	榆科
77	种	小叶朴	Celtis bungeana	朴属	榆科
78	种	朴树	Celtis tetrandra subsp. sinensis	朴属	榆科
79	种	华桑	Morus cathayana	桑属	桑科
80	种	桑	Morus alba	桑属	桑科
81	种	花叶桑	Morus alba 'Laciniata'	桑属	桑科
82	种	蒙桑	Morus mongolica	桑属	桑科
83	种	构树	Broussonetia papyrifera	构属	桑科
84	品种	'红皮'构树	Broussonetia papyrifera	构属	桑科

续表 5-50

序号	种	中文名	学名	属	科
85	种	花叶构树	Broussonetia papyrifera 'Variegata'	构属	桑科
86	种	无花果	Ficus carica	榕属	桑科
87	种	柘树	Cudrania tricuspidata	柘树属	桑科
88	种	牡丹	Paeonia suffruticosa	芍药属	毛茛科
89	种	钝萼铁线莲	Clematis peterae	铁线莲属	毛茛科
90	种	短尾铁线莲	Clematis brevicaudata	铁线莲属	毛茛科
91	种	太行铁线莲	Clematis kirilowii	铁线莲属	毛茛科
92	种	紫叶小檗	Berberis thunbergii 'Atropurpurea'	小檗属	小檗科
93	种	南天竹	Nandina domestica	南天竹属	小檗科
94	种	荷花玉兰	Magnolia grandiflora	木兰属	木兰科
95	种	玉兰	Magnolia denutata	木兰属	木兰科
96	种	飞黄玉兰	Magnolia denutata 'Feihuang'	木兰属	木兰科
97	种	鹅掌楸	Liriodendron chinenes	鹅掌楸属	木兰科
98	种	蜡梅	Chimonanthus praecox	蜡梅属	蜡梅科
99	种	樟树	Cinnamomum camphora	樟属	樟科
100	种	白花重瓣溲疏	Deutzia crenata 'Candidissima'	溲疏属	虎耳草科
101	种	海桐	Pittosporum tobira	海桐属	海桐科
102	种	杜仲	Eucommia ulmoides	杜仲属	杜仲科
103	种	三球悬铃木	Platanus orientalis	悬铃木属	悬铃木科
104	种	一球悬铃木	Platanus occidentalis	悬铃木属	悬铃木科
105	种	二球悬铃木	Platanus × acerifolia	悬铃木属	悬铃木科
106	种	毛花绣线菊	Spiraea dasynantha	绣线菊属	蔷薇科
107	种	中华绣线菊	Spiraea chinensis	绣线菊属	蔷薇科

续表 5-50

序号	种	中文名	学名	属	科
108	种	三裂绣线菊	Spiraea trilobata	绣线菊属	蔷薇科
109	种	火棘	Pyracantha frotuneana	火棘属	蔷薇科
110	种	山楂	Crataegus pinnatifida	山楂属	蔷薇科
111	种	山里红	Crataegus pinnatifida var. major	山楂属	蔷薇科
112	种	石楠	Photinia serrulata	石楠属	蔷薇科
113	种	红叶石楠	Photinia × fraseri	石楠属	蔷薇科
114	种	枇杷	Eriobotrya jopanica	枇杷属	蔷薇科
115	种	花楸树	Sorbus pohuashanensis	花楸属	蔷薇科
116	种	皱皮木瓜	Chaenomeles speciosa	木瓜属	蔷薇科
117	种	木瓜	Chaenomeles sisnesis	木瓜属	蔷薇科
118	种	白梨	Pyrus bretschenideri	梨属	蔷薇科
119	种	杜梨	Pyrus betulaefolia	梨属	蔷薇科
120	种	褐梨	Pyrus phaeocarpa	梨属	蔷薇科
121	种	山荆子	Malus baccata	苹果属	蔷薇科
122	种	垂丝海棠	Malus halliana	苹果属	蔷薇科
123	种	苹果	Malus pumila	苹果属	蔷薇科
124	种	海棠花	Malus spectabilis	苹果属	蔷薇科
125	种	西府海棠	Malus micromalus	苹果属	蔷薇科
126	种	河南海棠	Malus honanensis	苹果属	蔷薇科
127	种	棣棠花	Kerria japonica	棣棠花属	蔷薇科
128	种	重瓣棣棠花	Kerria japonica f. pleniflora	棣棠花属	蔷薇科
129	种	粉枝莓	Rubus biflorus	悬钩子属	蔷薇科
130	种	茅莓	Rubus parvifolius	悬钩子属	蔷薇科
131	种	月季	Rosa chinensis	蔷薇属	蔷薇科
132	种	野蔷薇	Rosa multiflora	蔷薇属	蔷薇科

续表 5-50

序号	种	中文名	学名	属	科
133	种	粉团蔷薇	Rosa multiflora var. cathayensis	蔷薇属	蔷薇科
134	种	七姊妹	Rosa multiflora ′Grevillei′	蔷薇属	蔷薇科
135	种	刺梗蔷薇	Rosa corymbulosa	蔷薇属	蔷薇科
136	种	榆叶梅	Amygdalus triloba	桃属	蔷薇科
137	种	桃	Amygdalus persica	桃属	蔷薇科
138	品种	赤月桃	Amygdalus persica	桃属	蔷薇科
139	品种	‘中桃21号’桃	Amygdalus persica	桃属	蔷薇科
140	种	紫叶桃	Amygdalus persica ′Atropurpurea′	桃属	蔷薇科
141	种	碧桃	Amygdalus persica ′Duplex′	桃属	蔷薇科
142	种	千瓣白桃	Amygdalus persica ′albo-plena′	桃属	蔷薇科
143	种	杏	Armeniaca vulgaris	杏属	蔷薇科
144	品种	‘中仁1号’杏	Armeniaca vulgaris	杏属	蔷薇科
145	种	野杏	Armeniaca vulgaris var. ansu	杏属	蔷薇科
146	种	山杏	Armeniaca sibirica	杏属	蔷薇科
147	种	红梅	Armeniaca mume f. alphandii	杏属	蔷薇科
148	种	紫叶李	Prunus cerasifera ′Pissardii′	李属	蔷薇科
149	种	李	Prunus salicina	李属	蔷薇科
150	种	樱桃	Cerasus pseudocerasus	樱属	蔷薇科
151	种	东京樱花	Cerasus yedoensis	樱属	蔷薇科
152	种	山樱花	Cerasus serrulata	樱属	蔷薇科
153	种	日本晚樱	Cerasus serrulata var. lannesiana	樱属	蔷薇科
154	种	欧李	Cerasus hummilis	樱属	蔷薇科
155	种	山槐	Albizzia kalkora	合欢属	豆科
156	种	合欢	Albizzia julibrissin	合欢属	豆科

续表 5-50

序号	种	中文名	学名	属	科
157	种	皂荚	Gleditsia sinensis	皂荚属	豆科
158	种	野皂荚	Gleditsia microphylla	皂荚属	豆科
159	种	湖北紫荆	Cercis glabra	紫荆属	豆科
160	种	紫荆	Cercis chinensis	紫荆属	豆科
161	种	白刺花	Sophora davidii	槐属	豆科
162	种	槐	Sophora japonica	槐属	豆科
163	种	龙爪槐	Sophora japonica var. pndula	槐属	豆科
164	种	金枝槐	Sophora japonica cv. Golden Stem	槐属	豆科
165	种	河北木蓝	Indigofera bungeana	木蓝属	豆科
166	种	紫穗槐	Amorpha fruticosa	紫穗槐属	豆科
167	种	多花紫藤	Wisteria floribunda	紫藤属	豆科
168	种	紫藤	Wisteria sirensis	紫藤属	豆科
169	种	刺槐	Robinia pseudoacacia	刺槐属	豆科
170	品种	'黄金'刺槐	Robinia pseudoacacia	刺槐属	豆科
171	种	毛刺槐	Robinia hispida	刺槐属	豆科
172	种	红花刺槐	Robinia × ambigua 'Idahoensis'	刺槐属	豆科
173	种	红花锦鸡儿	Caragana rosea	锦鸡儿属	豆科
174	种	锦鸡儿	Caragana sinica	锦鸡儿属	豆科
175	种	胡枝子	Lespedzea bicolor	胡枝子属	豆科
176	种	兴安胡枝子	Lespedzea davcerica	胡枝子属	豆科
177	种	多花胡枝子	Lespedzea floribunda	胡枝子属	豆科
178	种	长叶铁扫帚	Lespedzea caraganae	胡枝子属	豆科
179	种	赵公鞭	Lespedzea hedysaroides	胡枝子属	豆科
180	种	截叶铁扫帚	Lespedzea cuneata	胡枝子属	豆科
181	种	杭子梢	Campylotropis macrocarpa	杭子梢属	豆科

续表 5-50

序号	种	中文名	学名	属	科
182	种	葛	Pueraria montana	葛属	豆科
183	种	花椒	Zanthoxylum bunngeanum	花椒属	芸香科
184	种	小花花椒	Zanthoxylum mieranthum	花椒属	芸香科
185	种	苦木	Picrasma quassioides	苦木属	苦木科
186	种	臭椿	Ailanthus altissima	臭椿属（樗属）	苦木科
187	品种	'白皮千头'椿	Ailanthus altissima	臭椿属（樗属）	苦木科
188	种	香椿	Toona sinensis	香椿属	楝科
189	品种	'豫林1号'香椿	Toona sinensis	香椿属	楝科
190	种	楝	Melia azedarach	楝属	楝科
191	种	雀儿舌头	Leptopus chinensis	雀儿舌头属	大戟科
192	种	乌桕	Sapium sebifera	乌桕属	大戟科
193	种	黄杨	Buxus sinica	黄杨属	黄杨科
194	种	黄连木	Pistacia chinensis	黄连木属	漆树科
195	种	火炬树	Rhus Typhina	盐肤木属	漆树科
196	种	粉背黄栌	Cotinus coggygria var. glaucophylla	黄栌属	漆树科
197	种	毛黄栌	Cotinus coggygria var. pubescens	黄栌属	漆树科
198	种	红叶	Cotinus coggygria var. cinerea	黄栌属	漆树科
199	种	枸骨	Ilex cornuta	冬青属	冬青科
200	种	白杜	Euonymus maackii	卫矛属	卫矛科
201	种	冬青卫矛	Euonymus japonicus	卫矛属	卫矛科
202	种	元宝槭	Acer truncatum	槭属	槭树科
203	种	五角枫	Acer pictum subsp. mono	槭属	槭树科

续表 5-50

序号	种	中文名	学名	属	科
204	种	鸡爪槭	Acer Palmatum	槭属	槭树科
205	种	红枫	Acer palmatum 'Atropurpureum'	槭属	槭树科
206	种	三角槭	Acer buergerianum	槭属	槭树科
207	种	梣叶槭	Acer negundo	槭属	槭树科
208	品种	'金叶'复叶槭	Acer negundo	槭属	槭树科
209	种	糖槭	Acer saccharinum	槭属	槭树科
210	种	七叶树	Aesculus chinensis	七叶树属	七叶树科
211	种	栾树	Koelreuteria paniculata	栾树属	无患子科
212	种	复羽叶栾树	Koelreuteria bipinnata	栾树属	无患子科
213	种	黄山栾树	Koelreuteria bipinnata 'Integrifoliola'	栾树属	无患子科
214	种	少脉雀梅藤	Sageretia paucicostata	雀梅藤属	鼠李科
215	种	卵叶鼠李	Rhamnus bungeana	鼠李属	鼠李科
216	种	小叶鼠李	Rhamnus parvifolis	鼠李属	鼠李科
217	种	鼠李	Rhamnus davurica	鼠李属	鼠李科
218	种	猫乳	Rhamnella franguloides	猫乳属（长叶绿柴属）	鼠李科
219	种	枣	Zizypus jujuba	枣属	鼠李科
220	品种	'中牟脆丰'枣	Zizypus jujuba	枣属	鼠李科
221	种	酸枣	Zizypus jujuba var. spinosa	枣属	鼠李科
222	种	桑叶葡萄	Vitis heyneana subsp. ficifolia	葡萄属	葡萄科
223	种	华北葡萄	Vitis bryoniaefolia	葡萄属	葡萄科
224	种	毛葡萄	Vitis heyneana	葡萄属	葡萄科
225	种	葡萄	Vitis vinifera	葡萄属	葡萄科

续表 5-50

序号	种	中文名	学名	属	科
226	种	葎叶蛇葡萄	Ampelopsis humulifolia	蛇葡萄属	葡萄科
227	种	掌裂蛇葡萄	Ampelopsis delavayana var. glabra	蛇葡萄属	葡萄科
228	种	乌头叶蛇葡萄	Ampelopsis aconitifolia	蛇葡萄属	葡萄科
229	种	三叶地锦	Parthenocissus semicordata	地锦属（爬山虎属）	葡萄科
230	种	五叶地锦	Parthenocissus quinquefolia	地锦属（爬山虎属）	葡萄科
231	种	扁担杆	Grewia biloba	扁担杆属	椴树科
232	种	木槿	Hibiscus syriacus	木槿属	锦葵科
233	种	梧桐	Firmiana simplex	梧桐属	梧桐科
234	种	中山杉	Ascendens mucronatum	落羽杉属	杉科

四、林木种质资源状况综合分析

淇滨区植被覆盖率较大，植被保存较完整，但优势种比较单一。由于早期人为开发利用或破坏，淇滨区的原生群落不多，多是后期自然恢复或人工种植的次生林。近些年来，人们越来越重视生态文明的建设，植树造林使得植被覆盖面积进一步提高，生态环境有所改善。组成树种品种不多，外来的刺槐、黑松、火炬树等树种占了较大比例，乡土树种恢复、利用不足。由于外来物种会对本地物种的生长有一定的影响，限制了本地物种的扩展，使得外来物种形成的群落组成简单，植物多样性低，稳定性也差。乡土林木种质资源利用不高，存在流失现象。建议选择淇滨区的一些乡土树种，进行调查研究、开发利用，积累经验。在此基础上，要积极探索和扩大育种范围，针对抗性强、生长快、产量高的生态抗性乡土树种，优质经济乡土树种开展育种科技研究，培育优良品种。

第四节　山城区林木种质资源

一、自然地理条件

(一)地理位置

山城区地处河南省北部,太行山东麓,地理坐标介于东经 114°11′~114°17′、北纬 35°36′~35°48′,东连华北平原与汤阴县相邻,西依太行山脉与鹤山区接壤,北依潺潺攸河与安阳县相毗,南依鹤壁新区与山城区交界,南北长 16.5 km,东西宽 15.3 km,总土地面积 20.7 万亩。

(二)地形地貌

山城区地处太行山东麓余脉和华北平原的过渡地带,境内山峦叠障,丘陵起伏,85%以上土地海拔在 200~500 m,地势西高东低,形成了一个由西部浅山向东部丘陵倾斜的地形。

(三)气候

气候属于暖温带大陆性季风气候,其特点是四季分明,干湿季明显,春季干旱多风,夏季炎热且雨量集中,秋季凉爽日照长,冬季寒冷雨水少。年平均气温 14.2 ℃,极端最高温度为 42.3 ℃,极端最低温度为零下 13.3 ℃,无霜期 222 d。年平均降雨量 682.3 mm,多集中在 7~8 月,适宜的气候有助于多种树木生长,但因降水集中,致使山区水土流失严重,旱涝灾害频繁。

(四)水文

山城区属于海河流域卫河水系,境内有汤河、泗河、羑河 3 条河流,汤河主河道穿城而过,流经山城区 18 km,流域面积 160 km²。全区年平均降水量约为 1.4 亿 m³,汤河、羑河、淇河工农渠纵横境内,另有各类中小型水库 10 座。境内下游鹤鸣湖是一座中型水库,库容 5 616 万 m³,其他 8 座小型水库总库容 300 万 m³。

(五)土壤

全区土壤种类以褐土为主,平均有机质含量 1.5%,另有少量的白干土等,pH 在 7~8。土层深厚,物产丰富。

(六)植被

植被属暖温带落叶阔叶林带,现有植被以人工林为主,类型有泡桐、杨树、侧柏等,草本植被多数为禾本科、莎草科、菊花科。栽培植物有小麦、玉米、谷子、豆子等。

二、社会经济条件

山城区位于鹤壁市主城区西北部,总面积 197 km²,建成区面积 28 km²,辖 1 乡 1 镇 5 个街道办事处,63 个居委会、38 个行政村,总人口 30 万人。1999 年之前,是市委、市政府驻地,曾作为全市政治、经济、文化中心 40 年。被确定为全国循环经济示范区、全国老工业区搬迁改造示范工程区,成功创建国家森林城市、卫生城市、园林城市,建成区绿地率、绿化覆盖率、人均公园绿地面积三项指标分别达到 31.7%、36.2%、6.8 m²。2017 年林地变更数据显示,山城区现有林地 6.5 万亩,其中:有林地 4.1 万亩,宜林荒山荒地 2.4 万亩,森林覆盖率 35.8%。

三、林木种质资源状况

(一) 资源概况

近年来,山城区实施了太行山绿化和退耕还林工程,积累了丰富的造林经验,创建了许多优秀的造林模式,荒山绿化步伐加快,森林资源快速增长,生物多样性明显增加,局部生态状况好转,促进了农村经济发展,全民生态意识明显增强,实现了生态增效、农民增收的"双赢"目标。

根据实地调查和统计,鹤壁市山城区木本植物 49 科 101 属 253 种(包括 37 个品种,见表 5-51),317 张表格,GPS 点 3133 处,拍摄图片 8 853 张(见表 5-52)。其中裸子植物 4 科 9 属 17 种,被子植物 45 科 92 属 236 种。

山城区林木种质资源调查表统计见表 5-53。

表 5-51　山城区木本植物数量分布

类别	科数	属数	种数
裸子植物	4	9	17
被子植物	45	92	236
合计	49	101	253

表 5-52　山城区林木种质资源类别统计

序号	资源类别	科	属	种	品种	表格（份）	GPS 点	图片（张）
1	野生林木	24	34	41	0	3	52	148
2	栽培利用	49	101	211	37	291	3 056	8 616
3	古树名木	6	6	6	0	23	25	89

表 5-53　山城区林木种质资源调查表统计

序号	资源类别	科	属	种	品种	表格（份）	GPS 点	图片（张）
1	集中栽培	13	19	30	6	90	90	265
2	城镇绿化	42	76	133	7	38	376	1 015
3	"四旁"树	44	90	209	29	163	2 590	7 336
4	古树群	2	1	1	0	2	4	0

（二）野生林木种质资源

山城区野生林木种质资源为 24 科 34 属 41 种,3 份表格,GPS 点 52 处,拍摄图片 148 张(见表 5-54)。野生树种主要以荆条、栾树、火炬树、圆柏、侧柏、刺槐、构树、乌头叶蛇葡萄等分布范围比较广泛,分布方式比较集中;其他树种如楝树、扁担木、豆梨、杠柳、兴安胡枝子等也有发现,分布比较零散。山城区野生林木种质资源名录见表 5-55。

表 5-54　山城区野生林木种质资源

序号	县（区）	乡（镇）	资源类别	科	属	种	表格（份）	GPS 点	图片（张）
1	山城区	鹿楼乡	野生林木	24	34	41	3	52	148

表 5-55　山城区野生林木种质资源名录

序号	种	中文名	学名	属	科
1	种	雪松	Cedrus deodara	雪松属	松科
2	种	白皮松	Pinus bungeana	松属	松科
3	种	侧柏	Platycladus orientalis(L.) Franco	侧柏属	柏科
4	种	圆柏	Sabina chinensis	圆柏属	柏科
5	种	胡桃	Juglans regia	胡桃属	胡桃科
6	种	榆树	Ulmus pumila	榆属	榆科
7	种	桑	Morus alba	桑属	桑科
8	种	构树	Broussonetia papyrifera	构属	桑科
9	种	杜仲	Eucommia ulmoides	杜仲属	杜仲科
10	种	二球悬铃木	Platanus × acerifolia	悬铃木属	悬铃木科
11	种	豆梨	Pyrus calleryana	梨属	蔷薇科
12	种	沙梨	Pyrus pyrifolia	梨属	蔷薇科
13	种	杜梨	Pyrus betulaefolia	梨属	蔷薇科
14	种	山桃	Amygdalus davidiana	桃属	蔷薇科
15	种	桃	Amygdalus persica	桃属	蔷薇科
16	种	杏	Armeniaca vulgaris	杏属	蔷薇科
17	种	山槐	Albizzia kalkora	合欢属	豆科
18	种	紫荆	Cercis chinensis	紫荆属	豆科
19	种	槐	Sophora japonica	槐属	豆科
20	种	刺槐	Robinia pseudoacacia	刺槐属	豆科
21	种	兴安胡枝子	Lespedeza davcerica	胡枝子属	豆科
22	种	赵公鞭	Lespedzea hedysaroides	胡枝子属	豆科
23	种	截叶铁扫帚	Lespedzea cuneata	胡枝子属	豆科
24	种	臭椿	Ailanthus altissima	臭椿属(樗属)	苦木科
25	种	楝	Melia azedarach	楝属	楝科
26	种	乌桕	Sapium sebifera	乌桕属	大戟科
27	种	火炬树	Rhus Typhina	盐肤木属	漆树科
28	种	粉背黄栌	Cotinus coggygria var. glaucophylla	黄栌属	漆树科
29	种	元宝槭	Acer truncatum	槭属	槭树科

续表 5-55

序号	种	中文名	学名	属	科
30	种	茶条槭	Acer tataricum subsp. ginnala	槭属	槭树科
31	种	黄山栾树	Koelreuteria bipinnata 'Integrifoliola'	栾树属	无患子科
32	种	酸枣	Zizypus jujuba var. spinosa	枣属	鼠李科
33	种	掌裂蛇葡萄	Ampelopsis delavayana var. glabra	蛇葡萄属	葡萄科
34	种	乌头叶蛇葡萄	Ampelopsis aconitifolia	蛇葡萄属	葡萄科
35	种	小花扁担杆	Grewia biloba var. parvifolia	扁担杆属	椴树科
36	种	君迁子	Diospyros lotus	柿树属	柿树科
37	种	女贞	Ligustrum lucidum	女贞属	木犀科
38	种	杠柳	Periploca sepium	杠柳属	萝藦科
39	种	荆条	Vitex negundo var. heterophylla	牡荆属	马鞭草科
40	种	枸杞	Lycium chinense	枸杞属	茄科
41	种	兰考泡桐	Paulownia elongata	泡桐属	玄参科

(三)栽培利用林木种质资源

山城区栽培利用林木种质资源为 49 科 101 属 211 种(37 个品种),表格 290 份,GPS 点 3 056 处,拍摄图片 8 616 张(见表 5-56)。

表 5-56　山城区各乡(镇)栽培利用林木种质资源

序号	乡(镇)	科	属	种	品种	表格(份)	GPS 点	图片(张)
1	石林镇	40	82	159	25	124	1 610	4 901
2	鹿楼乡	46	90	170	20	166	1 446	3 715

(四)集中栽培林木种质资源

山城区集中栽培林木种质资源为 13 科 19 属 30 种(6 个品种),表格 90 (份),GPS 点 90 处,拍摄图片 265 张(见表 5-57)。主要以欧美杨 107 号、胡桃、桃、栾树、白蜡、紫穗槐、油松、白梨、兴农红桃、刺槐等集中栽培较多,在全区范围内分布广泛。山城区集中栽培种质资源名录见表 5-58。

表 5-57　山城区各乡镇集中栽培林木种质资源

序号	乡（镇）	科	属	种	品种	表格（份）	GPS点	图片（张）
1	石林镇	12	13	16	5	39	39	135
2	鹿楼乡	9	13	15	2	51	51	130

表 5-58　山城区集中栽培种质资源名录

序号	分类等级	中文名	学名	属	科
1	种	雪松	Cedrus deodara	雪松属	松科
2	种	油松	Pinus tabulaeformis	松属	松科
3	种	侧柏	Platycladus orientalis（L.）Franco	侧柏属	柏科
4	种	圆柏	Sabina chinensis	圆柏属	柏科
5	种	毛白杨	Populus tomentosa	杨属	杨柳科
6	种	加杨	Populus × canadensis	杨属	杨柳科
7	品种	欧美杨107号	Populus × canadensis	杨属	杨柳科
8	种	大叶钻天杨	Populus monilifera	杨属	杨柳科
9	种	胡桃	Juglans regia	胡桃属	胡桃科
10	品种	'绿波'核桃	Juglans regia	胡桃属	胡桃科
11	种	黑核桃	Juglans nigra L.	山核桃属	胡桃科
12	种	太行山梨	Pyrus taihangshanensis	梨属	蔷薇科
13	种	白梨	Pyrus bretschenideri	梨属	蔷薇科
14	种	桃	Amygdalus persica	桃属	蔷薇科
15	品种	'兴农红'桃	Amygdalus persica	桃属	蔷薇科
16	种	杏	Armeniaca vulgaris	杏属	蔷薇科
17	种	紫穗槐	Amorpha fruticosa	紫穗槐属	豆科
18	种	刺槐	Robinia pseudoacacia	刺槐属	豆科
19	种	五角枫	Acer pictum subsp. mono	槭属	槭树科
20	种	梣叶槭	Acer negundo	槭属	槭树科

续表 5-58

序号	分类等级	中文名	学名	属	科
21	品种	'金叶'复叶槭	Acer negundo	槭属	槭树科
22	种	栾树	Koelreuteria paniculata	栾树属	无患子科
23	种	枣	Zizypus jujuba	枣属	鼠李科
24	品种	长红枣	Zizypus jujuba	枣属	鼠李科
25	种	葡萄	Vitis vinifera	葡萄属	葡萄科
26	品种	'神州红'葡萄	Vitis vinifera	葡萄属	葡萄科
27	种	柿	Diospyros kaki	柿树属	柿树科
28	种	白蜡树	Fraxinus chinensis	白蜡树属	木犀科
29	种	毛泡桐	Paulownia tomentosa	泡桐属	玄参科
30	种	白花泡桐	Paulownia fortunei	泡桐属	玄参科

(五)城镇绿化林木种质资源

山城区城镇绿化林木种质资源为 42 科 76 属 133 种(7 个品种),表格 37 份,GPS 点 376 处,拍摄图片 1 015 张(见表 5-59)。主要以雪松、紫荆、大叶女贞、石楠、冬青卫矛、榆叶梅、刚竹、垂丝海棠、千头柏、玉兰、石榴、龙爪槐、樱花、紫叶李、月季等绿化树种为主。山城区城镇绿化种质资源名录见表 5-60。

表 5-59　山城区城镇绿化林木种质资源

序号	乡(镇)	科	属	种	品种	表格(份)	GPS 点	图片(张)
1	石林镇	24	40	52	3	5	91	271
2	鹿楼乡	42	75	119	6	32	285	744

表5-60 山城区城镇绿化种质资源名录

序号	分类等级	中文名	学名	属	科
1	种	银杏	Ginkgo biloba	银杏属	银杏科
2	种	雪松	Cedrus deodara	雪松属	松科
3	种	华山松	Pinus armaudi	松属	松科
4	种	白皮松	Pinus bungeana	松属	松科
5	种	黑松	Pinus thunbergii	松属	松科
6	种	水杉	Metasequoia glyptostroboides	水杉属	杉科
7	种	侧柏	Platycladus orientalis (L.) Franco	侧柏属	柏科
8	种	千头柏	Platycladus orientalis 'Sieboldii'	侧柏属	柏科
9	种	圆柏	Sabina chinensis	圆柏属	柏科
10	种	龙柏	Sabina chinensis 'Kaizuca'	圆柏属	柏科
11	种	刺柏	Juniperus formosana	刺柏属	柏科
12	种	钻天杨	Populus nigra var. italica	杨属	杨柳科
13	种	箭杆杨	Populus nigra var. thevestina	杨属	杨柳科
14	种	加杨	Populus×canadensis	杨属	杨柳科
15	品种	欧美杨107号	Populus×canadensis	杨属	杨柳科
16	种	旱柳	Salix matsudana	柳属	杨柳科
17	种	垂柳	Salix babylonica	柳属	杨柳科
18	种	胡桃	Juglans regia	胡桃属	胡桃科
19	种	大果榆	Ulmus macrocarpa	榆属	榆科
20	种	榆树	Ulmus pumila	榆属	榆科
21	种	中华金叶榆	Ulmus pumila 'Jinye'	榆属	榆科

续表 5-60

序号	分类等级	中文名	学名	属	科
22	种	构树	Broussonetia papyrifera	构属	桑科
23	种	牡丹	Paeonia suffruticosa	芍药属	毛茛科
24	种	紫叶小檗	Berberis thunbergii 'Atropurpurea'	小檗属	小檗科
25	种	南天竹	Nandina domestica	南天竹属	小檗科
26	种	火焰南天竹	Nandina domestica 'Firepower'	南天竹属	小檗科
27	种	荷花玉兰	Magnolia grandiflora	木兰属	木兰科
28	种	玉兰	Magnolia denutata	木兰属	木兰科
29	种	蜡梅	Chimonanthus praecox	蜡梅属	蜡梅科
30	种	海桐	Pittosporum tobira	海桐属	海桐科
31	种	一球悬铃木	Platanus occidentalis	悬铃木属	悬铃木科
32	种	二球悬铃木	Platanus×acerifolia	悬铃木属	悬铃木科
33	种	中华绣线菊	Spiraea chinensis	绣线菊属	蔷薇科
34	种	火棘	Pyracantha frotuneana	火棘属	蔷薇科
35	种	贵州石楠	Photinia Bodinieri	石楠属	蔷薇科
36	种	石楠	Photinia serrulata	石楠属	蔷薇科
37	种	光叶石楠	Photinia glabra	石楠属	蔷薇科
38	种	红叶石楠	Photinia×fraseri	石楠属	蔷薇科
39	种	日本木瓜	Chaenomeles japonica	木瓜属	蔷薇科
40	种	木瓜	Chaenomeles sisnesis	木瓜属	蔷薇科
41	种	白梨	Pyrus bretschenideri	梨属	蔷薇科
42	种	沙梨	Pyrus pyrifolia	梨属	蔷薇科
43	种	垂丝海棠	Malus halliana	苹果属	蔷薇科
44	种	西府海棠	Malus micromalus	苹果属	蔷薇科

续表 5-60

序号	分类等级	中文名	学名	属	科
45	种	河南海棠	Malus honanensis	苹果属	蔷薇科
46	种	重瓣棣棠花	Kerria japonica f. pleniflora	棣棠花属	蔷薇科
47	种	月季	Rosa chinensis	蔷薇属	蔷薇科
48	种	粉团蔷薇	Rosa multiflora var. cathayensis	蔷薇属	蔷薇科
49	种	七姊妹	Rosa multiflora 'Grevillei'	蔷薇属	蔷薇科
50	种	白玉堂	Rosa multiflora var. albo-plena	蔷薇属	蔷薇科
51	种	榆叶梅	Amygdalus triloba	桃属	蔷薇科
52	种	重瓣榆叶梅	Amygdalus triloba 'Multiplex'	桃属	蔷薇科
53	种	山桃	Amygdalus davidiana	桃属	蔷薇科
54	种	桃	Amygdalus persica	桃属	蔷薇科
55	种	紫叶桃	Amygdalus persica 'Atropurpurea'	桃属	蔷薇科
56	种	碧桃	Amygdalus persica 'Duplex'	桃属	蔷薇科
57	种	杏	Armeniaca vulgaris	杏属	蔷薇科
58	种	紫叶李	Prunus cerasifera 'Pissardii'	李属	蔷薇科
59	种	樱桃	Cerasus pseudocerasus	樱属	蔷薇科
60	品种	'红叶'樱花	Cerasus pseudocerasus	樱属	蔷薇科
61	种	山樱花	Cerasus serrulata	樱属	蔷薇科
62	种	麦李	Cerasus glandulosa	樱属	蔷薇科
63	种	合欢	Albizzia julibrissin	合欢属	豆科

续表 5-60

序号	分类等级	中文名	学名	属	科
64	种	湖北紫荆	Cercis glabra	紫荆属	豆科
65	种	紫荆	Cercis chinensis	紫荆属	豆科
66	种	加拿大紫荆	Cercis Canadensis	紫荆属	豆科
67	种	槐	Sophora japonica	槐属	豆科
68	种	龙爪槐	Sophora japonica var. pndula	槐属	豆科
69	种	紫穗槐	Amorpha fruticosa	紫穗槐属	豆科
70	种	紫藤	Wisteria sirensis	紫藤属	豆科
71	种	刺槐	Robinia pseudoacacia	刺槐属	豆科
72	品种	'黄金'刺槐	Robinia pseudoacacia	刺槐属	豆科
73	种	花椒	Zanthoxylum bunngeanum	花椒属	芸香科
74	种	枳	Poncirus trifoliata	枳属	芸香科
75	种	臭椿	Ailanthus altissima	臭椿属（樗属）	苦木科
76	种	香椿	Toona sinensis	香椿属	楝科
77	种	楝	Melia azedarach	楝属	楝科
78	种	乌桕	Sapium sebifera	乌桕属	大戟科
79	种	黄杨	Buxus sinica	黄杨属	黄杨科
80	种	小叶黄杨	Buxus sinica var. parvifolia	黄杨属	黄杨科
81	种	雀舌黄杨	Buxus bodinieri	黄杨属	黄杨科
82	种	黄连木	Pistacia chinensis	黄连木属	漆树科
83	种	火炬树	Rhus Typhina	盐肤木属	漆树科
84	种	毛黄栌	Cotinus coggygria var. pubescens	黄栌属	漆树科
85	种	枸骨	Ilex cornuta	冬青属	冬青科

续表 5-60

序号	分类等级	中文名	学名	属	科
86	种	无刺枸骨	Ilex cornuta 'Fortunei'	冬青属	冬青科
87	种	冬青卫矛	Euonymus japonicus	卫矛属	卫矛科
88	种	元宝槭	Acer truncatum	槭属	槭树科
89	种	五角枫	Acer pictum subsp. mono	槭属	槭树科
90	种	红枫	Acer palmatum 'Atropurpureum'	槭属	槭树科
91	种	茶条槭	Acer tataricum subsp. ginnala	槭属	槭树科
92	种	梣叶槭	Acer negundo	槭属	槭树科
93	品种	'金叶'复叶槭	Acer negundo	槭属	槭树科
94	种	栾树	Koelreuteria paniculata	栾树属	无患子科
95	种	酸枣	Zizypus jujuba var. spinosa	枣属	鼠李科
96	种	地锦	Parthenocissus tricuspidata	地锦属（爬山虎属）	葡萄科
97	种	五叶地锦	Parthenocissus quinquefolia	地锦属（爬山虎属）	葡萄科
98	种	木槿	Hibiscus syriacus	木槿属	锦葵科
99	种	梧桐	Firmiana simplex	梧桐属	梧桐科
100	种	紫薇	Lagerstroemia indicate	紫薇属	千屈菜科
101	种	石榴	Punica granatum	石榴属	石榴科
102	种	白石榴	Punica granatum 'Albescens'	石榴属	石榴科
103	种	柿	Diospyros kaki	柿树属	柿树科
104	种	君迁子	Diospyros lotus	柿树属	柿树科
105	种	白蜡树	Fraxinus chinensis	白蜡树属	木犀科

续表 5-60

序号	分类等级	中文名	学名	属	科
106	种	连翘	Forsythia Suspensa	连翘属	木犀科
107	种	金钟花	Forsythia viridissima	连翘属	木犀科
108	种	木樨	Osmanthus fragrans	木樨属	木犀科
109	品种	丹桂	Osmanthus fragrans	木樨属	木犀科
110	品种	金桂	Osmanthus fragrans	木樨属	木犀科
111	种	女贞	Ligustrum lucidum	女贞属	木犀科
112	品种	平抗 1 号金叶女贞	Ligustrum lucidum	女贞属	木犀科
113	种	小蜡	Ligustrum sinense	女贞属	木犀科
114	种	小叶女贞	Ligustrum quihoui	女贞属	木犀科
115	种	卵叶女贞	Ligustrum ovalifolium	女贞属	木犀科
116	种	迎春花	Jasminum nudiflorum	茉莉属（素馨属）	木犀科
117	种	杠柳	Periploca sepium	杠柳属	萝藦科
118	种	荆条	Vitex negundo var. heterophylla	牡荆属	马鞭草科
119	种	海州常山	Clerodendrum trichotomum	大青属（桢桐属）	马鞭草科
120	种	枸杞	Lycium chinense	枸杞属	茄科
121	种	毛泡桐	Paulownia tomentosa	泡桐属	玄参科
122	种	梓树	Catalpa voata	梓树属	紫葳科
123	种	凌霄	Campasis grandiflora	凌霄属	紫葳科
124	种	接骨木	Sambucus wiliamsii	接骨木属	忍冬科
125	种	琼花	Viburnum macrocephalum f. keteleeri	荚蒾属	忍冬科
126	种	粉团	Viburnum plicatum	荚蒾属	忍冬科

续表 5-60

序号	分类等级	中文名	学名	属	科
127	种	锦带花	Weigela florida	锦带花属	忍冬科
128	种	刚竹	Phyllostachys bambusoides	刚竹属	禾本科
129	种	早园竹	Phyllostachys propinqua	刚竹属	禾本科
130	种	淡竹	Phyllostachys glauca	刚竹属	禾本科
131	种	阔叶箬竹	Indocalamus latifolius	箬竹属	禾本科
132	种	箬叶竹	Indocalamus longiauritus	箬竹属	禾本科
133	种	棕榈	Trachycarpus fortunei	棕榈属	棕榈科

（六）非城镇"四旁"绿化林木种质资源

山城区非城镇"四旁"绿化林木种质资源为44科90属209种（29个品种），表格163份，GPS点2 590处，拍摄图片7 336张（见表5-61）。主要以欧美杨107号、核桃、构树、栾树、白蜡、月季、臭椿、泡桐、楸树、海棠、荆条、香椿、桑树、刺槐等树种在全区各乡村栽培较多。山城区"四旁"树种种质资源名录见表5-62。

表 5-61　山城区非城镇"四旁"绿化林木种质资源

序号	乡（镇）	科	属	种	品种	表格（份）	GPS点	图片（张）
1	石林镇	38	77	151	20	80	1 480	4 495
2	鹿楼乡	41	77	132	17	83	1 110	2 841

表 5-62　山城区"四旁"树种种质资源名录

序号	分类等级	中文名	学名	属	科
1	种	银杏	Ginkgo biloba	银杏属	银杏科
2	品种	'邳县2号'银杏	Ginkgo biloba	银杏属	银杏科
3	种	云杉	Picea asperata	云杉属	松科
4	种	雪松	Cedrus deodara	雪松属	松科
5	种	油松	Pinus tabulaeformis	松属	松科
6	种	黑松	Pinus thunbergii	松属	松科

续表 5-62

序号	分类等级	中文名	学名	属	科
7	种	水杉	Metasequoia glyptostroboides	水杉属	杉科
8	种	侧柏	Platycladus orientalis（L.）Franco	侧柏属	柏科
9	种	千头柏	Platycladus orientalis 'Sieboldii'	侧柏属	柏科
10	种	美国侧柏	Thuja occiidentalis	崖柏属	柏科
11	种	圆柏	Sabina chinensis	圆柏属	柏科
12	品种	北美圆柏	Sabina chinensis	圆柏属	柏科
13	种	龙柏	Sabina chinensis 'Kaizuca'	圆柏属	柏科
14	种	铺地柏	Sabina procumbens	圆柏属	柏科
15	种	刺柏	Juniperus formosana	刺柏属	柏科
16	种	银白杨	Populus alba	杨属	杨柳科
17	种	毛白杨	Populus tomentosa	杨属	杨柳科
18	品种	中红杨	Populus tomentosa	杨属	杨柳科
19	种	大叶杨	Populus lasiocarpa	杨属	杨柳科
20	种	小叶杨	Populus simonii	杨属	杨柳科
21	种	塔形小叶杨	Populus simonii f. fastigiata	杨属	杨柳科
22	种	垂枝小叶杨	Populus simonii f. pendula	杨属	杨柳科
23	种	钻天杨	Populus nigra var. italica	杨属	杨柳科
24	种	加杨	Populus×canadensis	杨属	杨柳科
25	品种	丹红杨	Populus×canadensis	杨属	杨柳科
26	品种	欧美杨 107 号	Populus×canadensis	杨属	杨柳科
27	品种	欧美杨 108 号	Populus×canadensis	杨属	杨柳科
28	种	大叶钻天杨	Populus monilifera	杨属	杨柳科
29	种	旱柳	Salix matsudana	柳属	杨柳科
30	品种	'豫新'柳	Salix matsudana	柳属	杨柳科

续表 5-62

序号	分类等级	中文名	学名	属	科
31	种	馒头柳	Salix matsudana f. umbraculifera	柳属	杨柳科
32	种	垂柳	Salix babylonica	柳属	杨柳科
33	种	枫杨	Pterocarya stenoptera	枫杨属	胡桃科
34	种	胡桃	Juglans regia	胡桃属	胡桃科
35	种	胡桃楸	Juglans mandshurica	胡桃属	胡桃科
36	种	山核桃	Carya cathayensis	山核桃属	胡桃科
37	品种	'中豫长山核桃Ⅱ号'美国山核桃	Carya cathayensis	山核桃属	胡桃科
38	种	榆树	Ulmus pumila	榆属	榆科
39	品种	'豫杂5号'白榆	Ulmus pumila	榆属	榆科
40	种	中华金叶榆	Ulmus pumila 'Jinye'	榆属	榆科
41	种	朴树	Celtis tetrandra subsp. sinensis	朴属	榆科
42	种	华桑	Morus cathayana	桑属	桑科
43	种	桑	Morus alba	桑属	桑科
44	品种	蚕专4号	Morus alba	桑属	桑科
45	品种	桑树新品种7946	Morus alba	桑属	桑科
46	种	山桑	Morus mongolica var. diabolica	桑属	桑科
47	种	构树	Broussonetia papyrifera	构属	桑科
48	种	小构树	Broussonetia kazinoki	构属	桑科
49	种	无花果	Ficus carica	榕属	桑科
50	种	柘树	Cudrania tricuspidata	柘树属	桑科
51	种	牡丹	Paeonia suffruticosa	芍药属	毛茛科

续表 5-62

序号	分类等级	中文名	学名	属	科
52	种	紫叶小檗	Berberis thunbergii 'Atropurpurea'	小檗属	小檗科
53	种	荷花玉兰	Magnolia grandiflora	木兰属	木兰科
54	种	玉兰	Magnolia denutata	木兰属	木兰科
55	品种	'紫霞'玉兰	Magnolia denutata	木兰属	木兰科
56	种	大叶樟	Machilus ichangensis	润楠属	樟科
57	种	杜仲	Eucommia ulmoides	杜仲属	杜仲科
58	品种	'华仲10号'杜仲	Eucommia ulmoides	杜仲属	杜仲科
59	种	一球悬铃木	Platanus occidentalis	悬铃木属	悬铃木科
60	种	二球悬铃木	Platanus×acerifolia	悬铃木属	悬铃木科
61	种	土庄绣线菊	Spiraea pubescens	绣线菊属	蔷薇科
62	种	火棘	Pyracantha frotuneana	火棘属	蔷薇科
63	种	山楂	Crataegus pinnatifida	山楂属	蔷薇科
64	种	山里红	Crataegus pinnatifida var. major	山楂属	蔷薇科
65	种	贵州石楠	Photinia Bodinieri	石楠属	蔷薇科
66	种	石楠	Photinia serrulata	石楠属	蔷薇科
67	种	红叶石楠	Photinia×fraseri	石楠属	蔷薇科
68	种	枇杷	Eriobotrya jopanica	枇杷属	蔷薇科
69	种	皱皮木瓜	Chaenomeles speciosa	木瓜属	蔷薇科
70	种	毛叶木瓜	Chaenomeles cathayensis	木瓜属	蔷薇科
71	种	木瓜	Chaenomeles sisnesis	木瓜属	蔷薇科
72	种	麻梨	Pyrus serrulata	梨属	蔷薇科
73	种	太行山梨	Pyrus taihangshanensis	梨属	蔷薇科
74	种	豆梨	Pyrus calleryana	梨属	蔷薇科

续表 5-62

序号	分类等级	中文名	学名	属	科
75	种	白梨	Pyrus bretschenideri	梨属	蔷薇科
76	种	沙梨	Pyrus pyrifolia	梨属	蔷薇科
77	种	杜梨	Pyrus betulaefolia	梨属	蔷薇科
78	种	垂丝海棠	Malus halliana	苹果属	蔷薇科
79	种	苹果	Malus pumila	苹果属	蔷薇科
80	品种	粉红女士	Malus pumila	苹果属	蔷薇科
81	种	海棠花	Malus spectabilis	苹果属	蔷薇科
82	种	西府海棠	Malus micromalus	苹果属	蔷薇科
83	种	河南海棠	Malus honanensis	苹果属	蔷薇科
84	种	三叶海棠	Malus sieboldii	苹果属	蔷薇科
85	种	月季	Rosa chinensis	蔷薇属	蔷薇科
86	品种	'粉扇'月季	Rosa chinensis	蔷薇属	蔷薇科
87	种	紫月季花	Rosa chinensis var. semperflorens	蔷薇属	蔷薇科
88	种	粉团蔷薇	Rosa multiflora var. cathayensis	蔷薇属	蔷薇科
89	种	七姊妹	Rosa multiflora 'Grevillei'	蔷薇属	蔷薇科
90	种	缫丝花	Rosa roxburghii	蔷薇属	蔷薇科
91	种	紫花重瓣玫瑰	Rosa rugosa f. plena	蔷薇属	蔷薇科
92	种	刺毛蔷薇	Rosa setipoda	蔷薇属	蔷薇科
93	种	美蔷薇	Rosa bella	蔷薇属	蔷薇科
94	种	榆叶梅	Amygdalus triloba	桃属	蔷薇科
95	种	山桃	Amygdalus davidiana	桃属	蔷薇科
96	种	桃	Amygdalus persica	桃属	蔷薇科
97	种	油桃	Amygdalus persica var. nectarine	桃属	蔷薇科

续表 5-62

序号	分类等级	中文名	学名	属	科
98	种	紫叶桃	Amygdalus persica 'Atropurpurea'	桃属	蔷薇科
99	种	碧桃	Amygdalus persica 'Duplex'	桃属	蔷薇科
100	种	杏	Armeniaca vulgaris	杏属	蔷薇科
101	品种	'濮杏1号'	Armeniaca vulgaris	杏属	蔷薇科
102	种	紫叶李	Prunus cerasifera 'Pissardii'	李属	蔷薇科
103	种	李	Prunus salicina	李属	蔷薇科
104	种	樱桃	Cerasus pseudocerasus	樱属	蔷薇科
105	种	东京樱花	Cerasus yedoensis	樱属	蔷薇科
106	种	山樱花	Cerasus serrulata	樱属	蔷薇科
107	种	华中樱桃	Cerasus conradinae	樱属	蔷薇科
108	种	毛樱桃	Cerasus tomentosa	樱属	蔷薇科
109	种	合欢	Albizzia julibrissin	合欢属	豆科
110	品种	'朱羽'合欢	Albizzia julibrissin	合欢属	豆科
111	种	皂荚	Gleditsia sinensis	皂荚属	豆科
112	种	野皂荚	Gleditsia microphylla	皂荚属	豆科
113	种	湖北紫荆	Cercis glabra	紫荆属	豆科
114	种	紫荆	Cercis chinensis	紫荆属	豆科
115	种	加拿大紫荆	Cercis Canadensis	紫荆属	豆科
116	种	槐	Sophora japonica	槐属	豆科
117	种	龙爪槐	Sophora japonica var. pndula	槐属	豆科
118	种	紫穗槐	Amorpha fruticosa	紫穗槐属	豆科
119	种	紫藤	Wisteria sirensis	紫藤属	豆科

续表 5-62

序号	分类等级	中文名	学名	属	科
120	种	刺槐	Robinia pseudoacacia	刺槐属	豆科
121	种	兴安胡枝子	Lespedzea davcerica	胡枝子属	豆科
122	种	花椒	Zanthoxylum bunngeanum	花椒属	芸香科
123	品种	大红椒（油椒、二红袍、二性子）	Zanthoxylum bunngeanum	花椒属	芸香科
124	种	枳	Poncirus trifoliata	枳属	芸香科
125	种	毛臭椿	Ailanthus giraldii	臭椿属（樗属）	苦木科
126	种	臭椿	Ailanthus altissima	臭椿属（樗属）	苦木科
127	种	香椿	Toona sinensis	香椿属	楝科
128	品种	'豫林1号'香椿	Toona sinensis	香椿属	楝科
129	种	楝	Melia azedarach	楝属	楝科
130	种	锦熟黄杨	Buxus sempervirens	黄杨属	黄杨科
131	种	黄杨	Buxus sinica	黄杨属	黄杨科
132	品种	彩叶北海道黄杨	Buxus sinica	黄杨属	黄杨科
133	种	小叶黄杨	Buxus sinica var. parvifolia	黄杨属	黄杨科
134	种	雀舌黄杨	Buxus bodinieri	黄杨属	黄杨科
135	种	南酸枣	Choerospondias axillaris	南酸枣属	漆树科
136	种	盐肤木	Rhus chinensis	盐肤木属	漆树科
137	种	火炬树	Rhus Typhina	盐肤木属	漆树科
138	种	毛黄栌	Cotinus coggygria var. pubescens	黄栌属	漆树科
139	种	卫矛	Euonymus alatus	卫矛属	卫矛科
140	种	白杜	Euonymus maackii	卫矛属	卫矛科

续表 5-62

序号	分类等级	中文名	学名	属	科
141	种	冬青卫矛	Euonymus japonicus	卫矛属	卫矛科
142	种	扶芳藤	Euonymus fortunei	卫矛属	卫矛科
143	种	元宝槭	Acer truncatum	槭属	槭树科
144	种	五角枫	Acer pictum subsp. mono	槭属	槭树科
145	种	栾树	Koelreuteria paniculata	栾树属	无患子科
146	种	冻绿	Rhamnus utilis	鼠李属	鼠李科
147	种	枣	Zizypus jujuba	枣属	鼠李科
148	种	酸枣	Zizypus jujuba var. spinosa	枣属	鼠李科
149	种	变叶葡萄	Vitis piasezkii	葡萄属	葡萄科
150	种	秋葡萄	Vitis romantii	葡萄属	葡萄科
151	种	毛葡萄	Vitis heyneana	葡萄属	葡萄科
152	种	葡萄	Vitis vinifera	葡萄属	葡萄科
153	品种	赤霞珠	Vitis vinifera	葡萄属	葡萄科
154	品种	'水晶红'葡萄	Vitis vinifera	葡萄属	葡萄科
155	种	华东葡萄	Vitis pseudoreticulata	葡萄属	葡萄科
156	种	乌头叶蛇葡萄	Ampelopsis aconitifolia	蛇葡萄属	葡萄科
157	种	地锦	Parthenocissus tricuspidata	地锦属（爬山虎属）	葡萄科
158	种	三叶地锦	Parthenocissus semicordata	地锦属（爬山虎属）	葡萄科
159	种	五叶地锦	Parthenocissus quinquefolia	地锦属（爬山虎属）	葡萄科
160	种	扁担杆	Grewia biloba	扁担杆属	椴树科
161	种	木槿	Hibiscus syriacus	木槿属	锦葵科
162	种	梧桐	Firmiana simplex	梧桐属	梧桐科

续表 5-62

序号	分类等级	中文名	学名	属	科
163	种	河南猕猴桃	Actinidia henanensis	猕猴桃属	猕猴桃科
164	种	紫薇	Lagerstroemia indicate	紫薇属	千屈菜科
165	品种	'红云'紫薇	Lagerstroemia indicate	紫薇属	千屈菜科
166	种	银薇	Lagerstroemia indica alba	紫薇属	千屈菜科
167	种	石榴	Punica granatum	石榴属	石榴科
168	品种	大红甜	Punica granatum	石榴属	石榴科
169	品种	月季	Punica granatum	石榴属	石榴科
170	种	白石榴	Punica granatum 'Albescens'	石榴属	石榴科
171	种	月季石榴	Punica granatum 'Nana'	石榴属	石榴科
172	种	重瓣红石榴	Punica granatum 'Planiflora'	石榴属	石榴科
173	种	柿	Diospyros kaki	柿树属	柿树科
174	种	君迁子	Diospyros lotus	柿树属	柿树科
175	种	山矾	Symplocos sumuntia	山矾属	山矾科
176	种	白蜡树	Fraxinus chinensis	白蜡树属	木犀科
177	种	大叶白蜡树	Fraxinus rhynchophylla	白蜡树属	木犀科
178	种	光蜡树	Fraxinus griffithii	白蜡树属	木犀科
179	种	连翘	Forsythia Suspensa	连翘属	木犀科
180	品种	'金叶'连翘	Forsythia Suspensa	连翘属	木犀科
181	种	金钟花	Forsythia viridissima	连翘属	木犀科
182	种	北京丁香	Syringa pekinensis	丁香属	木犀科
183	种	木樨	Osmanthus fragrans	木樨属	木犀科
184	品种	丹桂	Osmanthus fragrans	木樨属	木犀科
185	种	女贞	Ligustrum lucidum	女贞属	木犀科

续表 5-62

序号	分类等级	中文名	学名	属	科
186	品种	平抗1号金叶女贞	Ligustrum lucidum	女贞属	木犀科
187	种	小蜡	Ligustrum sinense	女贞属	木犀科
188	种	小叶女贞	Ligustrum quihoui	女贞属	木犀科
189	种	迎春花	Jasminum nudiflorum	茉莉属（素馨属）	木犀科
190	种	夹竹桃	Nerium indicum	夹竹桃属	夹竹桃科
191	种	黄荆	Vitex negundo	牡荆属	马鞭草科
192	种	荆条	Vitex negundo var. heterophylla	牡荆属	马鞭草科
193	种	枸杞	Lycium chinense	枸杞属	茄科
194	种	毛泡桐	Paulownia tomentosa	泡桐属	玄参科
195	品种	'南四'泡桐	Paulownia tomentosa	泡桐属	玄参科
196	种	光泡桐	Paulownia tomentosa var. tsinlingensis	泡桐属	玄参科
197	种	兰考泡桐	Paulownia elongata	泡桐属	玄参科
198	种	白花泡桐	Paulownia fortunei	泡桐属	玄参科
199	种	梓树	Catalpa voata	梓树属	紫葳科
200	种	楸树	Catalpa bungei	梓树属	紫葳科
201	种	凌霄	Campsis grandiflora	凌霄属	紫葳科
202	种	接骨木	Sambucus wiliamsii	接骨木属	忍冬科
203	种	忍冬	Lonicera japonica	忍冬属	忍冬科
204	种	刚竹	Phyllostachys bambusoides	刚竹属	禾本科
205	种	早园竹	Phyllostachys propinqua	刚竹属	禾本科
206	种	淡竹	Phyllostachys glauca	刚竹属	禾本科
207	种	箬叶竹	Indocalamus longiauritus	箬竹属	禾本科
208	种	凤凰竹	Bambusa multiplex	刺竹属	禾本科
209	种	棕榈	Trachycarpus fortunei	棕榈属	棕榈科

（七）古树名木和古树群林木种质资源

山城区古树名木林木种质资源为6科6属6种，表格23份，GPS点25处，拍摄图片89张（见表5-63）。全区古树名木20株，其中：侧柏10株、国槐 5 株、皂荚 3 株、酸枣 1 株、西府海棠 1 株(见表 5-64)。古树群 1 个表格,皂荚古树群 1 个(见表 5-65)。这些古树名木主要分布在乡村旁边,得到群众的自觉保护,没有发现砍伐古树名木的现象。这次普查在原有 10 株的基础上,又补充调查古树名木 10 株、古树群 1 个。

表 5-63 山城区古树名木林木种质资源分布

序号	乡(镇)	资源类别	科	属	种	表格(份)	GPS 点	图片(张)
1	石林镇	古树名木	4	4	4	17	19	60
2	鹿楼乡	古树名木	3	3	3	6	6	29

表 5-64 山城区古树名木资源统计表

序号	中文名	拉丁学	胸径(cm)	树高(m)	枝下高(m)	冠幅(m)	传说年龄(年)	估测年龄(年)	生长势
1	西府海棠	Malus micromalus	36	7.5	0.5	8	100	105	旺盛
2	侧柏	Platycladus orientalis (L.) Franco	75	12	2.3	12	1 000	1 000	旺盛
3	侧柏	Platycladus orientalis (L.) Franco	35	9	1.5	8.5	150	120	旺盛
4	侧柏	Platycladus orientalis (L.) Franco	140	23.5	3.8	15	1 563	1 563	旺盛
5	槐	Sophora japonica	56	11	4.3	11	300	300	一般
6	皂荚	Gleditsia sinensis	78	12	1.9	16	250	200	旺盛
7	侧柏	Platycladus orientalis (L.) Franco	32	12.5	2.8	4.8	250	200	旺盛
8	槐	Sophora japonica	68	13.5	4.6	15	200	160	一般
9	侧柏	Platycladus orientalis (L.) Franco	36	12	3.5	8.5	200	190	旺盛
10	槐	Sophora japonica	70	14.5	3.6	15	200	180	旺盛
11	皂荚	Gleditsia sinensis	78	18	3.6	20	750	500	一般
12	侧柏	Platycladus orientalis (L.) Franco	40	16	1.5	6	800	450	旺盛
13	侧柏	Platycladus orientalis (L.) Franco	40	15.5	1.9	6.5	800	450	旺盛
14	槐	Sophora japonica	60	6	1.9	6	200	150	一般

续表 5-63

序号	中文名	拉丁学	胸径 （cm）	树高 （m）	枝下高 （m）	冠幅 （m）	传说年龄 （年）	估测 年龄 （年）	生长 势
15	侧柏	Platycladus orientalis （L.）Franco	85	8.2	1	5	500	430	较差
16	酸枣	Zizypus jujuba var. spinosa	89	10	1.6	9.8	1 400	830	较差
17	侧柏	Platycladus orientalis （L.）Franco	48	9	1.9	8.5	240	200	旺盛
18	侧柏	Platycladus orientalis （L.）Franco	110	12	2.8	12	1 500	1 200	旺盛
19	皂荚	Gleditsia sinensis	78	12.5	4	15	500	450	一般
20	槐	Sophora japonica	96	21.1	2.5	14.4	200	165	旺盛

表 5-65　山城区古树群林木种质资源分布

序号	乡（镇）	小地名	经度 （°）	纬度 （°）	海拔 （m）	古树群 株数	中文名	拉丁学名	平均 年龄 （年）	生长势
1	石林镇	西石林	114.24	35.923 2	135.72	5	皂荚	Gleditsia sinensis	350	旺盛
2	石林镇	西石林	114.24	35.923 3	114.53	18	皂荚	Gleditsia sinensis	350	旺盛

鹤壁市山城区林木种质资源名录见表 5-66。

表 5-66　鹤壁市山城区林木种质资源名录

序号	种	中文名	学名	属	科
1	种	银杏	Ginkgo biloba	银杏属	银杏科
2	品种	'邳县2号' 银杏	Ginkgo biloba	银杏属	银杏科
3	种	云杉	Picea asperata	云杉属	松科
4	种	雪松	Cedrus deodara	雪松属	松科
5	种	华山松	Pinus armaudi	松属	松科
6	种	白皮松	Pinus bungeana	松属	松科

续表 5-66

序号	种	中文名	学名	属	科
7	种	油松	Pinus tabulaeformis	松属	松科
8	种	黑松	Pinus thunbergii	松属	松科
9	种	水杉	Metasequoia glyptostroboides	水杉属	杉科
10	种	侧柏	Platycladus orientalis（L.）Franco	侧柏属	柏科
11	种	千头柏	Platycladus orientalis 'Sieboldii'	侧柏属	柏科
12	种	美国侧柏	Thuja occiidentalis	崖柏属	柏科
13	种	圆柏	Sabina chinensis	圆柏属	柏科
14	品种	北美圆柏	Sabina chinensis	圆柏属	柏科
15	种	龙柏	Sabina chinensis 'Kaizuca'	圆柏属	柏科
16	种	铺地柏	Sabina procumbens	圆柏属	柏科
17	种	刺柏	Juniperus formosana	刺柏属	柏科
18	种	银白杨	Populus alba	杨属	杨柳科
19	种	毛白杨	Populus tomentosa	杨属	杨柳科
20	品种	中红杨	Populus tomentosa	杨属	杨柳科
21	种	大叶杨	Populus lasiocarpa	杨属	杨柳科
22	种	小叶杨	Populus simonii	杨属	杨柳科
23	种	塔形小叶杨	Populus simonii f. fastigiata	杨属	杨柳科
24	种	垂枝小叶杨	Populus simonii f. pendula	杨属	杨柳科
25	种	钻天杨	Populus nigra var. italica	杨属	杨柳科
26	种	箭杆杨	Populus nigra var. thevestina	杨属	杨柳科
27	种	加杨	Populus×canadensis	杨属	杨柳科
28	品种	丹红杨	Populus×canadensis	杨属	杨柳科
29	品种	欧美杨 107 号	Populus×canadensis	杨属	杨柳科
30	品种	欧美杨 108 号	Populus×canadensis	杨属	杨柳科
31	种	大叶钻天杨	Populus monilifera	杨属	杨柳科

续表 5-66

序号	种	中文名	学名	属	科
32	种	旱柳	Salix matsudana	柳属	杨柳科
33	品种	'豫新'柳	Salix matsudana	柳属	杨柳科
34	种	馒头柳	Salix matsudana f. umbraculifera	柳属	杨柳科
35	种	垂柳	Salix babylonica	柳属	杨柳科
36	种	枫杨	Pterocarya stenoptera	枫杨属	胡桃科
37	种	胡桃	Juglans regia	胡桃属	胡桃科
38	品种	'绿波'核桃	Juglans regia	胡桃属	胡桃科
39	种	胡桃楸	Juglans mandshurica	胡桃属	胡桃科
40	品种	'中豫长山核桃Ⅱ号'美国山核桃	Carya cathayensis	山核桃属	胡桃科
41	种	黑核桃	Juglans nigra L.	山核桃属	胡桃科
42	种	大果榆	Ulmus macrocarpa	榆属	榆科
43	种	榆树	Ulmus pumila	榆属	榆科
44	品种	'豫杂5号'白榆	Ulmus pumila	榆属	榆科
45	种	中华金叶榆	Ulmus pumila 'Jinye'	榆属	榆科
46	种	朴树	Celtis tetrandra subsp. sinensis	朴属	榆科
47	种	华桑	Morus cathayana	桑属	桑科
48	种	桑	Morus alba	桑属	桑科
49	品种	蚕专4号	Morus alba	桑属	桑科
50	品种	桑树新品种7946	Morus alba	桑属	桑科
51	种	山桑	Morus mongolica var. diabolica	桑属	桑科
52	种	构树	Broussonetia papyrifera	构属	桑科
53	种	小构树	Broussonetia kazinoki	构属	桑科

续表 5-66

序号	种	中文名	学名	属	科
54	种	无花果	Ficus carica	榕属	桑科
55	种	柘树	Cudrania tricuspidata	柘树属	桑科
56	种	牡丹	Paeonia suffruticosa	芍药属	毛茛科
57	种	猫儿屎	Decaisnea fargesii	猫儿屎属	木通科
58	种	紫叶小檗	Berberis thunbergii 'Atropurpurea'	小檗属	小檗科
59	种	南天竹	Nandina domestica	南天竹属	小檗科
60	种	火焰南天竹	Nandina domestica 'Firepower'	南天竹属	小檗科
61	种	荷花玉兰	Magnolia grandiflora	木兰属	木兰科
62	种	玉兰	Magnolia denutata	木兰属	木兰科
63	品种	'紫霞'玉兰	Magnolia denutata	木兰属	木兰科
64	种	蜡梅	Chimonanthus praecox	蜡梅属	蜡梅科
65	种	大叶樟	Machilus ichangensis	润楠属	樟科
66	种	海桐	Pittosporum tobira	海桐属	海桐科
67	种	杜仲	Eucommia ulmoides	杜仲属	杜仲科
68	品种	'华仲10号'杜仲	Eucommia ulmoides	杜仲属	杜仲科
69	种	一球悬铃木	Platanus occidentalis	悬铃木属	悬铃木科
70	种	二球悬铃木	Platanus×acerifolia	悬铃木属	悬铃木科
71	种	土庄绣线菊	Spiraea pubescens	绣线菊属	蔷薇科
72	种	中华绣线菊	Spiraea chinensis	绣线菊属	蔷薇科
73	种	火棘	Pyracantha frotuneana	火棘属	蔷薇科
74	种	山楂	Crataegus pinnatifida	山楂属	蔷薇科
75	种	山里红	Crataegus pinnatifida var. major	山楂属	蔷薇科
76	种	贵州石楠	Photinia Bodinieri	石楠属	蔷薇科
77	种	石楠	Photinia serrulata	石楠属	蔷薇科
78	种	光叶石楠	Photinia glabra	石楠属	蔷薇科

续表 5-66

序号	种	中文名	学名	属	科
79	种	红叶石楠	Photinia×fraseri	石楠属	蔷薇科
80	种	枇杷	Eriobotrya jopanica	枇杷属	蔷薇科
81	种	皱皮木瓜	Chaenomeles speciosa	木瓜属	蔷薇科
82	种	毛叶木瓜	Chaenomeles cathayensis	木瓜属	蔷薇科
83	种	日本木瓜	Chaenomeles japonica	木瓜属	蔷薇科
84	种	木瓜	Chaenomeles sisnesis	木瓜属	蔷薇科
85	种	麻梨	Pyrus serrulata	梨属	蔷薇科
86	种	太行山梨	Pyrus taihangshanensis	梨属	蔷薇科
87	种	豆梨	Pyrus calleryana	梨属	蔷薇科
88	种	白梨	Pyrus bretschenideri	梨属	蔷薇科
89	种	沙梨	Pyrus pyrifolia	梨属	蔷薇科
90	种	杜梨	Pyrus betulaefolia	梨属	蔷薇科
91	种	垂丝海棠	Malus halliana	苹果属	蔷薇科
92	种	苹果	Malus pumila	苹果属	蔷薇科
93	品种	粉红女士	Malus pumila	苹果属	蔷薇科
94	种	海棠花	Malus spectabilis	苹果属	蔷薇科
95	种	西府海棠	Malus micromalus	苹果属	蔷薇科
96	种	河南海棠	Malus honanensis	苹果属	蔷薇科
97	种	三叶海棠	Malus sieboldii	苹果属	蔷薇科
98	种	重瓣棣棠花	Kerria japonica f. pleniflora	棣棠花属	蔷薇科
99	种	月季	Rosa chinensis	蔷薇属	蔷薇科
100	品种	'粉扇'月季	Rosa chinensis	蔷薇属	蔷薇科
101	种	紫月季花	Rosa chinensis var. semperflorens	蔷薇属	蔷薇科
102	种	粉团蔷薇	Rosa multiflora var. cathayensis	蔷薇属	蔷薇科
103	种	七姊妹	Rosa multiflora 'Grevillei'	蔷薇属	蔷薇科

续表 5-66

序号	种	中文名	学名	属	科
104	种	白玉堂	Rosa multiflora var. albo-plena	蔷薇属	蔷薇科
105	种	缫丝花	Rosa roxburghii	蔷薇属	蔷薇科
106	种	紫花重瓣玫瑰	Rosa rugosa f. plena	蔷薇属	蔷薇科
107	种	刺毛蔷薇	Rosa setipoda	蔷薇属	蔷薇科
108	种	美蔷薇	Rosa bella	蔷薇属	蔷薇科
109	种	榆叶梅	Amygdalus triloba	桃属	蔷薇科
110	种	重瓣榆叶梅	Amygdalus triloba 'Multiplex'	桃属	蔷薇科
111	种	山桃	Amygdalus davidiana	桃属	蔷薇科
112	种	桃	Amygdalus persica	桃属	蔷薇科
113	品种	'兴农红'桃	Amygdalus persica	桃属	蔷薇科
114	种	油桃	Amygdalus persica var. nectarine	桃属	蔷薇科
115	种	紫叶桃	Amygdalus persica 'Atropurpurea'	桃属	蔷薇科
116	种	碧桃	Amygdalus persica 'Duplex'	桃属	蔷薇科
117	种	杏	Armeniaca vulgaris	杏属	蔷薇科
118	品种	'濮杏1号'	Armeniaca vulgaris	杏属	蔷薇科
119	种	紫叶李	Prunus cerasifera 'Pissardii'	李属	蔷薇科
120	种	李	Prunus salicina	李属	蔷薇科
121	种	樱桃	Cerasus pseudocerasus	樱属	蔷薇科
122	品种	'红叶'樱花	Cerasus pseudocerasus	樱属	蔷薇科
123	种	东京樱花	Cerasus yedoensis	樱属	蔷薇科
124	种	山樱花	Cerasus serrulata	樱属	蔷薇科
125	种	华中樱桃	Cerasus conradinae	樱属	蔷薇科
126	种	毛樱桃	Cerasus tomentosa	樱属	蔷薇科
127	种	麦李	Cerasus glandulosa	樱属	蔷薇科
128	种	山槐	Albizzia kalkora	合欢属	豆科

续表 5-66

序号	种	中文名	学名	属	科
129	种	合欢	Albizzia julibrissin	合欢属	豆科
130	品种	'朱羽'合欢	Albizzia julibrissin	合欢属	豆科
131	种	皂荚	Gleditsia sinensis	皂荚属	豆科
132	种	野皂荚	Gleditsia microphylla	皂荚属	豆科
133	种	湖北紫荆	Cercis glabra	紫荆属	豆科
134	种	紫荆	Cercis chinensis	紫荆属	豆科
135	种	加拿大紫荆	Cercis Canadensis	紫荆属	豆科
136	种	槐	Sophora japonica	槐属	豆科
137	种	龙爪槐	Sophora japonica var. pndula	槐属	豆科
138	种	紫穗槐	Amorpha fruticosa	紫穗槐属	豆科
139	种	紫藤	Wisteria sirensis	紫藤属	豆科
140	种	刺槐	Robinia pseudoacacia	刺槐属	豆科
141	品种	'黄金'刺槐	Robinia pseudoacacia	刺槐属	豆科
142	种	兴安胡枝子	Lespedzea davcerica	胡枝子属	豆科
143	种	赵公鞭	Lespedzea hedysaroides	胡枝子属	豆科
144	种	截叶铁扫帚	Lespedzea cuneata	胡枝子属	豆科
145	种	花椒	Zanthoxylum bunngeanum	花椒属	芸香科
146	品种	大红椒(油椒、二红袍、二性子)	Zanthoxylum bunngeanum	花椒属	芸香科
147	种	枳	Poncirus trifoliata	枳属	芸香科
148	种	毛臭椿	Ailanthus giraldii	臭椿属(樗属)	苦木科
149	种	臭椿	Ailanthus altissima	臭椿属(樗属)	苦木科

续表 5-66

序号	种	中文名	学名	属	科
150	种	香椿	Toona sinensis	香椿属	楝科
151	品种	'豫林1号'香椿	Toona sinensis	香椿属	楝科
152	种	楝	Melia azedarach	楝属	楝科
153	种	乌桕	Sapium sebifera	乌桕属	大戟科
154	种	锦熟黄杨	Buxus sempervirens	黄杨属	黄杨科
155	种	黄杨	Buxus sinica	黄杨属	黄杨科
156	品种	彩叶北海道黄杨	Buxus sinica	黄杨属	黄杨科
157	种	小叶黄杨	Buxus sinica var. parvifolia	黄杨属	黄杨科
158	种	雀舌黄杨	Buxus bodinieri	黄杨属	黄杨科
159	种	南酸枣	Choerospondias axillaris	南酸枣属	漆树科
160	种	黄连木	Pistacia chinensis	黄连木属	漆树科
161	种	盐肤木	Rhus chinensis	盐肤木属	漆树科
162	种	火炬树	Rhus Typhina	盐肤木属	漆树科
163	种	粉背黄栌	Cotinus coggygria var. glaucophylla	黄栌属	漆树科
164	种	毛黄栌	Cotinus coggygria var. pubescens	黄栌属	漆树科
165	种	枸骨	Ilex cornuta	冬青属	冬青科
166	种	无刺枸骨	Ilex cornuta 'Fortunei'	冬青属	冬青科
167	种	卫矛	Euonymus alatus	卫矛属	卫矛科
168	种	白杜	Euonymus maackii	卫矛属	卫矛科
169	种	冬青卫矛	Euonymus japonicus	卫矛属	卫矛科
170	种	扶芳藤	Euonymus fortunei	卫矛属	卫矛科
171	种	元宝槭	Acer truncatum	槭属	槭树科
172	种	五角枫	Acer pictum subsp. mono	槭属	槭树科
173	种	红枫	Acer palmatum 'Atropurpureum'	槭属	槭树科
174	种	茶条槭	Acer tataricum subsp. ginnala	槭属	槭树科

续表 5-66

序号	种	中文名	学名	属	科
175	种	梣叶槭	Acer negundo	槭属	槭树科
176	品种	'金叶'复叶槭	Acer negundo	槭属	槭树科
177	种	栾树	Koelreuteria paniculata	栾树属	无患子科
178	种	黄山栾树	Koelreuteria bipinnata 'Integrifoliola'	栾树属	无患子科
179	种	冻绿	Rhamnus utilis	鼠李属	鼠李科
180	种	枣	Zizypus jujuba	枣属	鼠李科
181	品种	长红枣	Zizypus jujuba	枣属	鼠李科
182	种	酸枣	Zizypus jujuba var. spinosa	枣属	鼠李科
183	种	变叶葡萄	Vitis piasezkii	葡萄属	葡萄科
184	种	秋葡萄	Vitis romantii	葡萄属	葡萄科
185	种	毛葡萄	Vitis heyneana	葡萄属	葡萄科
186	种	葡萄	Vitis vinifera	葡萄属	葡萄科
187	品种	赤霞珠	Vitis vinifera	葡萄属	葡萄科
188	品种	'神州红'葡萄	Vitis vinifera	葡萄属	葡萄科
189	品种	'水晶红'葡萄	Vitis vinifera	葡萄属	葡萄科
190	种	华东葡萄	Vitis pseudoreticulata	葡萄属	葡萄科
191	种	掌裂蛇葡萄	Ampelopsis delavayana var. glabra	蛇葡萄属	葡萄科
192	种	乌头叶蛇葡萄	Ampelopsis aconitifolia	蛇葡萄属	葡萄科
193	种	地锦	Parthenocissus tricuspidata	地锦属（爬山虎属）	葡萄科
194	种	三叶地锦	Parthenocissus semicordata	地锦属（爬山虎属）	葡萄科
195	种	五叶地锦	Parthenocissus quinquefolia	地锦属（爬山虎属）	葡萄科

续表 5-66

序号	种	中文名	学名	属	科
196	种	扁担杆	Grewia biloba	扁担杆属	椴树科
197	种	小花扁担杆	Grewia biloba var. parvifolia	扁担杆属	椴树科
198	种	木槿	Hibiscus syriacus	木槿属	锦葵科
199	种	梧桐	Firmiana simplex	梧桐属	梧桐科
200	种	河南猕猴桃	Actinidia henanensis	猕猴桃属	猕猴桃科
201	种	紫薇	Lagerstroemia indicate	紫薇属	千屈菜科
202	品种	'红云'紫薇	Lagerstroemia indicate	紫薇属	千屈菜科
203	种	银薇	Lagerstroemia indica alba	紫薇属	千屈菜科
204	种	石榴	Punica granatum	石榴属	石榴科
205	品种	大红甜	Punica granatum	石榴属	石榴科
206	品种	月季	Punica granatum	石榴属	石榴科
207	种	白石榴	Punica granatum 'Albescens'	石榴属	石榴科
208	种	月季石榴	Punica granatum 'Nana'	石榴属	石榴科
209	种	重瓣红石榴	Punica granatum 'Planiflora'	石榴属	石榴科
210	种	柿	Diospyros kaki	柿树属	柿树科
211	种	君迁子	Diospyros lotus	柿树属	柿树科
212	种	白蜡树	Fraxinus chinensis	白蜡树属	木犀科
213	种	大叶白蜡树	Fraxinus rhynchophylla	白蜡树属	木犀科
214	种	光蜡树	Fraxinus griffithii	白蜡树属	木犀科
215	种	连翘	Forsythia Suspensa	连翘属	木犀科
216	品种	'金叶'连翘	Forsythia Suspensa	连翘属	木犀科
217	种	金钟花	Forsythia viridissima	连翘属	木犀科
218	种	北京丁香	Syringa pekinensis	丁香属	木犀科
219	种	木樨	Osmanthus fragrans	木樨属	木犀科
220	品种	丹桂	Osmanthus fragrans	木樨属	木犀科

续表 5-66

序号	种	中文名	学名	属	科
221	品种	金桂	Osmanthus fragrans	木樨属	木犀科
222	种	女贞	Ligustrum lucidum	女贞属	木犀科
223	品种	平抗 1 号 金叶女贞	Ligustrum lucidum	女贞属	木犀科
224	种	小蜡	Ligustrum sinense	女贞属	木犀科
225	种	小叶女贞	Ligustrum quihoui	女贞属	木犀科
226	种	卵叶女贞	Ligustrum ovalifolium	女贞属	木犀科
227	种	迎春花	Jasminum nudiflorum	茉莉属（素馨属）	木犀科
228	种	夹竹桃	Nerium indicum	夹竹桃属	夹竹桃科
229	种	杠柳	Periploca sepium	杠柳属	萝藦科
230	种	黄荆	Vitex negundo	牡荆属	马鞭草科
231	种	荆条	Vitex negundo var. heterophylla	牡荆属	马鞭草科
232	种	海州常山	Clerodendrum trichotomum	大青属（桢桐属）	马鞭草科
233	种	枸杞	Lycium chinense	枸杞属	茄科
234	种	毛泡桐	Paulownia tomentosa	泡桐属	玄参科
235	品种	'南四'泡桐	Paulownia tomentosa	泡桐属	玄参科
236	种	光泡桐	Paulownia tomentosa var. tsinlingensis	泡桐属	玄参科
237	种	兰考泡桐	Paulownia elongata	泡桐属	玄参科
238	种	白花泡桐	Paulownia fortunei	泡桐属	玄参科
239	种	梓树	Catalpa voata	梓树属	紫葳科
240	种	楸树	Catalpa bungei	梓树属	紫葳科
241	种	凌霄	Campasis grandiflora	凌霄属	紫葳科

续表5-66

序号	种	中文名	学名	属	科
242	种	接骨木	Sambucus wiliamsii	接骨木属	忍冬科
243	种	琼花	Viburnum macrocephalum f. keteleeri	荚蒾属	忍冬科
244	种	粉团	Viburnum plicatum	荚蒾属	忍冬科
245	种	锦带花	Weigela florida	锦带花属	忍冬科
246	种	忍冬	Lonicera japonica	忍冬属	忍冬科
247	种	刚竹	Phyllostachys bambusoides	刚竹属	禾本科
248	种	早园竹	Phyllostachys propinqua	刚竹属	禾本科
249	种	淡竹	Phyllostachys glauca	刚竹属	禾本科
250	种	阔叶箬竹	Indocalamus latifolius	箬竹属	禾本科
251	种	箬叶竹	Indocalamus longiauritus	箬竹属	禾本科
252	种	凤凰竹	Bambusa multiplex	刺竹属	禾本科
253	种	棕榈	Trachycarpus fortunei	棕榈属	棕榈科

四、林木种质资源状况综合分析

山城区共计木本植物49科101属253种37品种。调查发现山城区树种分布如下:加杨(以品种欧美杨107号为主)占比3.4%、冬青卫矛占比3.2%、构树占比2.8%、月季占比2.8%、胡桃占比2.8%、桃占比2.7%、花椒占比2.6%、女贞占比2.5%、臭椿占比2.3%、刺槐占比2.2%,其他树种占比72.3%。树种排名前10树种如下:加杨(以品种欧美杨107号为主)、构树、臭椿、刺槐较多,多用于乡村"四旁"树绿化;而冬青卫矛、月季、女贞较多,主要用于城镇绿化树种及行道树;胡桃、桃、花椒多用于集中栽培。

调查结果统计分析显示,山城区最主要的行道树是二球悬铃木、国槐、白蜡、杨树、垂柳等;主要的观花树种是榆叶梅、紫叶李、碧桃、紫荆、日本晚樱、月季等,而且榆叶梅、碧桃、紫荆和月季在山城区生长旺盛,在各处种植颇多。

此外,山城区处于太行山区过渡地带,地貌以丘陵为主,野生树种资源分布较少,主要以荆条、栾树、火炬树、圆柏、侧柏、刺槐、构树、乌头叶蛇葡萄为主。古树名木共计20株、古树群1个,古树资源相对较少。

第五节　鹤山区林木种质资源

一、自然地理条件

(一)地理位置

鹤山区位于太行山东麓,鹤壁市北部,因"古有双鹤栖于南山峭壁,其山曰鹤山"而得名。东与山城区石林乡、安阳县马投涧乡交界,西与林州市、安阳县相邻,南与山城区鹿楼乡相连,北与安阳县接壤,地理坐标为东经114°0′~114°09′,北纬35°55′~36°0′,总面积139 km²。鹤山区东距汤阴县城23 km,西距林州市55 km,北距安阳市27 km,南距淇滨开发区30 km,距郑州230 km。

(二)地形地貌

鹤山区东西长约17.6 km,南北宽约15.8 km,地势上起伏较大,呈现西南高、东北低,西半部为山区,东半部为丘陵。

(三)气候

鹤山区属暖温带半湿润性季风气候,四季分明,光照充足,温差较大。历年年均日照时数为2 437.4 h,年平均气温为14.7 ℃,最高气温42.3 ℃,最低气温-15.5 ℃,年平均降水量为690 mm。

(四)水文

鹤山区境内水资源主要靠大气降水补给,水资源总量为4 800余万 m³,另有洹河过境水3 700万 m³。共有汤河、羑河、金线河、洹河、新庄河5条主要河流,其中洹河、新庄河为过境河流。有杨邑水库、龙宫水库、韩林涧水库、贾吕寨水库4座小型水库,其中杨邑水库归鹤壁市管理。

(五)土壤

鹤山区境内土壤为褐土,矿产资源丰富。能源矿产煤炭、瓦斯最为丰富,除国有煤田外煤炭储量800余万吨。建筑材料矿产有水泥灰炭矿、砖瓦黏土矿和大理石石材矿,另外有耐火黏土矿、化工灰岩矿和白云岩矿。

(六)植被

鹤山区境内野生动、植物资源较为丰富。常见野生动物86种,其中灰鹤、野莺属国家二级保护动物,乌龟、苍鹭属省内重点保护动物。植物资源属太行山东坡低山丘陵生态区,主要植物种类 90 余种。其中野大豆、刺五加属省级以上珍稀濒危物种。

二、社会经济条件

近年来,鹤山区立足自身优势,强力推进转型发展,规划建设了姬家山产业园区和韩林涧煤炭物流产业园区两个发展平台,全力承接产业转移。正按照"规模化、链条化、智能化、科技化、绿色化"发展要求,大力实施横向耦合、纵向闭合式产业集聚发展,打造河南省化工产业清洁生产示范园区和全国一流的绿色化工园区;同时,积极培育"互联网+煤炭"电子商务业态发展,着力做大总部经济,努力打造亿吨级煤炭电商交易平台,力争煤炭交易额达到 1 000 亿元,建设中部地区重要的煤炭物流交易中心。鹤山区在推进城乡建设中,坚持产城融合一体推进,充分利用国储林、独立工矿区、"山水林田湖草"等各类项目资金 20 亿元,统筹推进三大攻坚战、文明城市创建、百城建设提质工程和乡村振兴战略,强力实施推进"三水四园六片区+9988 工程",高标准打造精品小城镇和美丽乡村,辖区群众生活品质越来越好。

鹤山区生态环境良好,历史悠久,文化积淀丰厚,人文景观和自然景观各具特色。五岩山景区云蒸霞蔚、层峦叠嶂,更有被后世尊为"药王"的孙思邈采药炼丹隐居处——药王洞。黄庙沟森林公园位于姬家山乡西部山区黄庙沟村西南 2.5 km 处,森林面积约 5 000 余亩。林区植物种类 90 余种,有野生动物数十种,还盛产远志、柴胡、冬凌草等多种名贵药材。

三、林木种质资源状况

(一) 资源概况

据本次统计普查,鹤山区林木种质资源为 51 科 101 属 224 种(包含 25 个品种,见表 5-67)。共计记录 350 份调查表,GPS 点 1 820 处,上传图片 2 434 张(见表 5-68)。其中裸子植物 13 种,隶属 3 科 7 属,被子植物 211 种(包含 25 个品种),隶属 48 科 94 属。鹤山区林木种质资源调查表统计见表 5-69。

表 5-67　鹤山区木本植物数量分布

类别	科数	属数	种数
裸子植物	3	7	13
被子植物	48	94	211
合计	51	101	224

表 5-68　鹤山区林木种质资源类别统计

序号	资源类别	科	属	种	品种	表格（份）	GPS 点	图片（张）
1	野生林木	42	79	114	0	6	189	463
2	栽培利用	48	89	158	25	283	1 568	1 816
3	古树名木	7	9	11	0	40	42	103
4	引进选育	1	1	1	1	1	1	0
5	优良品种	10	11	13	0	20	20	52

表 5-69　鹤山区林木种质资源调查表统计

序号	资源类别	科	属	种	品种	表格（份）	GPS 点	图片（张）
1	集中栽培	22	41	65	16	187	187	314
2	城镇绿化	44	77	118	7	17	351	491
3	四旁树	41	67	113	14	79	1 030	1 011
4	古树群	3	3	3	0	2	4	0
5	新选育	1	1	1	1	1	1	0

1. 按照木本植物的生长类型分类

常见乔木：五角枫、旱柳、加杨、二球悬铃木、刺槐、女贞、兰考泡桐等。二球悬铃木、雪松、栾树、女贞等为鹤山区主要的行道树。

常见灌木：南天竹、红叶石楠、冬青卫矛、小叶女贞等。其中，冬青卫矛栽培变种数量较多，成为苗圃基地，给人们带来经济效益。

木质藤本:种类较少,常见的有地锦、紫藤、葡萄等。地锦与紫藤常常人工种植于墙壁或形成花架,供人休憩,营造氛围,常用于园林观赏,增加城市绿化率。

2.按照木本植物的观赏特性分类

常见观花树种:玉兰、日本晚樱、荷花玉兰、榆叶梅、碧桃、木瓜、棣棠花、月季、木槿等。观花树种以蔷薇科居多。

常见观叶树种:银杏、毛黄栌、南天竹、紫叶李、悬铃木、乌桕、元宝枫、五角枫、栾树等。观叶树种主要是一些秋季变色及叶形独特的树种。秋季变色树种主要是槭树科;叶形奇特观叶树种分布较松散,如扇形的银杏、形似马褂的鹅掌楸、心形叶的乌桕等,均具有较高的观赏价值。其中银杏和鹅掌楸还是我国的国家级保护植物。

常见观果树种:南天竹、石楠、山楂、木瓜、栾树、鸡爪槭、石榴、柿等。观果树种,如木瓜、栾树、石榴、柿树、山楂、桃等树种。

通过调查统计分析,调查树种类别主要分为三大类,分别是野生林木种质资源、栽培利用林木种质资源、古树名木资源。根据数据显示,野生林木种质资源共记录114种,隶属于42科79属,记录表格数6份。栽培利用种质资源共记录158种(包含25个品种),隶属于48科89属。城镇绿化种质资源共记录118种(包含7个品种),隶属于44科77属。"四旁"树种质资源共记录113种(包含14个品种),隶属于41科67属。古树名木38株,隶属于7科9属11种;古树群2处(3株古树)。

(二)野生林木种质资源

鹤山区野生林木种质资源为42科79属114种,6份表格,GPS点189处,拍摄图片463张(见表5-69,鹤山区野生林木资源名录见表5-71。

表5-70　鹤山区野生林木资源

序号	乡(镇)	科	属	种	品种	表格(份)	GPS点	图片(张)
1	鹤壁集镇	36	61	82	0	4	106	237
2	姬家山乡	26	44	59	0	2	83	226

表5-71　鹤山区野生林木资源名录

序号	种	中文名	学名	属	科	科学名	GPS点	图片（张）
1	种	银杏	Ginkgo biloba	银杏属	银杏科	Ginkgoaceae	1	2
2	种	白杆	Picea meyeri	云杉属	松科	Pinaceae	1	3
3	种	雪松	Cedrus deodara	雪松属	松科	Pinaceae	1	3
4	种	白皮松	Pinus bungeana	松属	松科	Pinaceae	1	2
5	种	油松	Pinus tabulaeformis	松属	松科	Pinaceae	1	3
6	种	火炬松	Pinus taeda	松属	松科	Pinaceae	1	3
7	种	侧柏	Platycladus orientalis（L.）Franco	侧柏属	柏科	Cupressaceae	2	5
8	种	圆柏	Sabina chinensis	圆柏属	柏科	Cupressaceae	1	3
9	种	龙柏	Sabina chinensis 'Kaizuca'	圆柏属	柏科	Cupressaceae	1	2
10	种	毛白杨	Populus tomentosa	杨属	杨柳科	Salicaceae	2	5
11	种	小叶杨	Populus simonii	杨属	杨柳科	Salicaceae	1	3
12	种	黑杨	Populus nigra	杨属	杨柳科	Salicaceae	1	3
13	种	馒头柳	Salix matsudana f. umbraculifera	柳属	杨柳科	Salicaceae	1	2
14	种	垂柳	Salix babylonica	柳属	杨柳科	Salicaceae	1	3
15	种	胡桃	Juglans regia	胡桃属	胡桃科	Juglandaceae	2	4
16	种	栓皮栎	Quercus variabilis	栎属	壳斗科	Fagaceae	1	4
17	种	槲栎	Quercus aliena	栎属	壳斗科	Fagaceae	1	2
18	种	大果榆	Ulmus macrocarpa	榆属	榆科	Ulmaceae	2	6
19	种	榆树	Ulmus pumila	榆属	榆科	Ulmaceae	5	9
20	种	黑榆	Ulmus davidiana	榆属	榆科	Ulmaceae	1	3
21	种	小叶朴	Celtis bungeana	朴属	榆科	Ulmaceae	3	5
22	种	华桑	Morus cathayana	桑属	桑科	Moraceae	1	2
23	种	桑	Morus alba	桑属	桑科	Moraceae	4	9
24	种	花叶桑	Morus alba 'Laciniata'	桑属	桑科	Moraceae	1	3
25	种	蒙桑	Morus mongolica	桑属	桑科	Moraceae	1	3

续表 5-71

序号	种	中文名	学名	属	科	科学名	GPS点	图片(张)
26	种	构树	Broussonetia papyrifera	构属	桑科	Moraceae	4	10
27	种	柘树	Cudrania tricuspidata	柘树属	桑科	Moraceae	1	3
28	种	短尾铁线莲	Clematis brevicaudata	铁线莲属	毛茛科	Ranunculaceae	1	2
29	种	太行铁线莲	Clematis kirilowii	铁线莲属	毛茛科	Ranunculaceae	4	10
30	种	狭裂太行铁线莲	Clematis kirilowii var. chanetii	铁线莲属	毛茛科	Ranunculaceae	2	5
31	种	紫叶小檗	Berberis thunbergii 'Atropurpurea'	小檗属	小檗科	Berberidaceae	1	2
32	种	南天竹	Nandina domestica	南天竹属	小檗科	Berberidaceae	1	2
33	种	玉兰	Magnolia denutata	木兰属	木兰科	Magnoliaceae	1	2
34	种	蜡梅	Chimonanthus praecox	蜡梅属	蜡梅科	Calycanthaceae	1	3
35	种	大花溲疏	Deutzia grandiflora	溲疏属	虎耳草科	Saxifragaceae	1	3
36	种	杜仲	Eucommia ulmoides	杜仲属	杜仲科	Eucommiaceae	1	3
37	种	毛花绣线菊	Spiraea dasynantha	绣线菊属	蔷薇科	Rosaceae	1	3
38	种	山楂	Crataegus pinnatifida	山楂属	蔷薇科	Rosaceae	1	3
39	种	石楠	Photinia serrulata	石楠属	蔷薇科	Rosaceae	1	2
40	种	木瓜	Chaenomeles sisnesis	木瓜属	蔷薇科	Rosaceae	1	3
41	种	白梨	Pyrus bretschenideri	梨属	蔷薇科	Rosaceae	1	3
42	种	海棠花	Malus spectabilis	苹果属	蔷薇科	Rosaceae	1	3
43	种	茅莓	Rubus parvifolius	悬钩子属	蔷薇科	Rosaceae	2	5
44	种	月季	Rosa chinensis	蔷薇属	蔷薇科	Rosaceae	1	3
45	种	榆叶梅	Amygdalus triloba	桃属	蔷薇科	Rosaceae	1	3
46	种	山桃	Amygdalus davidiana	桃属	蔷薇科	Rosaceae	2	5
47	种	碧桃	Amygdalus persica 'Duplex'	桃属	蔷薇科	Rosaceae	1	3
48	种	杏	Armeniaca vulgaris	杏属	蔷薇科	Rosaceae	1	3
49	种	山杏	Armeniaca sibirica	杏属	蔷薇科	Rosaceae	2	6
50	种	杏李	Prunus simonii	李属	蔷薇科	Rosaceae	1	3

续表 5-71

序号	种	中文名	学名	属	科	科学名	GPS 点	图片（张）
51	种	紫叶李	Prunus cerasifera 'Pissardii'	李属	蔷薇科	Rosaceae	1	2
52	种	东京樱花	Cerasus yedoensis	樱属	蔷薇科	Rosaceae	1	3
53	种	山槐	Albizzia kalkora	合欢属	豆科	Leguminosae	1	2
54	种	皂荚	Gleditsia sinensis	皂荚属	豆科	Leguminosae	1	4
55	种	野皂荚	Gleditsia microphylla	皂荚属	豆科	Leguminosae	3	8
56	种	紫荆	Cercis chinensis	紫荆属	豆科	Leguminosae	1	3
57	种	槐	Sophora japonica	槐属	豆科	Leguminosae	3	7
58	种	龙爪槐	Sophora japonica var. pndula	槐属	豆科	Leguminosae	1	2
59	种	紫藤	Wisteria sirensis	紫藤属	豆科	Leguminosae	1	3
60	种	刺槐	Robinia pseudoacacia	刺槐属	豆科	Leguminosae	4	7
61	种	胡枝子	Lespedzea bicolor	胡枝子属	豆科	Leguminosae	1	1
62	种	兴安胡枝子	Lespedzea davcerica	胡枝子属	豆科	Leguminosae	1	1
63	种	多花胡枝子	Lespedzea floribunda	胡枝子属	豆科	Leguminosae	3	5
64	种	赵公鞭	Lespedzea hedysaroides	胡枝子属	豆科	Leguminosae	1	3
65	种	阴山胡枝子	Lespedzea inschanica	胡枝子属	豆科	Leguminosae	1	2
66	种	杭子梢	Campylotropis macrocarpa	杭子梢属	豆科	Leguminosae	2	6
67	种	花椒	Zanthoxylum bunngeanum	花椒属	芸香科	Rutaceae	3	7
68	种	苦木	Picrasma quassioides	苦木属	苦木科	Simarubaceae	1	3
69	种	臭椿	Ailanthus altissima	臭椿属（樗属）	苦木科	Simarubaceae	4	6
70	种	香椿	Toona sinensis	香椿属	楝科	Meliaceae	2	6
71	种	楝	Melia azedarach	楝属	楝科	Meliaceae	3	7
72	种	雀儿舌头	Leptopus chinensis	雀儿舌头属	大戟科	Euphorbiaceae	2	6
73	种	黄连木	Pistacia chinensis	黄连木属	漆树科	Anacardiaceae	3	9
74	种	毛黄栌	Cotinus coggygria var. pubescens	黄栌属	漆树科	Anacardiaceae	1	4

续表 5-71

序号	种	中文名	学名	属	科	科学名	GPS点	图片（张）
75	种	白杜	Euonymus maackii	卫矛属	卫矛科	Celastraceae	1	3
76	种	冬青卫矛	Euonymus japonicus	卫矛属	卫矛科	Celastraceae	1	2
77	种	元宝槭	Acer truncatum	槭属	槭树科	Aceraceae	3	10
78	种	鸡爪槭	Acer Palmatum	槭属	槭树科	Aceraceae	1	3
79	种	欧洲七叶树	Aesculus hippocastanum	七叶树属	七叶树科	Hippocastanaceae	1	2
80	种	栾树	Koelreuteria paniculata	栾树属	无患子科	Sapindaceae	4	9
81	种	少脉雀梅藤	Sageretia paucicostata	雀梅藤属	鼠李科	Rhamnaceae	2	5
82	种	卵叶鼠李	Rhamnus bungeana	鼠李属	鼠李科	Rhamnaceae	3	9
83	种	酸枣	Zizypus jujuba var. spinosa	枣属	鼠李科	Rhamnaceae	2	3
84	种	葡萄	Vitis vinifera	葡萄属	葡萄科	Vitaceae	2	5
85	种	掌裂蛇葡萄	Ampelopsis delavayana var. glabra	蛇葡萄属	葡萄科	Vitaceae	2	3
86	种	乌头叶蛇葡萄	Ampelopsis aconitifolia	蛇葡萄属	葡萄科	Vitaceae	3	8
87	种	五叶地锦	Parthenocissus quinquefolia	地锦属（爬山虎属）	葡萄科	Vitaceae	1	2
88	种	扁担杆	Grewia biloba	扁担杆属	椴树科	Tiliaceae	1	3
89	种	小花扁担杆	Grewia biloba var. parvifolia	扁担杆属	椴树科	Tiliaceae	4	8
90	种	木槿	Hibiscus syriacus	木槿属	锦葵科	Malvaceae	1	3
91	种	梧桐	Firmiana simplex	梧桐属	梧桐科	Sterculiaceae	1	3
92	种	紫薇	Lagerstroemia indicate	紫薇属	千屈菜科	Lythraceae	1	2
93	种	石榴	Punica granatum	石榴属	石榴科	Punicaceae	1	3
94	种	毛梾	Swida walteri Wanger	梾木属	山茱萸科	Cornaceae	1	3
95	种	柿	Diospyros kaki	柿树属	柿树科	Ebeanaceae	2	5
96	种	君迁子	Diospyros lotus	柿树属	柿树科	Ebeanaceae	3	7
97	种	金钟花	Forsythia viridissima	连翘属	木犀科	Oleaceae	1	3

续表 5-71

序号	种	中文名	学名	属	科	科学名	GPS点	图片（张）
98	种	华北丁香	Syringa oblata	丁香属	木犀科	Oleaceae	1	3
99	种	女贞	Ligustrum lucidum	女贞属	木犀科	Oleaceae	1	2
100	种	日本女贞	Ligustrum japonicum	女贞属	木犀科	Oleaceae	1	2
101	种	小蜡	Ligustrum sinense	女贞属	木犀科	Oleaceae	1	4
102	种	小叶女贞	Ligustrum quihoui	女贞属	木犀科	Oleaceae	2	4
103	种	杠柳	Periploca sepium	杠柳属	萝藦科	Asclepiadaceae	2	4
104	种	黄荆	Vitex negundo	牡荆属	马鞭草科	Verbenaceae	3	7
105	种	牡荆	Vitex negundo var. cannabifolia	牡荆属	马鞭草科	Verbenaceae	1	2
106	种	荆条	Vitex negundo var. heterophylla	牡荆属	马鞭草科	Verbenaceae	4	7
107	种	枸杞	Lycium chinense	枸杞属	茄科	Solanaceae	1	2
108	种	兰考泡桐	Paulownia elongata	泡桐属	玄参科	Scrophulariaceae	4	9
109	种	楸叶泡桐	Paulownia catalpifolia	泡桐属	玄参科	Scrophulariaceae	2	6
110	种	楸树	Catalpa bungei	梓树属	紫葳科	Bignoniaceae	2	4
111	种	凌霄	Campsis grandiflora	凌霄属	紫葳科	Bignoniaceae	1	3
112	种	锦带花	Weigela florida	锦带花属	忍冬科	Caprifoliaceae	1	2
113	种	刚毛忍冬	Lonicera hispida	忍冬属	忍冬科	Caprifoliaceae	1	3
114	种	淡竹	Phyllostachys glauca	刚竹属	禾本科	Graminae	1	3

（三）栽培利用林木种质资源

鹤山区栽培利用林木种质资源为 48 科 89 属 158 种（25 个品种），表格 283 份，GPS 点 1 568 处，拍摄图片 1 816 张（见表 5-72）。

表 5-72　鹤山区栽培利用林木种质资源

序号	乡（镇）	科	属	种	品种	表格（份）	GPS 点	图片（张）
1	鹤壁集镇	46	84	147	23	217	1 159	1 355
2	姬家山乡	32	52	76	13	66	409	461

鹤壁市鹤山区的栽培木本植物根据引入的用途不同可以分为如下三类：

一是造林树种：鹤山区主要树种有槐、侧柏、圆柏、加杨、白皮松、油松等。其中，槐、加杨数量最多，是最主要的人工造林栽培树种；其次是侧柏、油松、五角枫等。

二是经济树种：经济林建设一直是当地经济发展过程中的重要产业之一。目前种植面积大的树种主要有胡桃、杏等。其中，种植面积最大的是胡桃，各乡镇均有分布，许多村庄也都有种植。

三是观赏树种：最主要的形式为造景，鹤壁市鹤山区引进了部分的观赏树种，如日本晚樱、月季、槐、紫荆、黄杨、丁香、圆柏、龙柏、雪松、二球悬铃木、木槿等观赏乔木或花灌木。

（四）集中栽培林木种质资源

鹤山区集中栽培林木种质资源为 22 科 41 属 65 种（16 个品种），表格 187 份，GPS 点 187 处，拍摄图片 314 张（见表 5-73）。

表 5-73　鹤山区集中栽培林木种质资源

序号	乡（镇）	科	属	种	品种	表格（份）	GPS 点	图片（张）
1	鹤壁集镇	21	39	59	14	145	145	214
2	姬家山乡	10	15	19	8	42	42	100

造林绿化树种主要为加杨、紫叶李、悬铃木、国槐、刺柏等，主要分布于鹤壁集镇，而且长势良好，出现病虫害现象较少，适宜该地的环境条件，形成了规模比较大的苗圃基地，给人们带来一定的经济效益；经济林树种主要为胡桃、杏、桃，主要分布在姬家山乡。

（五）城镇绿化林木种质资源

鹤山区城镇绿化林木种质资源为 44 科 77 属 118 种（7 个品种），表格 17 份，GPS 点 351 处，拍摄图片 491 张（见表 5-74）。

表 5-74　鹤山区城镇绿化林木种质资源

序号	乡（镇）	科	属	种	品种	表格（份）	GPS 点	图片（张）
1	鹤壁集镇	44	77	118	7	16	347	487
2	姬家山乡	4	4	4	0	1	4	4

鹤山区城区面积较小,城区位于鹤壁集镇,相对鹤壁市其他县(区)城镇绿化度较低,城镇绿化树种有限。城镇绿化树种主要以行道树和一些观赏乔灌木为主,观赏树种较为丰富的区域主要是鹤山区人民政府、南山森林公园。主要的行道树是女贞、悬铃木、雪松;主要的观赏树种有日本晚樱、月季花、紫叶李和木槿等。鹤山区城镇绿化树种较少,但长势良好,绿化树种在数量和质量上有待进一步提升。

(六)非城镇"四旁"绿化林木种质资源

鹤山区非城镇"四旁"绿化林木种质资源为41科67属113种(14个品种),表格79份,GPS点1 030处,拍摄图片1 011张(见表5-75)。常见的树种以杨树、泡桐、构树为主,由于是非城镇,而且处于典型温带大陆性季风气候,适宜落叶乔木的生长,杨树栽培品种及泡桐易存活,生长迅速,成为非城镇的主要绿化树种。

表5-75　鹤山区非城镇"四旁"绿化林木种质资源

序号	乡(镇)	科	属	种	品种	表格(份)	GPS点	图片(张)
1	鹤壁集镇	37	62	99	9	56	667	654
2	姬家山乡	32	50	69	9	23	363	357

(七)优良品种与引进选育林木种质资源

鹤山区优良品种林木种质资源为10科11属13种,表格20份,GPS点20处,拍摄图片52张(见表5-76)。鹤山区引进选育林木种质资源见表5-77。

表5-76　鹤山区优良品种林木种质资源

序号	乡(镇)	科	属	种	品种	表格(份)	GPS点	图片(张)
1	鹤壁集镇	6	7	8	0	11	11	25
2	姬家山乡	5	5	5	0	9	9	27

表5-77　鹤山区引进选育林木种质资源

序号	分类等级	中文名	学名	属	科	GPS点	图片(张)
1	品种	'清香'核桃	Juglans regia	胡桃属	胡桃科	1	0

(八)优良单株和优良林分林木种质资源

鹤山区优良单株林木种质资源为 9 科 10 属 12 种,表格 17 份,GPS 点 17 处,拍摄图片 45 张(见表 5-78)。鹤山区优良单株林木种质资源详表见表 5-79。

表 5-78　鹤山区优良单株林木种质资源

序号	乡(镇)	科	属	种	表格(份)	GPS 点	图片(张)
1	鹤壁集镇	6	7	8	10	10	23
2	姬家山乡	4	4	4	7	7	22

表 5-79　鹤山区优良单株林木种质资源详表

乡(镇)	村	小地名	经度(°)	纬度(°)	中文名	拉丁学名	胸径(cm)	树高(m)	枝下高(m)
姬家山乡	黄庙沟	黄庙沟森林公园	114.033	35.947 31	栓皮栎	Quercus variabilis	24	17	5
鹤壁集镇	杨庄	康家	114.154	35.947 96	白蜡树	Fraxinus chinensis	13	6	3
鹤壁集镇	西扬邑	西杨邑	114.141	35.920 53	油松	Pinus tabulaeformis	8	2.5	0.5
姬家山乡	蒋家顶	李家顶	114.074	35.967 74	野胡桃	Juglans cathayensis	31	4	3.5
鹤壁集镇	南街		114.156	35.958 77	垂柳	Salix babylonica	23	6	1.5
姬家山乡	东齐		114.052	35.961 39	黄连木	Pistacia chinensis	350	11	1
姬家山乡	西顶	西顶	114.339	35.734 22	黄连木	Pistacia chinensis	25	11	2
姬家山乡	西顶		114.048	35.947 68	黄连木	Pistacia chinensis	25	11	3
姬家山乡	黄庙沟	黄庙沟	114.048	35.941 64	黄连木	Pistacia chinensis	22	14	3.5

续表 5-79

乡(镇)	村	小地名	经度 (°)	纬度 (°)	中文名	拉丁学名	胸径 (cm)	树高 (m)	枝下高 (m)
鹤壁集镇	小寺湾		114.132	35.972 12	玉兰	Magnolia denutata	70	13	0
鹤壁集镇			114.339	35.734 22	胡桃	Juglans regia	22	8	2
鹤壁集镇	石碑头	梨林头	114.129	35.987 41	胡桃	Juglans regia	19	6	2
鹤壁集镇		后蜀村	114.339	35.734 22	旱柳	Salix matsudana	18	8	2
鹤壁集镇	后蜀村		114.162	36.041 91	毛白杨	Populus tomentosa	0	27	3
鹤壁集镇	西扬邑		114.149	35.925 49	毛白杨	Populus tomentosa	24	8	2
鹤壁集镇	中马河		114.183	35.958 25	兰考泡桐	Paulownia elongata	45	26	6
姬家山乡	蒋家顶		114.077	35.971 53	槐	Sophora japonica	26	9	2.2

　　鹤山区优良林分林木种质资源为 3 科 3 属 3 种,表格 3 张,GPS 点 3
处,拍摄图片 7 张(见表 5-80)。鹤山区优良林分林木种质资源详表见
表 5-81。

表 5-80　鹤山区优良林分林木种质资源

序号	乡(镇)	科	属	种	表格(份)	GPS 点	图片(张)
1	鹤壁集镇	1	1	1	1	1	2
2	姬家山乡	2	2	2	2	2	5

表5-81 鹤山区优良林分林木种质资源详表

序号	乡(镇)	小地名	经度(°)	纬度(°)	植被类型	中文名	拉丁学名	林龄(年)	平均枝下高(m)	平均冠幅(m)	平均胸径(cm)	平均树高(m)
1	姬家山乡	黄庙沟森林公园	114.033 1	35.958 21	落叶阔叶林	栓皮栎	Quercus variabilis	31	2.8	8	12.3	11.2
2	姬家山乡	东齐	114.051 7	35.960 71	落叶阔叶林	元宝槭	Acer truncatum	10	2.5	7	23	9
3	鹤壁集镇	前蜀村	114.162 2	36.041 91	落叶阔叶林	毛白杨	Populus tomentosa	6	3	5	23	25

(九)古树名木、古树群林木种质资源

经过调查发现,鹤山区古树名木数量较少,古树名木林木种质资源为7科9属11种,表格38份,GPS点39处,拍摄图片103张,共有古树名木38株(见表5-82)。古树群为3科3属3种,表格2张,GPS点4处,共有古树群2处(见表5-83)。

表5-82 鹤山区古树名木林木种质资源

序号	乡(镇)	科	属	种	品种	表格(份)	GPS点	图片(张)
1	鹤壁集镇	4	6	6	0	17	17	41
2	姬家山乡	4	5	7	0	21	21	62

表5-83 鹤山区古树群林木种质资源

序号	乡(镇)	科	属	种	表格(份)	GPS点	图片(张)
1	姬家山乡	3	3	3	2	4	0

鹤山区古树名木及古树群林木种质资源详表见表5-84、表5-85。

表5-84 鹤山区古树群林木种质资源详表

序号	乡(镇)	村	小地名	经度(°)	纬度(°)	海拔(m)	古树群株数	中文名	拉丁学	生长势
1	姬家山乡	东齐	王家迪村	114.03	35.963	369.58	3	黄连木	Pistacia chinensis	旺盛
2	姬家山乡	蒋家顶	李家顶	114.07	35.971	274.35	3	侧柏	Platycladus orientalis	旺盛

表 5-85 鹤山区古树名木林木种质资源详表

序号	乡(镇)	村	小地名	经度(°)	纬度(°)	中文名	拉丁学名	传说年龄(年)	生长势
1	鹤壁集镇	井坡		114.169	35.9636	皂荚	Gleditsia sinensis	0	旺盛
2	鹤壁集镇	贾家		114.171	35.966	槐	Sophora japonica	360	旺盛
3	姬家山乡	东齐	王家汕	114.033	35.9619	香椿	Toona sinensis	110	旺盛
4	姬家山乡	东齐	王家汕	114.033	35.9618	野皂荚	Gleditsia microphylla	230	一般
5	鹤壁集镇	石碑头		114.126	35.9888	毛白杨	Populus tomentosa	190	较差
6	姬家山乡	施家沟		114.06	35.9279	五角枫	Acer pictum subsp. mono	170	旺盛
7	姬家山乡	高洞沟		114.106	35.9739	五角枫	Acer pictum subsp. mono	350	旺盛
8	鹤壁集镇	郭家岗		114.123	35.9335	酸枣	Zizypus jujuba var. spinosa	120	濒死
9	姬家山乡	石门		114.084	35.9551	皂荚	Gleditsia sinensis	600	旺盛
10	姬家山乡	石门		114.085	35.9551	皂荚	Gleditsia sinensis	0	旺盛
11	鹤壁集镇	贾家		114.171	35.9659	皂荚	Gleditsia sinensis	0	旺盛
12	鹤壁集镇	赵荒		114.17	35.9814	侧柏	Platycladus orientalis (L.) Franco	200	旺盛
13	鹤壁集镇	郝荒		114.16	35.9897	槐	Sophora japonica	0	旺盛
14	姬家山镇	蒋家顶	李家顶	114.07	35.9706	五角枫	Acer pictum subsp. mono	200	旺盛
15	鹤壁集镇	王阊寨	井口	114.152	36.0132	槐	Sophora japonica	500	较差
16	鹤壁集镇	王阊寨	王阊寨	114.151	36.0133	龙柏	Sabina chinensis 'Kaizuca'	500	较差
17	鹤壁集镇	窦马庄	窦马庄	114.135	36.0224	皂荚	Gleditsia sinensis	500	一般
18	鹤壁集镇	北街		114.149	35.9813	侧柏	Platycladus orientalis (L.) Franco	1 000	一般
19	鹤壁集镇	龙宫		114.156	36.0343	龙柏	Sabina chinensis 'Kaizuca'	1 800	一般
20	鹤壁集镇	龙宫		114.156	36.0342	龙柏	Sabina chinensis 'Kaizuca'	1 800	一般
21	姬家山乡	东齐	王家汕	114.046	35.9679	香椿	Toona sinensis	130	一般
22	姬家山乡	黄庙沟		114.048	35.9422	皂荚	Gleditsia sinensis	0	旺盛

续表 5-85

序号	乡(镇)	村	小地名	经度(°)	纬度(°)	中文名	拉丁学名	传说年龄(年)	生长势
23	姬家山乡	黄庙沟		114.041	35.942 2	黄连木	Pistacia chinensis	0	一般
24	姬家山乡	黄庙沟	森林公园	114.039	35.942 6	元宝槭	Acer truncatum	0	旺盛
25	姬家山乡	黄庙沟		114.039	35.942 7	五角枫	Acer pictum subsp. mono	0	旺盛
26	姬家山乡	黄庙沟		114.038	35.9433	黄连木	Pistacia chinensis	0	旺盛
27	姬家山乡	黄庙沟	黄庙沟森林公园	114.033	35.945 5	黄连木	Pistacia chinensis	0	旺盛
28	鹤壁集镇	梨林头	梨林头	114.123	36.002 3	皂荚	Gleditsia sinensis	170	一般
29	鹤壁集镇	石碑头	石碑头	114.121	35.985 9	毛白杨	Populus tomentosa	300	较差
30	鹤壁集镇	教场		114.155	35.926 7	皂荚	Gleditsia sinensis	150	一般
31	鹤壁集镇	龙卧		114.13	35.922 9	侧柏	Platycladus orientalis (L.) Franco	330	较差
32	姬家山乡	东齐	王家迪	114.033	35.961 2	黄连木	Pistacia chinensis	300	旺盛
33	姬家山乡	东齐		114.036	35.959 9	皂荚	Gleditsia sinensis	150	旺盛
34	姬家山乡	东齐		114.037	35.959 6	皂荚	Gleditsia sinensis	500	旺盛
35	姬家山乡	东齐		114.052	35.961 4	黄连木	Pistacia chinensis	0	旺盛
36	姬家山乡	施家沟		114.091	35.928 6	元宝槭	Acer truncatum	150	旺盛
37	姬家山乡	施家沟		114.339	35.734 2	五角枫	Acer pictum subsp. mono	200	旺盛
38	姬家山乡	高洞沟	高洞沟	114.339	35.734 2	槐	Sophora japonica	300	旺盛

鹤壁市鹤山区林木种质资源名录见表 5-86。

表 5-86　鹤壁市鹤山区林木种质资源名录

序号	科	属	中文名	学名
			裸子植物	
1	银杏科	银杏属	银杏	Ginkgo biloba
2	松科	云杉属	云杉	Picea asperata
3	松科	云杉属	白杆	Picea meyeri

续表 5-86

序号	科	属	中文名	学名
4	松科	雪松属	雪松	Cedrus deodara
5	松科	松属	白皮松	Pinus bungeana
6	松科	松属	油松	Pinus tabulaeformis
7	松科	松属	火炬松	Pinus taeda
8	柏科	侧柏属	侧柏	Platycladus orientalis(L.) Franco
9	柏科	侧柏属	千头柏	Platycladus orientalis 'Sieboldii'
10	柏科	圆柏属	圆柏	Sabina chinensis
11	柏科	圆柏属	龙柏	Sabina chinensis 'Kaizuca'
12	柏科	圆柏属	铺地柏	Sabina procumbens
13	柏科	刺柏属	刺柏	Juniperus formosana
			被子植物	
14	杨柳科	杨属	毛白杨	Populus tomentosa
15	杨柳科	杨属	小叶杨	Populus simonii
16	杨柳科	杨属	黑杨	Populus nigra
17	杨柳科	杨属	加杨	Populus×canadensis
18	杨柳科	杨属	欧美杨 107 号	Populus×canadensis
19	杨柳科	柳属	旱柳	Salix matsudana
20	杨柳科	柳属	馒头柳	Salix matsudana f. umbraculifera
21	杨柳科	柳属	垂柳	Salix babylonica
22	胡桃科	枫杨属	枫杨	Pterocarya stenoptera
23	胡桃科	胡桃属	胡桃	Juglans regia
24	胡桃科	胡桃属	辽核 4 号	Juglans regia
25	胡桃科	胡桃属	辽宁 1 号	Juglans regia
26	胡桃科	胡桃属	'清香'核桃	Juglans regia
27	胡桃科	胡桃属	野胡桃	Juglans cathayensis

续表 5-86

序号	科	属	中文名	学名
28	壳斗科	栎属	栓皮栎	Quercus variabilis
29	壳斗科	栎属	槲栎	Quercus aliena
30	榆科	榆属	大果榆	Ulmus macrocarpa
31	榆科	榆属	太行榆	Ulmus taihangshanensis
32	榆科	榆属	榆树	Ulmus pumila
33	榆科	榆属	中华金叶榆	Ulmus pumila 'Jinye'
34	榆科	榆属	黑榆	Ulmus davidiana
35	榆科	榆属	春榆	Ulmus propinqua
36	榆科	朴属	小叶朴	Celtis bungeana
37	榆科	朴属	朴树	Celtis tetrandra subsp. sinensis
38	桑科	桑属	华桑	Morus cathayana
39	桑科	桑属	桑	Morus alba
40	桑科	桑属	花叶桑	Morus alba 'Laciniata'
41	桑科	桑属	蒙桑	Morus mongolica
42	桑科	构属	构树	Broussonetia papyrifera
43	桑科	构属	小构树	Broussonetia kazinoki
44	桑科	榕属	无花果	Ficus carica
45	桑科	柘树属	柘树	Cudrania tricuspidata
46	桑寄生科	桑寄生属	毛桑寄生	Taxillus yadoriki
47	毛茛科	芍药属	牡丹	Paeonia suffruticosa
48	毛茛科	铁线莲属	短尾铁线莲	Clematis brevicaudata
49	毛茛科	铁线莲属	太行铁线莲	Clematis kirilowii
50	毛茛科	铁线莲属	狭裂太行铁线莲	Clematis kirilowii var. chanetii
51	小檗科	小檗属	紫叶小檗	Berberis thunbergii 'Atropurpurea'

续表 5-86

序号	科	属	中文名	学名
52	小檗科	南天竹属	南天竹	Nandina domestica
53	木兰科	木兰属	荷花玉兰	Magnolia grandiflora
54	木兰科	木兰属	辛夷	Magnolia liliflora
55	木兰科	木兰属	玉兰	Magnolia denutata
56	木兰科	鹅掌楸属	鹅掌楸	Liriodendron chinenes
57	蜡梅科	蜡梅属	蜡梅	Chimonanthus praecox
58	虎耳草科	溲疏属	大花溲疏	Deutzia grandiflora
59	杜仲科	杜仲属	杜仲	Eucommia ulmoides
60	悬铃木科	悬铃木属	二球悬铃木	Platanus × acerifolia
61	蔷薇科	绣线菊属	毛花绣线菊	Spiraea dasynantha
62	蔷薇科	山楂属	山楂	Crataegus pinnatifida
63	蔷薇科	山楂属	大金星	Crataegus pinnatifida
64	蔷薇科	山楂属	山里红	Crataegus pinnatifida var. major
65	蔷薇科	山楂属	辽宁山楂	Crataegus sanguinea
66	蔷薇科	石楠属	石楠	Photinia serrulata
67	蔷薇科	石楠属	红叶石楠	Photinia×fraseri
68	蔷薇科	枇杷属	枇杷	Eriobotrya jopanica
69	蔷薇科	木瓜属	皱皮木瓜	Chaenomeles speciosa
70	蔷薇科	木瓜属	木瓜	Chaenomeles sisnesis
71	蔷薇科	梨属	麻梨	Pyrus serrulata
72	蔷薇科	梨属	白梨	Pyrus bretschenideri
73	蔷薇科	梨属	爱宕梨	Pyrus bretschenideri
74	蔷薇科	梨属	新西兰红梨	Pyrus bretschenideri
75	蔷薇科	梨属	早酥梨	Pyrus bretschenideri
76	蔷薇科	梨属	红茄梨	Pyrus communis var. L.

续表 5-86

序号	科	属	中文名	学名
77	蔷薇科	苹果属	湖北海棠	Malus hupehensis
78	蔷薇科	苹果属	垂丝海棠	Malus halliana
79	蔷薇科	苹果属	苹果	Malus pumila
80	蔷薇科	苹果属	富士	Malus pumila
81	蔷薇科	苹果属	皇家嘎啦	Malus pumila
82	蔷薇科	苹果属	金冠	Malus pumila
83	蔷薇科	苹果属	新红星	Malus pumila
84	蔷薇科	苹果属	海棠花	Malus spectabilis
85	蔷薇科	苹果属	西府海棠	Malus micromalus
86	蔷薇科	苹果属	河南海棠	Malus honanensis
87	蔷薇科	棣棠花属	棣棠花	Kerria japonica
88	蔷薇科	悬钩子属	茅莓	Rubus parvifolius
89	蔷薇科	蔷薇属	月季	Rosa chinensis
90	蔷薇科	蔷薇属	紫月季花	Rosa chinensis var. semperflorens
91	蔷薇科	蔷薇属	野蔷薇	Rosa multiflora
92	蔷薇科	蔷薇属	七姊妹	Rosa multiflora ′Grevillei′
93	蔷薇科	桃属	榆叶梅	Amygdalus triloba
94	蔷薇科	桃属	山桃	Amygdalus davidiana
95	蔷薇科	桃属	桃	Amygdalus persica
96	蔷薇科	桃属	′报春′桃	Amygdalus persica
97	蔷薇科	桃属	′洒红龙柱′桃	Amygdalus persica
98	蔷薇科	桃属	油桃	Amygdalus persica var. nectarine
99	蔷薇科	桃属	中油桃 4 号	Amygdalus persica var. nectarine
100	蔷薇科	桃属	蟠桃	Amygdalus persica var. compressa
101	蔷薇科	桃属	碧桃	Amygdalus persica ′Duplex′

续表 5-86

序号	科	属	中文名	学名
102	蔷薇科	杏属	杏	Armeniaca vulgaris
103	蔷薇科	杏属	二红杏	Armeniaca vulgaris
104	蔷薇科	杏属	仰韶黄杏	Armeniaca vulgaris
105	蔷薇科	杏属	山杏	Armeniaca sibirica
106	蔷薇科	杏属	梅	Armeniaca mume
107	蔷薇科	李属	杏李	Prunus simonii
108	蔷薇科	李属	紫叶李	Prunus cerasifera 'Pissardii'
109	蔷薇科	李属	李	Prunus salicina
110	蔷薇科	李属	太阳李	Prunus salicina
111	蔷薇科	樱属	樱桃	Cerasus pseudocerasus
112	蔷薇科	樱属	东京樱花	Cerasus yedoensis
113	蔷薇科	樱属	日本晚樱	Cerasus serrulata var. lannesiana
114	豆科	合欢属	山槐	Albizzia kalkora
115	豆科	合欢属	合欢	Albizzia julibrissin
116	豆科	皂荚属	皂荚	Gleditsia sinensis
117	豆科	皂荚属	野皂荚	Gleditsia microphylla
118	豆科	紫荆属	湖北紫荆	Cercis glabra
119	豆科	紫荆属	紫荆	Cercis chinensis
120	豆科	槐属	槐	Sophora japonica
121	豆科	槐属	龙爪槐	Sophora japonica var. pndula
122	豆科	槐属	毛叶槐	Sophora japonica var. pubescens
123	豆科	马鞍树属	马鞍树	Maackia hupehenisis
124	豆科	紫藤属	紫藤	Wisteria sirensis
125	豆科	刺槐属	刺槐	Robinia pseudoacacia
126	豆科	刺槐属	'黄金'刺槐	Robinia pseudoacacia

续表 5-86

序号	科	属	中文名	学名
127	豆科	刺槐属	香花槐	Robinia pseudoacacia cv. idaho
128	豆科	胡枝子属	胡枝子	Lespedzea bicolor
129	豆科	胡枝子属	兴安胡枝子	Lespedzea davcerica
130	豆科	胡枝子属	多花胡枝子	Lespedzea floribunda
131	豆科	胡枝子属	赵公鞭	Lespedzea hedysaroides
132	豆科	胡枝子属	阴山胡枝子	Lespedzea inschanica
133	豆科	杭子梢属	杭子梢	Campylotropis macrocarpa
134	芸香科	花椒属	花椒	Zanthoxylum bunngeanum
135	芸香科	花椒属	大红袍花椒	Zanthoxylum bunngeanum
136	芸香科	花椒属	小花花椒	Zanthoxylum mieranthum
137	苦木科	苦木属	苦木	Picrasma quassioides
138	苦木科	臭椿属（樗属）	臭椿	Ailanthus altissima
139	苦木科	臭椿属（樗属）	'白皮千头'椿	Ailanthus altissima
140	楝科	香椿属	香椿	Toona sinensis
141	楝科	楝属	楝	Melia azedarach
142	大戟科	雀儿舌头属	雀儿舌头	Leptopus chinensis
143	大戟科	乌桕属	乌桕	Sapium sebifera
144	黄杨科	黄杨属	黄杨	Buxus sinica
145	黄杨科	黄杨属	彩叶北海道黄杨	Buxus sinica
146	黄杨科	黄杨属	雀舌黄杨	Buxus bodinieri
147	漆树科	黄连木属	黄连木	Pistacia chinensis
148	漆树科	盐肤木属	火炬树	Rhus Typhina
149	漆树科	黄栌属	粉背黄栌	Cotinus coggygria var. glaucophylla

续表 5-86

序号	科	属	中文名	学名
150	漆树科	黄栌属	毛黄栌	Cotinus coggygria var. pubescens
151	冬青科	冬青属	冬青	Ilex chinensis
152	冬青科	冬青属	枸骨	Ilex cornuta
153	卫矛科	卫矛属	白杜	Euonymus maackii
154	卫矛科	卫矛属	冬青卫矛	Euonymus japonicus
155	卫矛科	卫矛属	大叶黄杨	Buxus megistophylla Levl.
156	槭树科	槭属	元宝槭	Acer truncatum
157	槭树科	槭属	五角枫	Acer pictum subsp. mono
158	槭树科	槭属	鸡爪槭	Acer Palmatum
159	槭树科	槭属	红枫	Acer palmatum 'Atropurpureum'
160	槭树科	槭属	杈叶枫	Acer ceriferum
161	槭树科	槭属	血皮槭	Acer griseum
162	槭树科	槭属	梣叶槭	Acer negundo
163	槭树科	槭属	'金叶'复叶槭	Acer negundo
164	七叶树科	七叶树属	七叶树	Aesculus chinensis
165	七叶树科	七叶树属	欧洲七叶树	Aesculus hippocastanum
166	无患子科	栾树属	栾树	Koelreuteria paniculata
167	无患子科	栾树属	黄山栾树	Koelreuteria bipinnata 'Integrifoliola'
168	无患子科	文冠果属	文冠果	Xanthoceras sorbifolia
169	鼠李科	雀梅藤属	少脉雀梅藤	Sageretia paucicostata
170	鼠李科	鼠李属	卵叶鼠李	Rhamnus bungeana
171	鼠李科	枣属	枣	Zizypus jujuba
172	鼠李科	枣属	酸枣	Zizypus jujuba var. spinosa
173	葡萄科	葡萄属	葡萄	Vitis vinifera
174	葡萄科	蛇葡萄属	掌裂蛇葡萄	Ampelopsis delavayana var. glabra

续表 5-86

序号	科	属	中文名	学名
175	葡萄科	蛇葡萄属	乌头叶蛇葡萄	Ampelopsis aconitifolia
176	葡萄科	地锦属（爬山虎属）	地锦	Parthenocissus tricuspidata
177	葡萄科	地锦属（爬山虎属）	三叶地锦	Parthenocissus semicordata
178	葡萄科	地锦属（爬山虎属）	五叶地锦	Parthenocissus quinquefolia
179	椴树科	扁担杆属	扁担杆	Grewia biloba
180	椴树科	扁担杆属	小花扁担杆	Grewia biloba var. parvifolia
181	锦葵科	木槿属	木槿	Hibiscus syriacus
182	梧桐科	梧桐属	梧桐	Firmiana simplex
183	猕猴桃科	猕猴桃属	中华猕猴桃	Actinidia chinensis
184	柽柳科	柽柳属	柽柳	Tamarix chinensis
185	胡颓子科	胡颓子属	沙枣	Elaeagnus angustifolia
186	千屈菜科	紫薇属	紫薇	Lagerstroemia indicate
187	石榴科	石榴属	石榴	Punica granatum
188	石榴科	石榴属	重瓣红石榴	Punica granatum 'Planiflora'
189	山茱萸科	梾木属	毛梾	Swida walteri Wanger
190	柿树科	柿树属	柿	Diospyros kaki
191	柿树科	柿树属	十月红柿	Diospyros kaki
192	柿树科	柿树属	君迁子	Diospyros lotus
193	木犀科	白蜡树属	白蜡树	Fraxinus chinensis
194	木犀科	白蜡树属	大叶白蜡树	Fraxinus rhynchophylla
195	木犀科	连翘属	连翘	Forsythia Suspensa
196	木犀科	连翘属	金钟花	Forsythia viridissima

续表 5-86

序号	科	属	中文名	学名
197	木犀科	丁香属	华北丁香	Syringa oblata
198	木犀科	木樨属	木樨	Osmanthus fragrans
199	木犀科	女贞属	女贞	Ligustrum lucidum
200	木犀科	女贞属	平抗1号 金叶女贞	Ligustrum lucidum
201	木犀科	女贞属	日本女贞	Ligustrum japonicum
202	木犀科	女贞属	小蜡	Ligustrum sinense
203	木犀科	女贞属	小叶女贞	Ligustrum quihoui
204	萝藦科	杠柳属	杠柳	Periploca sepium
205	马鞭草科	牡荆属	黄荆	Vitex negundo
206	马鞭草科	牡荆属	牡荆	Vitex negundo var. cannabifolia
207	马鞭草科	牡荆属	荆条	Vitex negundo var. heterophylla
208	马鞭草科	大青属 （桢桐属）	臭牡丹	Clerodendrum bungei
209	茄科	枸杞属	枸杞	Lycium chinense
210	玄参科	泡桐属	毛泡桐	Paulownia tomentosa
211	玄参科	泡桐属	兰考泡桐	Paulownia elongata
212	玄参科	泡桐属	楸叶泡桐	Paulownia catalpifolia
213	紫葳科	梓树属	梓树	Catalpa voata
214	紫葳科	梓树属	楸树	Catalpa bungei
215	紫葳科	凌霄属	凌霄	Campasis grandiflora
216	忍冬科	接骨木属	接骨木	Sambucus wiliamsii
217	忍冬科	锦带花属	锦带花	Weigela florida
218	忍冬科	忍冬属	刚毛忍冬	Lonicera hispida
219	忍冬科	忍冬属	忍冬	Lonicera japonica

续表 5-86

序号	科	属	中文名	学名
220	忍冬科	忍冬属	金银花	Lonicera japonica
221	禾本科	刚竹属	早园竹	Phyllostachys propinqua
222	禾本科	刚竹属	淡竹	Phyllostachys glauca
223	棕榈科	棕榈属	棕榈	Trachycarpus fortunei
224	百合科	丝兰属	凤尾丝兰	Yucca gloriosa

第六章　全市资源综合分析

第一节　鹤壁市特色林木种质资源

一、无核枣

淇县无核枣又名"豫枣2号",是鹤壁市特色经济林品种之一,曾获得"2019北京世园会优质果品大赛"优秀奖。

淇县无核枣(豫枣2号)属鼠李科,枣属,为淇县特产的名优枣树品种。1980年由河南省林业厅、省科委、省农科院、山西果树研究所等单位的专家共同评定为"可作为河南省的一个新的优良品种发展与推广",取名"软核蜜枣";2001年11月,经河南省林木良种审定委员会审定命名为"豫枣2号"。

分布区域与栽培历史:淇县无核枣栽培历史悠久,曾为周朝贡品,主要分布在淇县西部低山丘陵地带的桥盟办事处、灵山办事处、北阳镇、庙口镇,总面积5 000余亩。

生物学特性:无核枣属喜光树种,树势强健,生长势较强,比一般枣树分枝角度小;嫁接后第二年结果,5年进入盛果期,5年生枣树单株结果12.6 kg,最高可达15 kg,坐果率高,无僵裂现象;且耐旱耐涝耐瘠薄,易管理,平原沙地以及干旱瘠薄的丘陵山区都可栽植,尤以肥沃的沙质土壤生长良好。

物候期:该枣5月中旬开花,5月下旬至6月中旬为盛花期,6月中旬至7月中旬为盛果期,9月中旬成熟。

果实性状与市场前景:无核枣为中型果,圆筒形,单果平均重6.84 g。鲜果赤褐,含糖量36.5%,脆甜爽口,果核退化,成一木栓化薄皮;干枣深红色,肉厚皮薄,掰开果肉可拉出10 cm长金丝,绵甜如饴,富含多种营养物质,品质极优,市场前景看好,目前产区每千克鲜果价达10~20元,干果每千克达30~60元,是丘陵山区群众发展经济林的首选品种。

多年来,淇县人民政府十分重视无核枣的发展,把其作为经济林的主导产品,引导、扶持山丘区农民大力发展。出台了一系列优惠政策和措施,鼓励和支持山区群众发展经济林生产,促进山区群众增收致富。为打造精品,进一步起到示范带动作用,以淇县联发种植农民专业合作社、裕丰果业合作社、联众果业种植合作社等龙头企业为基础,造林投资 900 多万元,建立了 1 000 亩无核枣生产示范基地。示范带动全县发展无核枣 5 000 余亩。

淇县无核枣相传为周朝贡品,因枣核退化而得名,枣核变薄变脆,可随果肉同食。淇县无核枣含糖量高,品质优良,历来受人们喜爱,实为枣中佳品。淇县无核枣果实味美,营养丰富。枣果中等,鲜果赤褐,干果深红色,皮薄,肉厚。既可鲜食,又可制干。鲜食时肉脆味美。半干时,掰开果肉可拉出 10 cm 长的金丝状,吃起来甜糯适口。枣果含有丰富的营养物质。经化验分析,鲜枣含糖量 36.5%,维生素 C 76.6 mg/100 g,钙 588 mg/kg,铁 9.36 mg/kg,锌 2.94 mg/kg,粗蛋白 2.04%,制干率达 56%。在酸枣资源丰富的地区,也可采用坐地嫁接建园。需要注意的是,嫁接前最好先选好砧木,提前一年在其周围断根并剔除其他植株。以春季劈接和皮下接成活率较高。

无核枣具有鲜明的土特产风格,需求量很大,货源奇缺,供不应求,价格是普通大枣的 5~7 倍。随着人们生活水平的不断提高,需求量越来越大,产品销售市场前景广阔。

无核枣适应性强,耐旱、耐贫瘠,结果早,收益快,寿命长,易管理。在干旱土薄的山丘地区,坡上坡下均能正常生长结果,一般嫁接幼树 2 年结果,4 年生幼树单株结果 4.8 kg,7 年生枣树单株结果 12.6 kg,最高单株可达到 24 kg。现有近百年生大树,枝叶繁茂,结果累累,株产可达 50~100 kg,一年栽植,多年受益,故有"铁杆庄稼"之称。

二、樱花

樱花,一般指的是蔷薇科樱属植物花朵的统称,原产北半球温带环喜马拉雅山地区,在世界各地都有生长。花每支 3~5 朵,成伞状花序,花瓣先端缺刻,花色多为白色、粉红色。花常于 3 月与叶同放或叶后开花,随季节变化,樱花幽香艳丽。

自 2015 年以来,鹤壁市在淇滨区的华夏南路,每年举办樱花文化节。此路还被中国樱花产业协会授予"中国最美樱花大道"的称号,栽植樱花 2 万余株,10 多个品种。目前,淇滨区樱花研究院有一处樱花种质资源收集圃,成功收集了"樱花"种质资源 52 份,是鹤壁市最大的种质资源收集圃,也是异地保存的典型。

鹤壁市主要樱花品种如下:

(1)奖章。学名:P. Prunus subhirtella 'Accolade'。形态特征:落叶乔木,花粉红色,重瓣花 12~15 枚,少有的一年开两次花的品种,花期 12 月下旬、4 月下旬(鹤壁为 3 月中下旬和 10 月下旬)。

(2)垂枝牡丹。形态特征:花梗长,枝条下垂,花淡红紫色,重瓣,花期 3 月底 4 月初。

(3)椿寒樱(初美人)。学名:Prunus×introrsa cv. Introrsa。

形态特征:花淡红紫色,花瓣 5 枚,伞形花序,花 4~6 朵一束,花期 2 月下旬至 3 月上旬(鹤壁 3 月上旬)。花瓣近圆形,瓣微皱向内卷。

(4)美国红垂枝。学名:Prunus subhirtella pendula var. Rosa。形态特征:先花后叶,花期 3 月下旬,花开 7~10 d。重瓣,花密而实,花色浓红转粉红色。

(5)红粉佳人。形态特征:花序伞形状,花 4~5 朵 1 束,花瓣 5 枚,淡红紫色,广卵形至圆形,先端凹缺;花期一般在 3 月下旬。树皮紫褐色有光泽。

(6)耐寒牡丹。形态特征:花期 3 月中旬,花深红色,重瓣,花量大,盛花时红花满树,花团锦簇,花朵直径 2~3 cm。

(7)淡墨。学名:Prunus pendula f. Ascendens。形态特征:花色淡红色至大红紫色或纯白色,花型为钟型,花瓣 5 枚,伞形花序,花 3~5 朵 1 束,花期 3 月中下旬。

(8)大岛樱。学名:Cerasus lannesiana var. Speciosa。形态特征:蔷薇科樱属落叶乔木,花期 3 月中旬,花叶同开。花白色,单瓣,呈伞房状开放。萼筒长钟形,萼片呈披针形,边缘有锯齿,花整体无毛。

(9)小彼岸。学名:Prunus×subhirtella cv. Subhirtella。形态特征:伞形花序,花 2~3 朵一束,花瓣 5 枚,微淡红色至淡红紫色,花期在 3 月中旬。枝条非常细弱,长长后自然下垂。

(10)迎春香樱(出现不同的花,有待观察考证)。形态特征:树皮灰白色。小枝紫褐色,嫩枝被疏柔毛或脱落无毛。花先叶开放或稀花叶同开,花期 3 月中下旬,果期 5 月。

(11)阳光樱。学名:C. campanulata 'Youkou'。形态特征:树形伞状,树皮灰色,先花后叶,伞形花序,花 3 朵 1 束,花朵水平略下垂开展,花瓣 5 枚,淡红紫色,花期3月下旬4月初。

(12)小松乙女。学名:C. spachiana ′Komatsu－otome′。形态特征:先花后叶,花瓣5枚,粉色,伞形花序,花期3月中下旬。

(13)杭州早樱。学名:Prunus discoidea ′Hangzhou′。形态特征:树形伞状,先花后叶或稀花叶同开,伞形花序,有花2朵1束,稀1朵或3朵,花色淡红,花期3月上旬(鹤壁3月中旬)。

(14)思川樱。学名:C×subhirtella ′Omoigawa′。形态特征:花淡红紫色,花瓣8～12枚,伞形花序,花期3月下旬4月上旬。

(15)四明山樱花。形态特征:花多为白色、红色,伞形花序,花3～5朵1束,盛开时花繁艳丽,满树烂漫。

(16)红绯衣。学名:Prunus lannesiana cv. Matsumae-benihigoromei。形态特征:花紫红色,花瓣15～20枚,伞形花序,花2～3朵1束,花期3月下旬。

(17)八重红彼岸。学名:Prunus×subhirtella cv. Yaebeni-higan。形态特征:花淡红紫色,先端部分较红,花瓣10～20枚,伞形花序,花2～4朵1束,花期3月中下旬。

(18)白妙。学名:Prunus lannesiana cv. Sirotae。形态特征:花色白,花大而密,花瓣10～20枚,伞形花序,花1～4朵1束,花期3月下旬。

(19)八重红大岛。学名:Prunus lannesiana var. speciosa cv. Yaebeni-ohshima。形态特征:花叶同开,花淡红色,花瓣20～30枚,伞形花序,花期3月中下旬。比昭君稍晚。

(20)一叶。学名:Prunus lannesiana cv. Hisakura。形态特征:花叶同开,属大型花,花淡红色,内侧花瓣近白色,花瓣25～30枚,花期4月上中旬。

(21)花笠。学名:Prunus lannesiana cv. Hanagasa。形态特征:花红紫色,花瓣30～40枚,伞形花序,花2～3朵1束,花期4月中下旬。

(22)河津樱。学名:Prunus×kanzakura cv. Kawazu-zakura。形态特征:花粉紫色,花瓣5枚,伞形花序,花3～5朵1束,花期3月上旬至3月下旬。

(23)八重红虎尾。学名:Prunus lannesiana cv. Yae-benitorano-o。形态特征:重瓣花,花瓣边缘紫红色,中间近白色。

(24)启翁樱。学名:C. pseudocerasus ′Keio-zakura′。形态特征:花粉红色,花瓣5枚,花瓣边缘有红晕,有的红晕从瓣尖延长到花瓣基,伞形花序,花 2~4 朵 1 束,花期 2 月中下旬至 3 月上旬。

(25)吉野枝垂。学名:Prunus×yedoensis cv. Perpendens。形态特征:花微淡红色,花瓣 5 枚,伞形花序,花 3~4 朵 1 束,花期 3 月下旬。

(26)大山樱。学名:Prunus sargentii。形态特征:高大乔木,淡紫红色或粉红色,伞形花序,有淡香,花瓣 5 枚,花期 3 月底 4 月初。

(27)吉祥早樱。树形高大,初期花色洁白无瑕,盛花期大面积开放似雪原,花期 3 月中旬至 4 月上旬,单瓣白花,4 朵花形成总状花序,萼片及花梗上有毛。

(28)郁李。学名:Cerasus japonica(Thunb.) Lois. 形态特征:别名爵梅、秧李,蔷薇科樱属灌木,桃红色宝石般的花蕾,繁密如云的花朵,深红色的果实,都非常美丽可爱,是园林中重要的观花、观果树种。

(29)山樱。学名:Cerasus serrulata (Lindl.) G. Don ex London。形态特征:落叶乔木,树皮暗褐色,平滑;小枝幼时有毛。花白色至淡粉红色,径 2~3 cm,常为单瓣,微香;花期 3 月,叶前或与叶同时开放。鹤壁市新世纪广场西北角有栽植。

(30)华中樱。学名:C. conradinae。形态特征:樱属乔木,伞形花序,有花 3~5 朵,先叶开放,花量巨大,花瓣白色至粉红色。花期一般是 3 月上旬,比染井吉野早一周左右。

(31)杨贵妃。学名:C. serrulatalannesianacv. Mollis。花叶同放,花蕾绛红色,花粉白色,花色不匀;花朵硕大,花型圆润,极具杨贵妃的雍容华贵的神韵与风采。花期 3 月上旬。

(32)中国红。花重瓣,先花后叶,花开绚丽,花色大红,花期 2 月上旬至 3 月上旬。

(33)市原虎之尾。学名:Cerasus jamasakura 'Albo-piena'。形态特征:小乔木,花重瓣,白色带粉红,花叶同放,具芳香,整枝开花形如虎尾,花期 3 月。

(34)飞寒樱。学名:C. campanulata 'Feihan'。形态特征:落叶乔木,早中樱的代表品种。3 月上旬盛开,花期较长,约为 15 d 左右。先花后叶,花色为亮粉红色,盛开时极为壮观。

(35)红丰樱。学名:Csieboldii 'Beni-yutaka'(松前红丰)。形态特征:先花后叶,花期比染井等中樱稍晚,比关山等晚樱稍早,花瓣巨大,枝条粗壮,有很强的抗寒性。

（36）松前早咲樱。学名：Cerasus serrulata var. lannesiana ′Matsumae-hayaza。落叶乔木。花瓣 12~15 个，有时达 20 个，圆形，长约 2 cm，淡红紫色。花期 4 月上旬。

（37）雨晴垂枝。学名：Cerasus spachiana ′Ujou-shidare′。形态特征：枝条细长柔软，花朵粉红色，其最大的特点是花蕊当中的雄蕊特别长，挺出在花朵之外。花期 3 月上旬。

（38）御车返樱。学名：C. serrulatalannesianacv. Mikurumakaisi。形态特征：花先叶开放，嫩叶绿叶；花蕾粉红色；花淡粉红色，花瓣椭圆形，5 枚，另有雄蕊变瓣 1~2 枚，瓣质较厚，花期 3 月下旬。

（39）红时雨。学名：Prunus lannesiana cv. Beni-shigure。形态特征：落叶乔木，树形杯状，花序伞房状，花下垂，淡红紫色，外侧的花瓣浓红紫色；雌蕊 2 个，叶化；花期 4 月中下旬。

（40）十月樱。学名：Prunus subhirtella var. autumnails Makino。形态特征：落叶小乔木，花瓣淡红色至白色。一年开两次花，秋花小，春花大，花柄长。

（41）琉球菲寒樱。学名：C. campanulatacv. Ryukyu-hizakura（琉球绯寒樱）。形态特征：花期 2 月中旬至 3 月底，花色大红，单瓣、5 瓣，最佳种植期 10 月至次年 2 月上旬。

（42）红叶樱。学名：Prunus serrulata（日本红叶樱）。落叶小乔木，粉红色重瓣大花，初春展叶为深红色，5~7 月叶为亮红色，后老叶渐变深紫色，晚秋下霜季节叶变橘红色。

（43）手弱女。学名：Cerasus serrulata ′Taoyame′。形态特征：花叶同放，淡红白色，脉淡红色，先端色略深，中心部位白色，近圆形，有褶皱；幼叶红棕色。花期 4 月中旬。

（44）兼六园菊樱。学名：P. lannesiana ′Sphaerantha′。形态特征：花叶同放，嫩叶绿褐色；花蕾红色，花粉红色，瓣色不均匀，3 月下旬或 4 月上旬开花。

（45）染井垂枝。学名：Somei Rozplakana wisnia。形态特征：落叶乔木，枝条下垂，花先叶开放，花芯红色，花瓣白色，单瓣，花期 3 月初至 3 月底。

（46）御帝吉野。学名：Cerasus Mill。形态特征：先花后叶；花蕾粉红色，花粉白色，花瓣 5 枚，近圆形；花 3~5 朵 1 束，花期约 10 d，能结实。伞状树形，长势旺盛。

(47)貂蝉(关山)。学名:P. lannesiana Alborosea。形态特征:花期3月底或4月初,花叶同开。与怨屑秸较为相似,花浓红色,花茎6 cm左右,瓣约30枚,2枚雌蕊叶化,因此不能结实,花梗粗且长,嫩叶茶褐色。小枝多而向上弯,花期3月底或4月初。

(48)松月樱。学名:Prunus lannesiana 'Superba'。形态特征:树枝柔软下垂,树形呈伞状。花期4月初,花叶同放。花蕾红色,随着花朵开放渐变为白色,花径5 cm,瓣约30枚,花梗细长,花下垂,雌蕊叶化。嫩叶绿色。

(49)昭君(染井吉野)。学名:Prunus×yedoensis cv. Yedoensis。形态特征:先花后叶,花粉白色,花朵大小中等,花瓣5~6枚,伞形花序,花1~5朵1束,花朵大多密集丛生。花期3月中下旬。

(50)郁金。学名:C. serrulatalannesianacv. Grandiflora。形态特征:郁金樱为绿樱的一种,属蔷薇科,有单瓣和重瓣之分,以重瓣的居多。花浅黄绿色,瓣约15枚,质稍硬,最外侧的花瓣背部带淡红色,常有旗瓣。萼长椭圆状披针形,全缘,花瓣7~18枚,凹头,淡黄绿色至淡紫色,内侧花有柄。

(51)八重红枝垂樱。学名:Prunus Subhirtella Pendula。形态特征:枝条细长下垂,花先叶或同开,春芽绿色;花蕾红色,花初开红色,盛开为粉白色;花瓣20~23枚,外瓣较飞舞,八重红枝垂樱花朵极其美丽,盛开时节,满树烂漫,如云似霞,是珍贵的春季赏花乔木,花期3月下旬至4月中旬。

(52)御衣黄。学名:Prunus lannesiana Wils. cv. Gioiko。形态特征:御衣黄是一种重瓣樱花,呈淡绿色,花的直径3.5~4.5 cm,花瓣有12~14个,花瓣中心有绿色的线条,盛开后,绿色的线会逐渐变为红色,花落的时候整个花瓣都带有红色。一般在4月中旬到下旬开花。由于花呈绿色,所以即使站在不远处,也几乎看不出花朵。

三、红油香椿

王家辿红油香椿,河南省鹤壁市鹤山区特产,全国农产品地理标志。鹤山区姬家山乡王家辿村一带属于深山区,因冬春干燥、光照充分、土质呈弱碱性,富含钙、锌、铁等多种矿物质和微量元素,产出的香椿色泽鲜艳,质脆可口,香气浓郁,味道鲜美,富含多种矿物质和微量元素,是公认的养生佳品。2019年1月17日,中华人民共和国农业农村部正式批准对"王家辿红油香椿"实施农产品地理标志登记保护。2018年,王家辿红油香椿区域保护面积约600 hm²,年均总产量稳定在1 000 t左右。2019年,鹤山区在太行山深处的东齐、王家、杜家、黄庙沟、施家沟、西顶等村庄新种植红油香椿1 000亩。

鹤山区姬家山乡地处鹤壁市鹤山区西部,地处太行山东麓,海拔120～576 m,平均海拔350 m。全乡范围内无化工厂等污染企业,从根本上保证了红油香椿的生长环境不受污染。土壤类型为褐土,土层较厚,富含有机质和磷、钾、锌、铁、锰等多种矿物质,非常适合红油香椿生长,为红油香椿优质品质提供了保障。由于受太行山和当地地貌影响,当地温带季风气候特征比较明显,具有春旱多风,夏热多雨,秋高气爽,冬寒干燥的特点,主导风向冬季多偏北风,夏季多偏南风。多年平均气温14.7 ℃,最高气温42.3 ℃,最低气温-15.5 ℃,无霜期222 d。年日照平均为2 437.4 h,全年平均降雨量690 mm,四季分布不均衡,6～8月降水量较多。总的特点是夏季高温多雨,冬季寒冷少雪,春秋两季干燥凉爽,四季分明,日照充足,无霜期长。其中,清明前后平均气温为13.2 ℃左右,昼夜温差大,为红油香椿的适宜生长季节,也是红油香椿的最佳采摘季节。

王家辿红油香椿农产品地理标志登记地域保护,覆盖鹤壁市鹤山区姬家山乡境内王家辿村、东齐村、杜家辿村、师家顶村等4个自然村,其保护范围地理坐标为东经114°01′～114°03′,北纬35°57′～35°58′,东西长2.7 km,南北宽2.3 km,区域保护面积约600 hm²,年均总产量稳定在1 000 t左右。红油香椿色泽鲜艳,红亮翠玉,质脆可口,香气浓郁,素有"红油流碧玉,四月满村香"的赞誉。

红油香椿口感好,味道纯正,无论凉拌还是熟食皆宜。农业部农产品质量监督检验测试中心(郑州)检测结果显示(三个样品平均数):可溶性总糖1.87%,蛋白质6.52 g/100 g,粗纤维1.83%,抗坏血酸93.13 mg/100 g。其中蛋白质含量是市场上其他香椿的3.84倍,抗坏血酸即Vc的含量是市场上其他香椿的2.33倍。

红油香椿栽培质量技术要求:

(一)产地选择

选择地势平坦、土层深厚、土质疏松、富含有机质、有灌溉条件且透水透气良好的地块,周边不得有污染源。在生产过程中不准使用工业废弃物、城市垃圾和污泥,不得使用未经发酵腐熟的人畜粪便等有机肥料,防止污染产地环境。

(二)品种选择

选择优质丰产、口感好、抗逆性强、耐储藏、商品性好的品种。

(三)根系栽植

按照当地传统的栽植方式,在 3 月 12 日植树节前,将根刨出,切成 15~20 cm 或将两年以上生枝条切成 15~20 cm 备用。在平整好的土地上面按行距 60 cm,株距 30 cm,每亩 1 500 株的数量挖坑,坑深 20 cm,在坑内放上 5 cm 厚的草肥,然后将准备好的红油香椿根或枝条放在草肥中间,用松细土覆盖,厚度 15 cm 左右,等浇过水之后进行覆土。

(四)浇水保墒

红油香椿种植好以后应随时浇水,浇水应以小水为宜,每株浇水 3 000 mL,等水全部渗透到地下后,取 30 cm^2 的薄膜覆盖在坑上边,保证树苗能够充分吸收水分,同时保证树苗的成活率,半小时左右去掉薄膜进行覆土。

(五)除草

要随时关注田地里杂草的生长,及时去除春天生长的第一批小草,否则会影响小香椿树生长及香椿苗的出芽率。5、6 月份以及 9 月下旬再次除草,保证杂草不结籽,为下一年减少杂草危害奠定基础。

(六)采摘与平茬

别的地方的香椿芽是绿色的,而这里的香椿芽却是红色的。王家辿红油香椿每年在 4 月初(清明节前后)开始采摘,这个时期采摘的香椿芽质量最好、口感最佳。红油香椿一般长到 15 cm 长时应及时采摘,再长下去口感会有变化,但味道不会变。采收椿芽,最好用刀剪采摘,尽量避免用手掰,以免伤枝,影响再次萌芽。为保证第二年香椿的产量和香椿芽正常萌发,5 年生香椿树在采摘第一茬香椿芽后要及时平茬;可轮流对植株进行平茬,每次 1/3;平茬时每株从底部 10~15 cm 高处剪掉,剪掉后 3~5 d 就会发出新芽,如果新芽同时出得太多,只留 2~3 个芽,其他的全部去掉,保证留下来的芽正常发育生长。如果需要的话也可以暂时不平茬,采摘二茬香椿芽,等香椿芽采摘完后再平茬,不过那样会影响下一年的香椿产量和发芽时间。

(七)产品分级

王家辿红油香椿分一级和二级 2 个等级。一级:外观基本一致,粗短整齐,枝叶色泽鲜艳,无折损等。二级:外观相似,细长整齐,枝叶色泽鲜艳,有轻微折损。

(八)包装

采用袋式或箱式包装,包装材料必须符合国家强制性技术规范要求。产品有明确标签,内容包括:产品名称、商标、产品执行标准、生产者及详细地址、净含量及包装日期,要求字迹清晰、完整、准确。

划定的地域保护范围内的红油香椿生产经营者,在产品或包装上使用已获登记保护的王家辿红油香椿农产品地理标志,须向王家辿红油香椿登记证书持有人提出申请,并按照相关要求规范使用标志,在其产品包装上统一使用王家辿红油香椿和农产品地理标志相结合的标识标注方法。

(九)储藏

在避光、常温、干燥和有防潮设施的地方储藏。储藏设施应清洁、干燥、通风,无虫害和鼠害。严禁与有毒、有害、有腐蚀性、易发霉、发潮、有异味的物品混存。若进行仓库消毒、熏蒸处理,所用药剂应符合国家有关食品卫生安全的规定。

(十)运输

运输工具应清洁、干燥、卫生、无异味、无污染,运输过程中应防止日晒、雨淋,进行通风散热,严禁与有毒、有害、有异味、易污染的物品混装、混运。

四、大红袍花椒

淇县黄洞乡温坡村大红袍花椒种植历史悠久,有着上千年的历史,可追溯到明清时期。据淇县县志记载,早在清代道光年间,温坡村的花椒种植已颇具规模。由于地理环境、气候等因素,当地花椒味道浓郁,以"穗大粒多、皮厚肉丰、色泽鲜艳、香味浓郁、麻味适中"特点深受各地商人的青睐。每年8月,温坡村的山山岇岇,一片片郁郁葱葱的花椒树为石山披上了绿装,红得诱人的花椒果散发着浓郁的麻香,沁人心脾。花椒果的椒皮鲜红,仿佛一抹娇艳的仙霞;崩裂而出的花椒籽黑油油的,像极了神秘的黑色珍珠。成熟的鲜红椒果香味扑鼻,用指甲一掐,竟有一股椒油流出,这就是"大红袍"的奇特之处。同样的种子,出了温坡村,在别的地方结出的椒果颜色发乌、麻香味减淡,连椒油都挤不出。村民们说,温坡村花椒之所以饱满、漂亮,是因为它们是花椒仙子的化身,花椒仙子就曾住在山中。

温坡的大红袍花椒十分抢手,每到椒果成熟的季节,几乎每天都有来自安阳、濮阳、新乡、郑州等周边地市的收购员前来收购,因此花椒成为全村人的主要收入来源。村里家家户户都种花椒,少的有二三百棵,多的有四五千棵。从几十年前的数千颗花椒树,每家每户年出产几千克花椒,到如今 2 500 余亩花椒树,年出产干花椒 2 万 kg 的种植规模,花椒种植收入占农户收入的 60%~70%。以温坡村为中心,石老公、鱼泉、东掌、西掌、对寺窑等周边村花椒种植户也发展到 300 多户,温坡村的花椒种植沿革就是一部真实的山区人民创业史。

乡政府积极开展农业标准化生产模式示范项目建设,辐射带动群众栽植大红袍花椒。目前,淇县成立了帮扶工作队,帮助指导"三农"互助合作协会积极申请"古石沟大红袍花椒"地理标志证明商标。

2016 年 9 月 26 日,河南省民间文艺家协会签发豫民协字〔2016〕第 21 号文,公布鹤壁市鹤硒有机农业发展有限公司在黄洞乡开发种植的古石沟花椒,列入第三批"中原贡品"保护名录。2018 年,鹤壁市人民政府鹤政文〔2018〕3 号文,批复同意该公司用"古石沟"名称注册"古石沟大红袍花椒"地理标志证明商标,并将淇县黄洞乡行政区域明确为"古石沟大红袍花椒"地理标志证明商标种植地域范围。

"古石沟大红袍花椒"的产品特点:色泽深红或枣红、均均、有光泽;麻味浓烈、持久,纯正;香味浓郁、纯正;颗粒大、均匀;油腺突出、水分含量 8.7%、挥发油含量 5.3 mL/100 g,符合检测标准,为一级大红袍花椒品质。

五、淇县葫芦枣

淇县葫芦枣是 1997 年淇县灵山办事处原桥盟乡山怀村村民于淇县山怀村西南山沟部野生酸枣资源中发现的,后与淇县林科所合作,经过多次嫁接、优选培育而成一个枣树新品种,是酸枣的变异种。种植面积 100 多亩。

该枣果实为长倒卵形,果个中等,果重 10~15 g,从果顶部与胴部连接处开始向下收缩呈乳头状,极似倒挂的葫芦。果面光滑,果皮褐红色。葫芦枣果肉乳白色,酥脆多汁,品质中等,自花结实,是稀有的食用兼观赏品种。树冠圆头形,生长强旺,适应性强,耐旱耐涝耐瘠薄,较丰产,是山区创收致富的首选品种。花期为 5~6 月,果熟期为 9~10 月,枣果脆甜多汁,品质极佳,是稀有的食用兼观赏品种,作为经济林栽培,具有很高的经济价值。由于其特殊的果型,又可用于农业休闲采摘,深受群众喜爱,现已在淇县山丘区广泛栽植,效益良好。2019 年,淇县自然资源局推荐葫芦枣参加了北京世园会优质果品大赛,葫芦枣获得"2019 北京世园会优质果品大赛"铜奖(见图 6-1)。

图 6-1　淇县葫芦枣

第二节　鹤壁市林木种质资源保护及利用

20 世纪 90 年代以前,由于早期人为破坏或保护不力,鹤壁市的宜林地没有得到充分绿化,"四荒"(荒山、荒地、荒沟、荒坡)较多,生态较为脆弱,保存的原生森林群落不多,没有自然保护区。进入 90 年代后,全市开展了轰轰烈烈的"十万大军战太行"的太行山绿化运动,建成了许多国家级、省级、市级森林公园,一处国家级湿地公园等,森林公园是后期自然恢复或人工种植的次生林。近年来,鹤壁市越来越重视生态文明建设,每年坚持植树造林工作,使得森林覆盖率不断提高,生态环境有所改善,2014 年,鹤壁市成功创建成为国家森林城市。

虽然目前鹤壁市植被覆盖率较高,但是组成树种单一,外来的刺槐、黑松、火炬树等树种占了较大比例,乡土树种恢复、利用不足。由于外来物种会对本地物种的生长有一定的影响,限制了本地物种的扩展,使得外来物种形成的群落组成简单,植物多样性差,稳定性也差。

目前,鹤壁市现有的林业种质资源没有得到有效保护和合理利用,本土的林木种质资源还存在流失现象。多数林木种质资源仍处于原始分布状态,缺乏技术投入,未得到合理开发,其科研、社会、经济价值没有得到充分利用。

一、林木种质资源有待进一步保护利用

鹤壁市通过这次全市林木种质资源普查工作,比较全面地了解全市林木种质资源分布状况,为各级政府、相关部门制定鹤壁市保护、利用的相关决策提供了依据;根据调查数据,可对林木种质资源保护制定合理的、有针对性的保护措施;形成的调查成果,通过整理出版相关书籍、发表论文等形式,可用于鹤壁市林木种质资源查询、古树名木查询,加大对林木资源保护的宣传和开发利用。

二、经济发展方面的应用

一是将林木种质资源调查结果与森林普查、土地普查等结合,可为各级政府制定经济发展规划提供依据。二是有利于国家森林公园、湿地公园、优质果品基地、郊野公园等景区的建设和宣传,促进森林旅游业、康养休闲业、果品采摘业等的发展。根据调查资料,可以加强森林公园、湿地公园的特色建设,如景区绿化、景点设置等,也可以利用调查的成果,进行有特色的宣传。三是通过对调查数据的分析,制定林木资源的利用规划、古树名木的保护和利用规划,进行合理的开发利用,寻找新的经济增长点。

三、搞好森林公园、湿地公园建设和种质资源圃建设

森林公园、湿地公园等,可作为植物资源开发利用的战略基地,其主要目标之一就是最大限度地持续向人们提供必需的植物资源。可以利用鹤壁市的自然环境,建立野生苗木引种驯化栽培示范基地,对有重要经济价值和珍稀濒危保护植物,如银杏、楸树、水杉等进行引种驯化,人工栽培,达到有效保护和合理、高效地开发和利用。建设好现有的一处"樱花"种质资源收集圃,为鹤壁市城市绿化、美化和每年定期举办的"樱花节",提供"樱花"种质资源。

四、开展资源本底调查

依托这次鹤壁市普查取得的资料,开展植物资源开发和利用研究,建立

植物资源调查、动态监测平台,初步摸清鹤壁市区域植物种类、数量、分布、濒危状况、保护状况和利用情况。同时建立区域植物资源动态数据库,并定期更新。下一步,努力去建立基于网络的林木植物资源利用信息平台,收集、处理、分析和传播区域植物资源可持续利用信息,全面实现区域植物资源信息社会化共享,促进资源的保护与可持续利用。

五、加快优良乡土树种的培育和利用

选择鹤壁市的一些乡土树种,比如黄连木、栓皮栎等,进行调查研究、开发利用,取得了很大进展,积累了丰富的经验。在此基础上,要积极探索和扩大育种范围,针对抗性强、生长快、产量高的生态抗性乡土树种,优质经济乡土树种开展育种科技研究,培育优良品种。

乡土植物产生的经济、生态和社会效益都是外来植物所无法比拟的,虽然外来植物对丰富本地植物景观起了积极的作用,但也要充分利用本地树种,两者都要成为园林绿化的主要素材。建议鹤壁市园林绿化部门开展调研活动,制定相关的政策和乡土植物利用计划,以利于乡土树种的应用。各级绿化主管部门应该从制度上支持乡土植物的利用。绿化规划设计单位也应把乡土植物的优先选择纳入到方案设计的议程上来。

六、建立健全完善的繁育体系

育种体系包括四大系统:良种的研究、生产、推广和管理。集中财力、物力和科技力量,重点调整良种基地的树种、层次和投资结构,建立良好的基地,科研、生产、经营相结合,选择、引进、教育、动员、试验、示范和推广引导相结合,开展多树种、多代、综合的森林改良,不断引进新品种、新技术,提高林木种质资源的利用水平和效益。

七、加强对乡土植物应用

当前,乡土植物应用形式简单,景观单一,缺乏灵活性、多样性也是制约乡土植物发展的因素之一。造林绿化部门和城市园林绿化部门应重视乡土树种在景观建设中的多样化应用,从植物配置、造型修剪、病虫害防治等方面加以改进,改变以往乡土树种简单栽植一片的做法。

八、原地保存

原地保存是保存植物种质资源的一种方法。例如,设立自然保护区或森林公园,以保护野生和相关植物物种。目前,应尽快做好林木种质资源普查工作,逐步开展林木种质资源濒危分类评估,建立森林公园,实施重点保护,严格管理,加大投入,促进资源恢复和增长。

目前,鹤壁市原地保存的种质资源主要是黄连木,俗称"黄楝树"。中国黄连木,别名楷木、楷树、黄楝树、药树、药木、黄华、石连、黄林子和木蓼树等,是漆树科黄连木属落叶乔木,树高可达 30 m,胸径可达 2 m。黄连木主根发达,萌芽力强,抗风力强,对土壤要求不严,耐干旱瘠薄,对土壤酸碱度适应范围较广,是"四旁"绿化和荒山、滩地重要造林树种。黄连木花期为 3~4 月,果实成熟期为 9~10 月,种子含油率较高,是一种不干性油,可作为工业原料或食用油。黄连木原产我国,自然分布很广。在河南省,北部太行山区的三门峡市、洛阳市、焦作市、新乡市、鹤壁市和安阳市均有黄连木分布。黄连木是喜光树种,在光照条件充足的地方,生长良好且结实量增加。据资料分析,黄连木果实含油率在 35% 左右,果肉含油率在 50% 左右,种子含油率在 25% 左右,2.5 t 黄连木种子可以生产 1 t 生物柴油。不同地区的黄连木果实、果肉和种子含油率存在一定差异,河南省北部和陕西省南部地区的黄连木果实含油率最高。黄连木全株利用潜力大、用途广泛,但至今还没有产业化开发。今后,鹤壁市要在充分利用现有资源的基础上,加大黄连木种质资源本地保护力度,加强品种选优工作,加速实现树体矮化,达到速生、提高结实量,使用具备这些性状的优良品种通过快繁技术迅速得到大量优良的种苗,避免种子育苗存在的一些缺陷,积极建设培育黄连木油料能源林,积极开展黄连木能源林栽植,形成品种优选—苗木培育—基地建设—生产加工等黄连木发展产业链,为鹤壁生态建设做贡献。

九、异地保存

异地保存也叫迁地保护,就是非原位保存,是在原生境以外保存种质资源的方法。例如,建立田园种质库(种质植物园)的植物保存,试管苗库(又称基因库)的组织培养保存。对于茎、根和植物播种的无性繁殖作物,通过建立田间种质或试管苗来保存。

目前,鹤壁市淇县国有苗圃和浚县国有苗圃建设有 2 个国有的种质资源收集圃。

淇县国有苗圃位于淇县庙口镇东场村,承担了省级种质资源收集圃项目,项目建设面积 20 亩。主要建设内容为:异地收集保存树种 6 个,株数 1 100 株;树种分别是淇县无核枣、葫芦枣、(油城)梨(白梨、苹梨、鹅梨、马地黄梨)、(大水头)柿子(净面柿、牛心柿、八月黄、水柿、火罐柿、磨盘柿)、椿树、楝树等以及 10 个品种和变种。对选择收集树种,在先行树种资源调查的基础上,认真搞好项目造林设计,按照集约经营的原则,该苗圃场计划利用今后 3~5 年的时间,收集树种达到 20 个以上,逐步完善淇县林木种质资源保存体系,为林木品种选育奠定基础。

浚县国有苗圃位于浚县卫溪办事处西长村,承担了省级种质资源收集圃项目,2018 年项目建设规模 15 亩,收集种质资源 10 份;计划 3 年后达到 50 亩,收集种质资源 50 份。2018 年至今,收集种质资源 20 余份,保存收集了柿树、苹果、核桃、大枣、榆树、刺槐、国槐等种质资源。

第三节　鹤壁市生态建设规划主要造林树种名录

鹤壁市太行山区较具观赏、育种、生态修复价值树种见表6-1。

表 6-1　鹤壁市太行山区较具观赏、育种、生态修复价值树种

序号	中文名	学名	观赏价值	育种价值	生态修复价值
1	蝙蝠葛	Menispermum dauricum			√
2	茶条槭	Acer tataricum subsp. ginnala	√	√	√
3	臭椿	Ailanthus altissima			√
4	三叶木通	Akebia trifoliata	√		√
5	乌头叶蛇葡萄	Ampelopsis aconitifolia	√		√
6	山桃	Amygdalus davidiana	√	√	√
7	山杏	Armeniaca sibirica	√	√	√

续表 6-1

序号	中文名	学名	观赏价值	育种价值	生态修复价值
8	杭子梢	Campylotropis macrocarpa	√	√	√
9	锦鸡儿	Caragana sinica	√		√
10	鹅耳枥	Carpinus turczaninowii	√	√	√
11	茅栗	Castanea seguinii		√	√
12	梓树	Catalpa voata		√	√
13	流苏树	Chionanthus retusus	√	√	√
14	短尾铁线莲	Clematis brevicaudata	√	√	√
15	大叶铁线莲	Clematis heracleifolia	√	√	√
16	太行铁线莲	Clematis kirilowii	√	√	√
17	钝萼铁线莲	Clematis peterae	√	√	√
18	臭牡丹	Clerodendrum bungei	√		√
19	毛黄栌	Cotinus coggygria var. pubescens	√	√	√
20	粉背黄栌	Cotinus coggygria var. glaucophylla	√	√	√
21	西北栒子	Cotoneaster zabelii	√	√	√
22	山楂	Crataegus pinnatifida	√	√	√
23	柘树	Cudrania tricuspidata	√	√	√
24	君迁子	Diospyros lotus	√	√	√
25	柴荆芥	Elsholtzia stauntoni	√	√	√
26	连翘	Forsythia Suspensa	√		√
27	小叶白蜡树	Fraxinus chinensis	√	√	√
28	野皂荚	Gleditsia microphylla			√
29	小花扁担杆	Grewia biloba var. parvifolia	√		√
30	多花木蓝	Indigofera amblyantha	√	√	√
31	河北木蓝	Indigofera bungeana	√	√	√

续表 6-1

序号	中文名	学名	观赏价值	育种价值	生态修复价值
32	野胡桃	Juglans cathayensis	√	√	√
33	栾树	Koelreuteria paniculata	√	√	√
34	薄皮木	Leptodermis oblonga	√	√	√
35	雀儿舌头	Leptopus chinensis			√
36	胡枝子	Lespedzea bicolor	√		√
37	多花胡枝子	Lespedzea floribunda	√		√
38	苦糖果	Lonicera fragrantissima subsp. standishii	√	√	√
39	枸杞	Lycium chinense	√		√
40	蚂蚱腿子	Myripnois dioica	√	√	√
41	杠柳	Periploca sepium			√
42	毛萼山梅花	Philadelphus dasycalyx	√	√	√
43	白皮松	Pinus bungeana	√	√	√
44	油松	Pinus tabulaeformis	√	√	√
45	黄连木	Pistacia chinensis	√	√	√
46	侧柏	Platycladus orientalis（L.）Franco			√
47	青檀	Pteroceltis tatarinowii	√	√	√
48	葛	Pueraria montana	√	√	√
49	杜梨	Pyrus betulaefolia	√	√	√
50	栓皮栎	Quercus variabilis		√	√
51	小叶鼠李	Rhamnus parvifolis		√	√
52	刺槐	Robinia pseudoacacia	√		√
53	少脉雀梅藤	Sageretia paucicostata		√	√
54	乌桕	Sapium sebifera	√	√	√
55	鞘柄菝葜	Smilax stans	√	√	√

续表 6-1

序号	中文名	学名	观赏价值	育种价值	生态修复价值
56	白刺花	Sophora davidii	√		√
57	绣球绣线菊	Spiraea blumei	√	√	√
58	毛花绣线菊	Spiraea dasynantha	√	√	√
59	土庄绣线菊	Spiraea pubescens	√	√	√
60	三裂绣线菊	Spiraea trilobata	√	√	√
61	柽柳	Tamarix chinensis	√		√
62	臭檀吴萸	Tetradium daniellii	√	√	√
63	络石	Trachelospermum jasminoides	√	√	√
64	大果榆	Ulmus macrocarpa	√	√	√
65	陕西荚蒾	Viburnum schensianum	√		√
66	荆条	Vitex negundo var. heterophylla	√		√
67	大果榉	Zelkova sinica	√	√	√
68	酸枣	Zizypus jujuba var. spinosa	√	√	√

鹤壁市森林生态建设规划主要造林树种名录见表 6-2。

表 6-2　鹤壁市森林生态建设规划主要造林树种名录

序号	中文名	学名(拉丁名)	科名	属名	观赏特性
一	常绿乔木				
1	雪松	Cedrus deodara	松科	雪松属	观形
2	白皮松	Pinus bungeana Zucc	松科	松属	观形、观干
3	侧柏	Platycladus orientalis(L.) Franco	柏科	侧柏属	观形
4	圆柏	Sabina chinensis	柏科	圆柏属	观形
5	大叶女贞	Ligustrum compactum Ait	木犀科	女贞属	观形
二	常绿灌木				
1	沙地柏	Sabina rulgalis Ant.	柏科	圆柏属	观形

续表 6-2

序号	中文名	学名（拉丁名）	科名	属名	观赏特性
2	石楠	Photinia serrulata Lindl	蔷薇科	石楠属	观叶、观果
3	贵州石楠	Photinia davidsoniae Rehd. et Wils.	蔷薇科	石楠属	观叶,观果
4	红叶石楠	Photinia serrulata	蔷薇科	石楠属	观叶、观花
5	细叶小檗	Berberis poiretii Schneid.	小檗科	小檗属	观叶、观果
6	南天竹	Nandina domestica Thunb.	小檗科	南天竹属	观叶、观果
7	大叶黄杨	Euonymus japonicus Thunb.	卫矛科	卫矛属	观叶
8	金边大叶黄杨	Aureo-marginatus	卫矛科	卫矛属	观叶
9	北海道黄杨	Euonymus japonicus Thunb. var. Cuzhi	卫矛科	卫矛属	观叶
10	小叶女贞	Ligustrum sinense Lour.	木犀科	女贞属	观叶
11	金叶女贞	Ligustrum vicaryi Rehd.	木犀科	女贞属	观叶
12	火棘	Pyracantha fortuneana	蔷薇科	火棘属	观叶、观果
三	落叶乔木				
1	银杏	Ginkgo biloba L.	银杏科	银杏属	观叶、观果
2	悬铃木	Platanus orientalis L.	悬铃木科	悬铃木属	观形、观干
3	枫树	Liquidambar formosana Hance	金缕梅科	金缕梅属	观形、观叶
4	杜仲	Eucommia ulmoides Oliv.	杜仲科	杜仲属	观形
5	榆树	Ulmus pumila L.	榆科	榆属	观果
6	垂枝榆	Ulmus pumila var. pendula	榆科	榆属	观形
7	桑树	Morus alba L.	桑科	桑属	观形
8	核桃	Juglans regia L.	胡桃科	胡桃属	观果
9	枫杨	Pterocarya stenoptera C. DC	胡桃科	枫杨属	观叶、观果
10	垂柳	Salix babylonica L.	杨柳科	柳属	观姿
11	旱柳	Salix matsudana Koidz.	杨柳科	柳属	观形
12	柿树	Diospyros kaki Thunb.	柿树科	柿树属	观叶、观果

续表 6-2

序号	中文名	学名(拉丁名)	科名	属名	观赏特性
13	楸树	Catalpa bungei C. A. Mey.	紫葳科	梓树属	观形、观花
14	紫叶李	Prunus cerasifera 'Pissardii'	蔷薇科	李属	观叶、观花
15	杏	Prunus armeniaca L.	蔷薇科	李属	观花、观果
16	梅	Prunus mume Sieb. et Zucc.	蔷薇科	李属	观花
17	美人梅	Blireana Group	蔷薇科	李属	观花
18	桃	Prunus persica(L.) Batsh	蔷薇科	李属	观花、观果
19	碧桃	Duplex	蔷薇科	李属	观花
20	李	Prunus L.	蔷薇科	李属	观花、观果
21	山楂	Crataegus pinnatifida Bunge	蔷薇科	山楂属	观花、观果
22	苹果	Malus pumila Mill. (M. domestica Borkh.)	蔷薇科	苹果属	观果
23	梨	Pyrus spp	蔷薇科	梨属	观花、观果
24	杜梨	Pyrus betulaefolia Bunge	蔷薇科	梨属	观花、观果
25	樱桃	Prunus pseudocerasus	蔷薇科	樱属	观花、观果
26	国槐	Sophora japonica L.	蝶形花科	槐树属	观形
27	刺槐	Robinia pseudoacacia L.	蝶形花科	刺槐属	观花
28	乌桕	Sapium sebiferum(L.) Roxb.	大戟科	乌桕属	观形、观叶
29	枣	Ziziphus jujuba Mill.	鼠李科	枣属	观形、观果
30	栾树	Koelreuteria paniculata laxm.	无患子科	栾树属	观形、观果
31	元宝枫	Acer truncatum Bunge	槭树科	槭树属	观叶
32	五角枫	Acer mono Maxim.	槭树科	槭树属	观叶
33	复叶槭	Acer negundo Linn.	槭树科	槭树属	观叶
34	黄连木	Pistacia chinensis Bunge	漆树科	黄连木属	观形
35	臭椿	Ailanthus altissima(Mill.)	苦木科	臭椿属	观形
36	香椿	Toona sinensis(A. juss.) Roem.	楝科	香椿属	观形

续表 6-2

序号	中文名	学名(拉丁名)	科名	属名	观赏特性
37	白蜡	Fraxinus chinensis Roxb	木犀科	梣属	观形、观叶
38	泡桐	Paulownia.	玄参科	泡桐属	观花
39	樱花	Prunus serrulata Lindl	蔷薇科	梅属	观花
四	落叶灌木				
1	牡丹	Paeonia suffruticosa Andr.	芍药科	芍药属	观叶
2	月季	Rosa chinensis jacq.	蔷薇科	蔷薇属	观花
3	玫瑰	Rosa rugosa Thunb.	蔷薇科	蔷薇属	观花
4	黄刺玫	Rosa xanthina Lindl.	蔷薇科	蔷薇属	观花、观果
5	棣棠	Kerria japonica(L.)DC	蔷薇科	棣棠属	观花、观果
6	紫荆	Cercis chinensis Bunge	苏木科	紫荆属	观花
7	紫穗槐	Amorpha fruticisa L.	蝶形花科	紫穗槐属	观形
8	紫薇	Lagerstroemia indica L.	千屈菜科	紫薇属	观花
9	石榴	Punica granatum L.	石榴科	石榴属	观花、观果
10	红瑞木	Cornus alba L.	山茱萸科	梾木属	观形、观叶
11	夹竹桃	Nerium oleander L.	夹竹桃科	夹竹桃属	观叶、观花
12	花椒	Zanthoxylum bungeanum Maxim.	芸香科	花椒属	观花、观果
13	连翘	Forsythia suspense(Thunb.)Vahl	木犀科	连翘属	观花
14	迎春	Jasminum nudiflorum Lindl.	木犀科	茉莉属	观花
15	紫叶小檗	Berberis thunbergii DC.	小檗科	小檗属	观叶、观果
16	海棠	Malus spectabilis (Ait.) Borkh.	蔷薇科	苹果属	观花、观果
17	贴梗海棠	Chaenomeles speciosa (Sweet) Nakai	蔷薇科	木瓜属	观花、观果
18	黄栌	Cotinus coggygria Scop.	漆树科	黄栌属	观花、观叶
五	竹类				
1	淡竹	Phyllostachys glauca McClure	禾本科	刚竹属	观叶

续表 6-2

序号	中文名	学名(拉丁名)	科名	属名	观赏特性
2	刚竹	Phyllostachys sulphurea(Carr.) A. ′Viridis′	禾本科	刚竹属	观叶
六	攀援蔓生类				
1	蔷薇	Rose multiflora Thunb.	蔷薇科	蔷薇属	观花
2	紫藤	Wisteria sinensis(Sims)Sweet	蝶形花科	紫藤属	观形、观花
3	葡萄	Vitis vinifera L.	葡萄科	葡萄属	观果
4	爬山虎	Parthenocissus tricuspidata	葡萄科	地锦属	观叶
5	常春藤	Hedera helix L.	五加科	常春藤属	观叶
6	金银花	Lonicera japonica Thunb.	忍冬科	忍冬属	观花
7	扶芳藤	Euonymus fortunei (Turcz.) Hand. -Mazz	卫矛科	卫矛属	观花

▶ 鹤壁市林木种质资源普查技术外业培训，利用平板电脑实地现场录入普查树种的数据并拍摄图片。

▶ 鹤壁市林木种质资源普查市级验收，现场查看山城区古皂荚树。

▶ 侧柏：树龄 1 600 年，一级保护。在鹤壁市山城区中石林村老爷庙前，树高 23.5 m，胸围 440 cm，平均冠幅 15 m，东西 13 m，南北 17 m，树干笔直，挺拔苍劲，生长茂盛。《汤阴县志》（1960 年本）载 "三圣古柏，树龄 2 000 多年，前平原省人民政府曾命名为'华北第一柏'"。据原市农林局技术人员考证，古柏应为东魏孝静帝武定元年（公元 543 年）所植。

▶ 侧柏：树龄 1 500 年，一级保护。此树位于卫都街道办事处大洼村朝阳寺佛洞顶，
树高 8 m，胸围 95 cm，平均冠幅 8 m，东西 10 m，南北 6 m。生长于悬崖峭壁之上，
从根部叉开九株，形如伞状，宛如九条飞龙盘旋于空，被称为千年九龙柏。在千佛
洞和飞来卧佛的上方，有一株从石缝生长出来的柏树，虽然艰难，但它还是长成了
伞的模样，为佛遮风避雨、抵挡烈日，被人们称为"九龙柏""九龙迎圣""帝王
柏"。据专家测定，这棵柏树已生长有三千多年。一般柏树都有主干，但这棵柏树
从根部就叉开了九株，且每株都曲如蛟龙，宛如九条飞龙盘旋于空，大有破壁飞腾
之势。因为九是数字中最大的阳数，九九归一，老百姓认为它广聚日月天地之精华，
极具灵气，视为神树，起名叫九龙柏。

▶ 侧柏：树龄 500 年，一级保护。此树位于浚县大伾山天齐庙阶梯，树高 14 m，胸围 160 cm，平均冠幅 6 m，东西 4 m，南北 7 m。入口处两棵古柏相互依偎，如恋人在互诉衷肠，称为情人柏。两树大小相当，树形奇特，妙趣横生，树旁有一奇石，石阴刻"情人柏"三个大字和"滚滚红尘，茫茫世界，情为何物，至贞如柏"。

▶ 鹤壁市太行山绿化成效显著——淇县云梦山

▶ 鹤壁市淇河国家湿地公园

参 考 文 献

［1］王遂义.河南树木志[M].郑州：河南科学技术出版社出版.1994.

［2］鹤壁市地方志编纂委员会.鹤壁市志（1986—2000）[M].郑州：中州古籍出版社，2007.

［3］鹤壁市地方志编纂委员会.鹤壁市志（1957—1985）.[M].郑州：中州古籍出版社，1998.

［4］鹤壁市地方史志办公室。鹤壁年鉴[M].郑州：中州古籍出版社，2019.